普通高等教育"十一五"国家级规划教材

高等院校信息安全专业系列教材

信息卡犯罪调查

赵　明　孙晓冬　主编

Information
Security

http://www.tup.com.cn

内 容 简 介

本书以信息卡技术为依托,依据相关的法律法规,结合信息卡犯罪案件侦查工作的需要,强调涉卡案件的侦查能力和涉卡案件的取证等环节的训练与提高。本书共 8 章,主要内容包括条码技术、磁卡技术、IC 卡技术、ATM 与 POS 系统加密技术、涉卡案件的法律法规、涉卡案件的侦查及涉卡案件的取证技术等。每部分的内容从技术基础出发,概要讲解各技术要点的必备知识和工作思路,然后加以整合,对实际案件的分析思路、侦查步骤、证据要点等内容加以介绍,力求贴近实战,满足实战部门对此类案件侦查工作的需要。

本书适合作为高校信息安全等专业的本科生、二学位学生和研究生的专业课教材,也可以用于在职民警的日常教学与培训业务。

图书在版编目(CIP)数据

信息卡犯罪调查/赵明,孙晓冬主编. —北京:清华大学出版社,2014(2018.8 重印)
(高等院校信息安全专业系列教材)
ISBN 978-7-302-35176-4

Ⅰ. ①信… Ⅱ. ①赵… ②孙… Ⅲ. ①信息系统－安全技术－高等学校－教材 Ⅳ. ①TP309

中国版本图书馆 CIP 数据核字(2014)第 013708 号

责任编辑:张 民   战晓雷
封面设计:常雪影
责任校对:梁 毅
责任印制:李红英

出版发行:清华大学出版社
　　　　　网　　址:http://www.tup.com.cn,http://www.wqbook.com
　　　　　地　　址:北京清华大学学研大厦 A 座　　　　　邮　　编:100084
　　　　　社 总 机:010-62770175　　　　　　　　　　　邮　　购:010-62786544
　　　　　投稿与读者服务:010-62776969,c-service@tup.tsinghua.edu.cn
　　　　　质量反馈:010-62772015,zhiliang@tup.tsinghua.edu.cn
　　　　　课件下载:http://www.tup.com.cn,010-62795954
印 装 者:北京九州迅驰传媒文化有限公司
经　　销:全国新华书店
开　　本:185mm×260mm　　印　张:16　　　　　　　字　　数:394 千字
版　　次:2014 年 2 月第 1 版　　　　　　　　　　　印　　次:2018 年 8 月第 3 次印刷
定　　价:34.50 元

产品编号:056205-01

高等院校信息安全专业系列教材

编审委员会

出版说明

  21世纪是信息时代,信息已成为社会发展的重要战略资源,社会的信息化已成为当今世界发展的潮流和核心,而信息安全在信息社会中将扮演极为重要的角色,它会直接关系到国家安全、企业经营和人们的日常生活。随着信息安全产业的快速发展,全球对信息安全人才的需求量不断增加,但我国目前信息安全人才极度匮乏,远远不能满足金融、商业、公安、军事和政府等部门的需求。要解决供需矛盾,必须加快信息安全人才的培养,以满足社会对信息安全人才的需求。为此,教育部继2001年批准在武汉大学开设信息安全本科专业之后,又批准了多所高等院校设立信息安全本科专业,而且许多高校和科研院所已设立了信息安全方向的具有硕士和博士学位授予权的学科点。

  信息安全是计算机、通信、物理、数学等领域的交叉学科,对于这一新兴学科的培养模式和课程设置,各高校普遍缺乏经验,因此中国计算机学会教育专业委员会和清华大学出版社联合主办了"信息安全专业教育教学研讨会"等一系列研讨活动,并成立了"高等院校信息安全专业系列教材"编审委员会,由我国信息安全领域著名专家肖国镇教授担任编委会主任,共同指导"高等院校信息安全专业系列教材"的编写工作。编委会本着研究先行的指导原则,认真研讨国内外高等院校信息安全专业的教学体系和课程设置,进行了大量前瞻性的研究工作,而且这种研究工作将随着我国信息安全专业的发展不断深入。经过编委会全体委员及相关专家的推荐和审定,确定了本丛书首批教材的作者,这些作者绝大多数都是既在本专业领域有深厚的学术造诣,又在教学第一线有丰富的教学经验的学者、专家。

  本系列教材是我国第一套专门针对信息安全专业的教材,其特点是:

  ① 体系完整,结构合理,内容先进。

  ② 适应面广:能够满足信息安全、计算机、通信工程等相关专业对信息安全领域课程的教材要求。

  ③ 立体配套:除主教材外,还配有多媒体电子教案、习题与实验指导等。

  ④ 版本更新及时,紧跟科学技术的新发展。

  为了保证出版质量,我们坚持宁缺毋滥的原则,成熟一本,出版一本,并坚持不断更新,力求将我国信息安全领域教育、科研的最新成果和成熟经验反映到教材中。在全力做好本版教材,满足学生用书的基础上,还经由专家的推荐和审定,遴选了一批国外信息安全领域优秀的教材加入到本系列教材中,以进一步满足大家对外版书的需求。热切期望广大教师和科研工作者加入我们的队伍,同时也欢迎广大读者对本系列教材提出宝贵意见,以便我们对本系列教材的组织、编写与出版工作不断改进,为我国信息安全专业的教材建设与人才培养做出更大的贡献。

"高等院校信息安全专业系列教材"已于 2006 年年初正式列入普通高等教育"十一五"国家级教材规划(见教高〔2006〕9 号文件《教育部关于印发普通高等教育"十一五"国家级教材规划选题的通知》)。我们会严把出版环节,保证规划教材的编校和印刷质量,按时完成出版任务。

2007 年 6 月,教育部高等学校信息安全类专业教学指导委员会成立大会暨第一次会议在北京胜利召开。本次会议由教育部高等学校信息安全类专业教学指导委员会主任单位北京工业大学和北京电子科技学院主办,清华大学出版社协办。教育部高等学校信息安全类专业教学指导委员会的成立对我国信息安全专业的发展将起到重要的指导和推动作用。"高等院校信息安全专业系列教材"将在教育部高等学校信息安全类专业教学指导委员会的组织和指导下,进一步体现科学性、系统性和新颖性,及时反映教学改革和课程建设的新成果,并随着我国信息安全学科的发展不断修订和完善。

我们的 E-mail 地址是:zhangm@tup.tsinghua.edu.cn;联系人:张民。

清华大学出版社

前　言

信息卡是一种记录专门信息的载体，形状如卡片，因此得名。所谓专门信息包括代码和数据，即用户个人信息及用户主要资料，如注册信息、资金等。

信用卡起源于信用标记（辨识技术），如古罗马、埃及的指环印记，拿破仑时期的印章、兵符，我国古代皇帝的玉玺等。这种信用标记按照当时的技术是难以伪造的。近代则采取签名、图章，它们比较简单，易于伪造，不安全。

现代信息卡始于1915年，是当时美国的一些商家自发的联合行为。它利用了现代密码学的知识对卡内信息进行加密和解密处理，在当时信息卡是很安全的，所以1952年美国产生了银行卡。考虑到银行卡的兼容性和通用性，1959年，国际各大银行在美国举行会议，统一和兼容业务并形成国际标准。银行卡业务在20世纪70年代末传入我国。

信息卡涉及精密印刷技术、印刷码的识别技术、热塑技术、密码学技术与信息安全技术、卡读写设备技术、光电信号识别技术、电磁信号识别技术、脉冲信号识别技术和射频信号处理技术等综合技术。

在我国，随着信息卡技术的普及，银行卡已经成为人们生活的必要组成部分，伴随而来的是涉卡犯罪的日益增加，主要表现是：案件数量与涉案金额逐渐增加，案件形式与犯罪性质不断翻新，犯罪的技术手段不断变化，技术不断升级，利用网络和电信平台的犯罪增加趋势明显。在我国，涉卡犯罪呈现跨行业、跨地区、跨国界的多发态势。

本书从技术角度出发，阐述了条码、磁卡、IC卡等信息卡的技术与安全问题，并以此为依托，有针对性地提出涉卡案件的侦查思路。

出于安全保密的角度考虑，本书中未就银行卡的关键数据及处理方式做详细介绍，对于涉卡犯罪嫌疑人使用的技术细节也未做详细介绍。但通过对专业技术的剖析，侦办人员可以理解侦查过程中的思路运用与侦查的技术方法。

作者

2014年1月

目 录

第1章

条码卡和凸码卡

条码最早出现在20世纪40年代,但得到实际应用和发展还是在20世纪70年代左右。现在世界上的各个国家和地区都已经普遍使用条码技术,而且它正在快速地向世界各地推广,其应用领域越来越广泛,并逐步渗透到许多技术领域。早在20世纪40年代,美国的两位工程师乔·伍德兰德(Joe Woodland)和伯尼·西尔沃(Berny Silver)就开始研究用代码表示食品项目及相应的自动识别设备,于1949年获得了美国专利。这种代码的图案如图1-1所示。

图1-1 代码图案

这种图案很像微型射箭靶,被叫做"公牛眼"代码。靶式图案中的同心圆是由圆条和空绘成的圆环形。在原理上,"公牛眼"代码与后来的条码很相近。20年后,乔·伍德兰德作为IBM公司的工程师成为北美统一代码UPC码的奠基人。以吉拉德·费伊塞尔(Girard Fessel)为代表的几名发明家,于1959年申请了一项专利,描述了数字0~9中每个数字可由7段平行条组成。

1973年,美国统一编码协会(简称UCC)建立了UPC码系统,实现了该码制标准化。同年,食品杂货业把UPC码作为该行业的通用标准码制,为条码技术在商业流通销售领域里的广泛应用起到了积极的推动作用。1974年,Intermec公司的戴维·阿利尔(Davide Allair)博士研制出39码,很快被美国国防部采纳,作为军用条码码制。39码是第一个字母数字式的条码,后来广泛应用于工业领域。

1976年,美国和加拿大将UPC码成功应用在超级市场上,给人们以很大的鼓舞,尤其是欧洲人对此产生了极大兴趣。随后,欧洲在UPC-A码基础上制定出欧洲物品编码EAN-13码和EAN-8码,签署了欧洲物品编码协议备忘录,并正式成立了欧洲物品编码协会(EAN)。到了1981年,由于EAN已经发展成为一个国际性组织,故改名为国际物品编码协会,简称IAN。但由于历史原因和习惯,至今仍称其为EAN。

日本从1974年开始着手建立POS系统,研究标准化以及信息输入方式、印制技术等,并在EAN的基础上,于1978年制定出日本物品编码JAN。同年加入了国际物品编码协会,开始进行厂家登记注册,并全面转入条码技术及其系列产品的开发工作,10年之后成为EAN最大的用户。

从20世纪80年代初,人们围绕提高条码符号的信息密度开展了多项研究。128码于1981年被推荐使用,93码于1982年使用。这两种码的优点是条码符号密度比39码高出近30%。随着条码技术的发展,条码码制的种类不断增加,因而标准化问题显得很突出。

为此先后制定了军用标准 1189,交叉 25 码、39 码和库德巴码 ANSI 标准 MH10.8M 等,到目前为止,共有 40 多种条码码制,相应的自动识别设备和印刷技术也得到了长足的发展。

从 20 世纪 80 年代中期开始,我国一些高等院校、科研部门及一些出口企业把条码技术的研究和推广应用逐步提到议事日程。一些行业,如图书、邮电、物资管理部门和外贸部门,已开始使用条码技术。

在经济全球化、信息网络化、生活国际化和文化国土化的影响下,条码与条码技术以及各种应用系统引起世界流通领域里的大变革。20 世纪 90 年代的国际流通领域将条码誉为商品进入国际计算机市场的"身份证",使全世界对它刮目相看。印刷在商品外包装上的条码像一条条经济信息纽带将世界各地的生产制造商、出口商、批发商、零售商和顾客联系在一起。这一条条纽带,一经与 EDI 系统相联,便形成多项、多元的信息网,各种商品的相关信息犹如投入了一个无形的、永不停息的自动导向传送机构,流向世界各地,活跃在世界商品流通领域。

随着世界经济的飞速发展,经济全球化、信息网络化和生产国际化成为当今世界经济的主流,同时,各行各业的管理体制和管理手段也在发生着日新月异的变化。现代化的高新技术推动了自动识别技术的迅猛发展。

条码是迄今最经济实用的一种自动识别技术。条码技术具有以下优点。

(1) 输入速度快。与键盘输入相比,条码输入的速度是键盘输入的 5 倍,并且能实现"即时数据输入"。

(2) 可靠性高。键盘输入数据的出错率为三百分之一,利用光学字符识别技术的出错率为万分之一,而采用条码技术的误码率低于百万分之一。

(3) 采集信息量大。利用传统的一维条码一次可采集几十位字符的信息,二维条码更可以携带数千个字符的信息,并有一定的自动纠错能力。

(4) 灵活实用。条码标识既可以作为一种识别手段单独使用,也可以和有关识别设备组成一个系统实现自动化识别,还可以和其他控制设备连接起来实现自动化管理。另外,条码标签易于制作,对设备和材料没有特殊要求,识别设备操作容易,不需要对操作人员进行特殊培训,且设备也相对便宜。

1.1 条码技术基础

条码及条码技术是把计算机所需的数据用一种条码来表示,然后将条码数据转换成计算机可以自动阅读的数据。条码技术包括条码编制规则、条码译码技术、条码印刷技术、数据通信技术及计算机技术等,它是一门综合技术。任何一种条码都是按照预先规定的条码编码规则和有关技术标准,由条和空组合而成。

到目前为止,世界上共有四十多种条码码制。一般在物流管理中可采用交叉二五码,它的特点是符号占用空间小,信息密度较大。

1.1.1　条码技术

1. 一维条码的结构与组成

条码由条码符号和人工识读代码两部分构成。一维条码符号是一组黑白(或深浅色)相间、长短相同、宽窄不一的规则排列的平行线条,是供扫描器识读的图形符号,如图 1-2 所示。供人工识读的字符代码是一组字串,一般包括阿拉伯数字 0~9、26 个英文字母 A~Z 以及一些特殊的符号。

图 1-2　标准条码

通常条码符号分为左侧空白区、起始符、数据符、校验符、终止符和右侧空白区 6 部分。根据各自的编码结构的不同,商品条码的数据符又分为左侧数据符、中间分隔符和右侧数据符 3 部分,如图 1-3 所示。

图 1-3　商品条码(EAN-13)符号结构

空白区:位于条码两侧无任何符号及信息的白色区域,主要用来提示扫描器准备扫描。

起始符:指条码符号的第一位字码,用来标识一个条码符号的开始,扫描器确认此字码存在后开始处理扫描脉冲。

数据符:位于起始符后面的字码,用来标识一个条码符号的具体数值,允许双向扫描。

校验符:用来判定此次阅读是否有效的字码,通常是一种算术运算的结果,扫描器读入条码进行解码时,先对读入的各字码进行运算,如运算结果与检验符相同,则判定此次阅读有效。

终止符:指条码符号的最后一位字码,用来标识一个条码符号的结束。

2. 条码的分类

条码的种类主要是由条码字符符号及人工识读字符代码的编码结构决定的。从字符代码的长度来分,可分为定长和可变长两种;从标准字符的覆盖面分,可分为纯数字型、数字字母混合型和全 ASCII 码型;从校验方式分,又可分为自校验和非自校验型等。目前,国际上流行的条码种类很多,常见的有二十多种码制,其中包括 Code39 码(标准 39 码)、Codabar 码(库德巴码)、Code25 码(标准 25 码)、ITF25 码(交叉 25 码)、Matrix25 码(矩阵 25 码)、UPC-A 码、UPC-E 码、EAN-13 码(EAN-13 国际商品条码)、EAN-8 码(EAN-8 国际商品条码)、中国邮政码(矩阵 25 码的一种变体)、Code-B 码、MSI 码、Code11 码、Code93 码、ISBN 码、ISSN 码、Code128 码(包括 EAN128 码)、Code39EMS(EMS 专用的 39 码)等一维条码和 PDF417 等二维条码。

3. EAN 码

EAN 码是欧洲物品条码(European Article Number Bar Code)的英文缩写,EAN 码是我国主要采用的编码标准,是以消费资料为使用对象的国际统一商品代码。只要用条码阅读器扫描该条码,便可以了解该商品的名称、型号、规格、生产厂商、所属国家或地区等丰富信息。

EAN 码是国际物品编码协会制定的一种商品用条码,通用于全世界。EAN 码符号有标准版(EAN-13)和缩短版(EAN-8)两种。标准版表示 13 位数字,又称为 EAN-13 码;缩短版表示 8 位数字,又称 EAN-8。两种条码的最后一位为校验位,由前面的 12 位或 7 位数字计算得出。

EAN 通用商品条码是模块组合型条码,模块是组成条码的最基本宽度单位,每个模块的宽度为 0.33mm。

在条码符号中,表示数字的每个条码字符均由两个条和两个空组成,它是多值符号码的一种,即在一个字符中有多种宽度的条和空参与编码。条和空分别由 1～4 个同一宽度的深、浅颜色的模块组成,一个模块的条表示二进制的 1,一个模块的空表示二进制的 0。每个条码字符共有 7 个模块,即一个条码字符条空宽度之和为单位元素的 7 倍,每个字符含条或空的个数各为 2,相邻元素如果相同,则从外观上合并为一个条或空,并规定每个字符在外观上包含的条和空的个数必须各为 2 个,所以 EAN 码是一种(7,2)码。

EAN 条码字符包括 0～9 共 10 个数字字符,但对应的每个数字字符有 3 种编码形式,左侧数据符奇排列、左侧数据符偶排列以及右侧数据符偶排列。这样 10 个数字将有 30 种编码,数据字符的编码图案也有 30 种,至于从这 30 个数据字符中选哪 10 个字符要视具体情况而定。在这里所谓的奇或偶是指所含二进制数 1 的个数为偶数或奇数。

1) 标准版 EAN(EAN-13)码

EAN-13 码如图 1-4 所示。

(1) EAN-13 码的格式。

EAN-13 码由代表 13 位数字码的条码符号组成,如图 1-5 所示。

前 2 位(F_1F_2,欧共体 12 国采用)或前 3 位($F_1F_2F_3$,其他

图 1-4　EAN-13 码

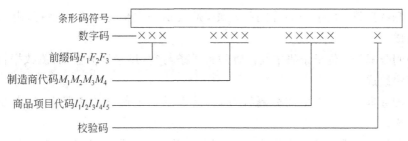

图 1-5　EAN-13 条码的数字码组成结构

国家采用)数字为国家或地区代码,称为前缀码或前缀号。例如,中国为 69 *,日本为 49 *,澳大利亚为 93 * 等(其中的 * 表示 0~9 的任意数字),如表 1-1 所示。前缀后面的 5 位($M_1 \sim M_5$)或 4 位($M_1 \sim M_4$)数字为商品制造商代码,是由该国编码管理局审查批准并登记注册的。制造商代码后面的 5 位($I_1 \sim I_5$)数字为商品代码或商品项目代码,用于表示具体的商品项目,即具有相同包装和价格的同一种商品。最后一位数字为校验码,用于提高数据的可靠性和校验数据输入的正确性,校验码的数值按国际物品编码协会规定的方法计算。

表 1-1　EAN 已分配给各编码组织的前缀码

前缀码	各编码组织所在国家(地区)	前缀码	各编码组织所在国家(地区)
00~13	美国和加拿大	609	毛里求斯
30~37	法国	613	阿尔及利亚
400~440	德国	64	芬兰
45、49	日本	690~692	中国
460~469	俄罗斯联邦	70	挪威
471	中国台湾	729	以色列
489	中国香港	773	乌拉圭
50	英国	775	秘鲁

EAN-13 条码结构如图 1-6 所示,对各部分说明如下。

左侧空白	起始符	左侧数据符(6位数字)	中间分隔符	右侧数据符(6位数字)	校验符(1位数字)	终止符	右侧空白

图 1-6　EAN-13 码结构

- 左侧空白和右侧空白:没有任何印刷符号,通常是空白,位于条码符号的两侧。用于提示阅读器准备扫描条码符号。左右两侧的空白共由 18 个模块宽度组成(其中左侧空白不得少于 9 个模块宽度),一般左侧空白占 11 个模块宽度,右侧空白占 7 个模块宽度。
- 起始符:条码符号的第一位字符是起始符,它特殊的条空结构用于识别条码符号的开始。起始符由 3 个模块组成。

- 左侧数据符：位于中间分隔符左侧，是表示一定信息的条码字符，由 42 个模块组成。
- 中间分隔符：位于条码中间位置的若干条与空，用于区分左、右侧数据符，由 5 个模块组成。
- 右侧数据符：位于中间分隔符右侧，是表示一定信息的条码字符，由 35 个模块组成。
- 校验符：表示校验码的条码字符，用于校验条码符号正确与否，由 7 个模块组成。
- 终止符：条码符号的最后一位字符，其特殊的条空结构用于识别条码符号的结束。终止符由 3 个模块组成。

（2）EAN-13 码的编码规则。

EAN-13 码的编码是由二进制表示的。它的数据符、起始符、中间分隔符和终止符编码见表 1-2。

表 1-2　EAN-13 码编码

字符	二进制表示		
	左侧数据符		右侧数据符
	奇性字符（A 组）	偶性字符（B 组）	偶性字符（C 组）
0	0001101	0100111	1110010
1	0011001	0110011	1100110
2	0010011	0011011	1101100
3	0111101	0100001	1000010
4	0100011	0011101	1011100
5	0110001	0111001	1001110
6	0101111	0000101	1010000
7	0111011	0001001	1000100
8	0110111	0001001	1001000
9	0001011	0010111	1110100
起始符	101		
中间分隔符	1010		
终止符	101		

左侧数据符有奇偶性，它的奇偶排列取决于前置符，所谓前置符是国别识别码的第一位（F_1），该位以消影的形式隐含在左侧 6 位字符的奇偶性排列中，这是国际物品编码标准版的突出特点。前置符与左侧 6 位字符的奇偶排列组合方式的对应关系见表 1-3，实际上由表 1-2 所示的编码规定可看出，F_1 与这种组合方式是一一对应固定不变的。例如，中国的国别识别码为 690，因此它的前置符为 6，左侧数据符的奇偶排列为 OEEEOO，

E 表示偶字符,O 表示奇字符。

表 1-3　左侧数据符奇偶排列结合方式

前置符	左侧数据符奇偶排列	前置符	左侧数据符奇偶排列
0	OOOOOO	5	OEEOOE
1	OOEOEE	6	OEEEOO
2	OOEEOE	7	OEOEOE
3	OOEEEO	8	OEOEEO
4	OEOOEE	9	OEEOEO

(3) EAN-13 码的校验方法。

校验码的主要作用是防止条码标志因印刷问题或包装运输中造成的破损而使扫描设备误读信息。它是确保商品条码识别正确性的必要手段。条码标志中的代码正确与否直接关系到用户的自身利益。对代码的验证,即校验码的计算是标志商品质量检验的重要内容之一,应确定代码无误后才可用于产品包装上。

EAN-13 码的校验码的计算步骤如下。

① 以未知校验位为第 1 位,由右至左将各位数据顺序排队(包括校验码)。

② 由第 2 位开始,求出偶数位数据之和,然后将和乘以 3,得到积 N_1。

③ 由第 3 位开始,求出奇数位数据之和,得到 N_2。

④ 将 N_1 和 N_2 相加得到 N_3。

⑤ 用 N_3 除以 10,求得余数,并以 10 为模,取余数的补码,即得校验位数据值 C。

⑥ 比较第 1 位的数据值与 C 的大小,若相等,则译码正确,否则进行纠错处理。

例如,设 EAN-13 码中数字码为 6901038100578(其中校验码值为 8),该条码字符校验过程为:$N_1 = 3 \times (7+0+1+3+1+9) = 63$,$N_2 = 5+0+8+0+0+6 = 19$,$N_3 = N_1 + N_2 = 82$,$N_3$ 除以 10 的余数为 2,故 $C = 10 - 2 = 8$,译码正确。换句话说,在 EAN-13 码中,若已知前 12 位,校验码可以计算得到。

例 1　计算 $690123456789X_1$ 校验码的计算过程如下。

步　　骤	具 体 计 算													
1. 自右向左顺序编号	序号	13	12	11	10	9	8	7	6	5	4	3	2	1
	代码	6	9	0	1	2	3	4	5	6	7	8	9	X_1
2. 从序号 2 开始求出偶数位数字之和	$9+7+5+3+1+9=34$													
3. 将上面求出的和乘以 3	$34 \times 3 = 102$													
4. 从序号 3 开始求出奇数位数字之和	$8+6+4+2+0+6=26$													
5. 将上面两步所求结果相加	$102+26=128$													
6. 用大于或等于第 4 步的结果且为 10 最小整数倍的数减去第 4 步的结果,其差即为所求校验码的值	$130-128=2$ 校验码 $X_1 = 2$													

（4）EAN-13 码的生成。

条码的生成方法如下：

① 由 D_0 根据表 1-2 产生和 $D_1 \sim D_6$ 匹配的字母码，该字母码由 6 个字母组成，字母限于 A 和 B，如表 1-4 所示。

表 1-4　D_0 和 $D_1 \sim D_6$ 映射表

D_0	$D_1 \sim D_6$	D_0	$D_1 \sim D_6$
0	AAAAAA	5	ABBAAB
1	AABABB	6	ABBBAA
2	AABBAB	7	ABABAB
3	AABBBA	8	ABABBA
4	ABAABB	9	ABBABA

② 将 $D_1 \sim D_6$ 和 D_0 产生的字母码按位进行搭配，来产生一个数字字母匹配对，并通过查表 1-3 生成条码的第一部分数据。

表 1-5　数字-字母映射表

数字-字母匹配对	二进制信息	数字-字母匹配对	二进制信息
0A	0001101	0B	0100111
0C	1110010	1A	0011001
1B	0110011	1C	1100110
2A	0010011	2B	0011011
2C	1101100	3A	0111101
3B	0100001	3C	1000010
4A	0100011	4B	0011101
4C	1011100	5A	0110001
5B	0111001	5C	1001110
6A	0101111	6B	0000101
6C	1010000	7A	0111011
7B	0010001	7C	1000100
8A	0110111	8B	0001001
8C	1001000	9A	0001011
9B	0010111	9C	1110100

③ 将 $D_7 \sim D_{12}$ 和 C 进行搭配，并通过查表 1-5 生成条码的第二部分数据。

④ 按照两部分数据绘制条码：1 对应黑线，0 对应白线。

例 2　假设一个条码的数据码为 6901038100578。$D_0 = 6$，对应的字母码为 ABBBAA，$D_1 \sim D_6$ 和 D_0 产生的字母码按位进行搭配的结果为 9A、0B、1B、0B、3A、8A，查表 1-4 得第一部分数据的编码分别为 0001011、0100111、0110011、0100111、0111101、

0110111；$D_7 \sim D_{12}$ 和 C 进行搭配结果为 1C、0C、0C、5C、7C、8C，查表 1-4 得第二部分数据的编码分别为 1100110、1110010、1110010、1001110、1000100、1001000。

EAN 条码（EAN-13）的典型结构如表 1-6 所示。

表 1-6　EAN-13 码的典型结构

左侧空白区	起始符	左侧数据符	中间分隔符	右侧数据符	校验符	终止符	右侧空白区
9 个模块	3 个模块	42 个模块	5 个模块	35 个模块	7 个模块	3 个模块	9 个模块

2）缩短版 EAN（EAN-8）码

EAN-8 码是表示 EAN/UCC-8 商品标识代码的条码符号，由左侧空白区、起始符、左侧数据符、中间分隔符、右侧数据符、校验符、终止符、右侧空白区组成。EAN-8 各组成部的模块数如图 1-7 所示。

左侧 空白区	起始符	左侧数据符 (4位数字)	中间分隔符	右侧数据符 (3位数字)	校验符 (1位数字)	终止符	右侧 空白区

图 1-7　EAN-8 码结构

EAN-8 码符号的起始符、中间分隔符、校验符和终止符的结构与 EAN-13 码相同。

EAN-8 码符号的左侧空白区与右侧空白区的最小宽度均为 7 个模块宽；供人识读的 8 位数字的位置基本与 EAN-13 码相同，但没有前置码，即最左边的一位数字由对应的条码符号表示。为保护左右侧空白区的宽度，一般在条码符号左下角、右下角分别加"<"和">"符号，如图 1-8 所示。

图 1-8　EAN-8 码的左右侧空白区

EAN-8 码的典型结构如表 1-7 所示。

表 1-7　EAN-8 码的典型结构

左侧空白区	起始符	左侧数据符	中间分隔符	右侧数据符	校验符	终止符	右侧空白区
7 个模块	3 个模块	28 个模块	5 个模块	21 个模块	7 个模块	3 个模块	7 个模块

例 3 计算 $6907827X$ 的条码校验位。

解：$69\ 07\ 82\ 7X$

$7+8+0+6=21$

$21\times3=63$

$2+7+9=18$

$63+18=81$

$90-81=9$

答：$6907827X$ 的校验位为 $X=9$。

4．二维条码

一维条码所携带的信息量有限，如商品上的条码（EAN-13 码）仅能容纳 13 位阿拉伯数字，更多的信息只能依赖商品数据库的支持，离开了预先建立的数据库，这种条码就没有意义了，这在一定程度上也限制了条码的应用范围。基于这个原因，在 20 世纪 90 年代发明了二维条码。二维条码除了具有一维条码的优点外，同时还有信息量大、可靠性高、保密、防伪性强等优点。二维条码依靠其庞大的信息携带量，能够把过去使用一维条码时存储于后台数据库中的信息包含在条码中，可以直接通过阅读条码得到相应的信息，并且二维条码还有错误修正技术及防伪功能，提高了数据的安全性。二维条码可以把照片、指纹编制于其中，可有效地解决证件的可机读和防伪问题，因此，它广泛应用于护照、身份证、行车证、军人证、健康证和保险卡等，见图 1-9。

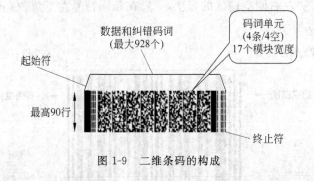

图 1-9　二维条码的构成

美国亚利桑那州等十多个州的驾驶证、美国军人证和军人医疗证等在几年前就已经采用了 PDF417 技术。将证件上的个人信息及照片编在二维条码中，不但可以实现身份证的自动识读，而且可以有效地防止伪冒证件事件发生。菲律宾、埃及、巴林等许多国家也已在身份证或驾驶证上采用了二维条码，我国香港特区护照上也采用了二维条码技术。

另外，在海关报关单、长途货运单、税务报表和保险登记表上也都使用二维条码技术来解决数据的重复录入，同时可以防止伪造、删改相关数据表。

在我国部分地区注册会计师证、汽车销售及售后服务和火车票等方面，二维条码也得到了初步的应用。

1）二维条码的类型

目前二维条码主要有 PDF417 码、Code49 码、QR Code 码、Data Matrix 码和 MaxiCode 码等。根据二维条码的实现原理和结构形状的差异，可分为堆积式或层排式二维条码(stacked bar code)和棋盘式或矩阵式二维条码(dot matrix bar code)两大类型。

(1) 堆积式或层排式二维条码。

堆积式二维条码的编码原理建立在一维条码基础之上,按需要堆积成二行或多行。它在编码设计、校验原理和识读方式等方面继承了一维条码的特点,识读、设备和条码印刷与一维条码技术兼容。但由于行数的增加,行的鉴定、译码算法与软件不完全相同于一维条码。有代表性的堆积式二维条码有 Code49、PDF417 和 Code16K 等。

(2) 棋盘式或矩阵式二维条码。

矩阵式二维条码的形式组成如下:在矩阵相应元素位置上,用点(方点、圆点或其他形状)的出现表示二进制 1,点的不出现表示二进制 0,点的排列组合确定了矩阵码所代表的意义。矩阵码是建立在计算机图像处理技术、组合编码原理等基础上的一种新型图形符号自动识读处理码制。具有代表性的矩阵码有 Code One、Data Matrix、CP 码等。

在目前的几十种二维条码中,常用的码制有 PDF417 码、DataMatrix 码、Maxicode 码、QR Code、Code 49、Code 16K、Code One 等,除了这些常见的二维条码之外,还有 Vericode 码、CP 码、Codablock F 码、田字码、Ultracode 码和 Aztec 码。

2) PDF417 码的特点

PDF417 码是一种高密度、高信息含量的便携式数据文件,是实现证件及卡片等大容量、高可靠性信息自动存储、携带并可用机器自动识读的理想手段。PDF417 码是目前应用较为普遍的二维条码,具有如下特点。

(1) 信息容量大。

根据不同的条空比例,每平方英寸可以容纳 250～1100 个字符。在国际标准的证卡有效面积上(相当于信用卡面积的 2/3,约为 76mm×25mm),PDF417 码可以容纳 1848 个字母字符或 2729 个数字字符,约 500 个汉字信息。这种二维条码比普通条码信息容量高几十倍。

(2) 编码范围广。

PDF417 码可以将照片、指纹、掌纹、签字、声音和文字等能够数字化的信息进行编码。

(3) 保密、防伪性能好。

PDF417 码具有多重防伪特性,它可以采用密码防伪、软件加密及利用所包含的信息如指纹、照片等进行防伪,因此具有极强的保密防伪性能。

(4) 译码可靠性高。

普通条码的译码错误率约为百万分之二,而 PDF417 码的误码率不超过千万分之一,译码可靠性极高。

(5) 修正错误能力强。

PDF417 码采用了世界上最先进的数学纠错理论,如果破损面积不超过 50%,条码由于沾污、破损等所丢失的信息可以照常破译出来。

(6) 容易制作且成本很低。

利用现有的点阵、激光、喷墨、热敏/热转印、制卡机等打印技术,即可在纸张、卡片、PVC 甚至金属表面上印出 PDF417 码。由此所增加的费用仅是油墨的成本,因此人们又称 PDF417 码是"零成本"技术。

（7）条码符号的形状可变。

3）二维条码的应用

二维条码作为一种新的信息存储和传递技术，从诞生之时就受到了国际社会的广泛关注。经过几年的努力，现已广泛地应用在国防、公共安全、交通运输、医疗保健、工业、商业、金融、海关及政府管理等领域。二维条码的图形如图 1-10 所示。

图 1-10　二维条码图形

（1）在物流中的应用。根据现代市场的特征，及时准确的信息流在物流中的地位显得越来越重要。在传统的物流或交通运输过程中，信息流通常是以单证或书面文本的形式出现。如海洋提单、产品说明书等，要知道运来货物的产地、尺寸等特征，可根据所附带的各种单证和说明书去了解。20世纪 50 年代后出现了一维条码，人们开始在所运输或交易的商品上使用一维条码去表示一定的信息。但由于一维条码信息含量低，所以人们又不得不为一维条码建立相应的数据库去描述它的尺寸、分辨率等特征，但这必须要有后台的计算机网络和相应的软件才可以实现。应用二维条码则解决了上述问题，由于商品的大量信息都包含在二维条码中，海关或收货人可直接通过商品上所附带的二维条码可识别出货物的种类和特征。商品所伴随的信息流也可通过国际互联网或其他通信方式提前到达对方，用于核对所收商品的正确性。

（2）企业内部的销售管理可采用二维条码。在自己的商品上用二维条码，用于标明该商品的型号、出厂日期和配件种类等信息。当日后对产品进行检修维护时，可直接采集商品上的二维条码以了解该商品的型号种类，从而对其进行正确的检修和维护。上海汽车销售集团便采用了该种检修方式。

（3）自动配送中可采用二维条码。配送中心可根据不同分店、所需产品种类、所需产品数量等信息产生二维条码。通过自动分检系统将其准确无误地送往需要该商品的分店或客户，从而为客户提供高效优质的报务。同时配送中心通过二维条码实现统一管理、集中配送的功能。日本的文具便以该方式进行销售和管理。

（4）国际贸易中可采用二维条码。在世界信息化高度发展的今天，物流与信息流的相互配合越来越重要。随着 EDI、电子商务的应用与推广，物流与信息流便显得尤其重要。海关报关单、税务报表和保险登记表等任何需要重复录入或禁止伪造的自动录入和防止篡改表中内容。在国际间进行交易时，可将二维条码标签贴在货物上，实现货物与信息的同时传输。

（5）二维条码在证卡中的应用。由于二维条码可以把照片或指纹编在二维条码中，有效地解决了证件的可机读及防伪等问题，因此，可广泛地应用在护照、身份证、行车证、军人证、健康证和保险卡等任何需要唯一识别个人身份的证件上。

（6）美国亚利桑那州等十多个州的驾驶证、美国军人证和军人医疗证等几年前就已采用了 PDF417 技术。将证件上的个人信息及照片编在二维条码中，不但可以实现身份证件的自动识读，而且可以有效地防止伪冒证件事件的发生。菲律宾、埃及、巴林等许多国家也已在身份证或驾驶证上采用二维条码，据不完全统计，准备在身份证或驾驶证上采用 PDF417 码的国家已达 40 多个。我国的香港特区护照上也采用二维条码技术。

（7）我国为了加强火车票的防伪工作，在原来采用一维条码技术的车票基础上，采取了二维条码及加密技术（含身份证信息），采取实名购票的方式，有效地提高了车票的防伪性，如图 1-11 所示。

图 1-11 含二维条码的火车票

其他类似的应用还有海关报关单、税务申报单和政府部门的各类申请表等。

4）二维条码与一维条码的比较

一维条码与二维条码应用处理的比较如图 3-4 所示，虽然一维条码和二维条码的原理都是用符号（symbology）来携带信息，达成信息的自动辨识。但是从应用的观点来看，一维条码偏重于标识商品，而二维条码则偏重于描述商品。因此相较于一维条码，二维条码不仅存储关键值，还可将商品的基本资料编入二维条码中，达到数据库随着产品走的效益，进一步提供许多一维条码无法达成的应用。例如一维条码必须搭配计算机数据库才能读取产品的详细信息，若为新产品则必须再重新登录，对产品特性为多样少量的行业造成应用上的困扰。此外，一维条码稍有磨损即会影响条码阅读效果，故较不适用于工厂型行业。除了上述问题外，二维条码还可以有效解决许多一维条码所面临的问题，让企业充分享受数据自动输入、无键输入的好处，对企业乃至整个产业带来相当的利益，也拓宽了条码的应用领域。

一维条码与二维条码的差异可以从数据容量与密度、错误检测能力及错误纠正能力、主要用途、数据库依赖性、识读设备等加以比较，如表 1-8 所示。

表 1-8 一维条码与二维条码的比较

条码类型	一 维 条 码	二 维 条 码
数据密度与容量	密度低，容量小	密度高，容量大
错误检测及自我纠正能力	可以用校验码进行错误检测，但没有错误纠正能力	有错误检验及错误纠正能力，并可根据实际应用设置不同的安全等级
垂直方向的数据	不储存数据，垂直方向的高度是为了识读方便，并弥补印刷缺陷或局部损坏	携带数据，对于印刷缺陷或局部损坏等，可以通过错误纠正机制恢复数据
主要用途	主要用于对物品的标识	用于对物品的描述
数据库与网络依赖性	多数场合须依赖数据库及通信网络的存在	可不依赖数据库及通信网络的存在而单独应用
识读设备	可用线扫描器识读，如光笔、线型 CCD 和雷射枪	对于堆叠式条码，可用线性扫描器多次扫描，或可用图像扫描仪识读。对于矩阵式条码，则仅能用图像扫描仪识读

1.1.2 凸码技术

1. 凸码卡结构

凸码卡是早期的信息卡，它是在卡的基片上利用特殊的制作工艺按照发卡机构的要求将有关持卡人和发卡机构的信息以凸码的形式在基片上形成凸码,这种技术在信息卡的早期得到了广泛使用,如图 1-12 所示。

2. 凸码卡的工作原理

凸码卡的工作原理是:利用高温热合技术形成凸码,再通过热压识别设备对凸码卡上的信息进行识别。

图 1-12　凸码卡

3. 凸码卡的应用

凸码往往与磁卡综合使用,即在磁卡的基片上形成凸码,再在磁卡的磁条中写入信息。通常信用卡的卡号是凸码的,借记卡可以是凸码的,也可以不是凸码的。

1.2　条码的相关技术标准

条码的制作、产生和使用依赖于相应的国家标准,国家标准规定了条码的编码规则、条码设备的制作和使用技术要求等。

1.2.1　条码编码规则

1. 条码技术的特点

1) 唯一性

同种规格、同种产品对应同一个产品代码,同种产品、不同规格对应不同的产品代码。根据产品的不同性质,如重量、包装、规格、气味、颜色和形状等,赋予不同的商品代码。

2) 永久性

产品代码一经分配,就不再更改,并且是终身的。当此种产品不再生产时,其对应的产品代码只能搁置起来,不得重复起用,也不可再分配给其他商品。

3) 无含义

为了保证代码有足够的容量以适应产品频繁的更新换代的需要,最好采用无含义的顺序码。

2. 条码的识别

1) 识别条码的主要技术参数

(1) 分辨率。

对于条码扫描系统而言,分辨率为正确检测读入的最窄条符的宽度,英文是 Minimal Bar Width(MBW)。选择设备时,并不是设备的分辨率越高越好,而是应根据具体应用中使用的条码密度来选取具有相应分辨率的阅读设备。使用中,如果所选设备的分辨率过高,则条码上的污点、脱墨等对系统的影响将更为严重。

（2）扫描景深。

扫描景深指的是在确保可靠阅读的前提下，扫描头允许离开条码表面的最远距离与扫描器可以接近条码表面的最近距离之差，也就是条码扫描器的有效工作范围。有的条码扫描设备在技术指标中未给出扫描景深指标，而是给出扫描距离，即扫描头允许离开条码表面的最短距离。

（3）扫描宽度（Scan Width）。

扫描宽度指标指的是在给定扫描距离上扫描光束可以阅读的条码信息物理长度值。

（4）扫描速度（Scan Speed）。

扫描速度是指单位时间内扫描光束在扫描轨迹上的扫描频率。

（5）一次识别率。

一次识别率是首次扫描读入的标签数与扫描标签总数的比值。举例来说，如果每读入一只条码标签的信息需要扫描两次，则一次识别率为 50%。从实际应用角度考虑，当然希望每次扫描都能通过，但是，由于受多种因素的影响，要求一次识别率达到 100% 是不可能的。

（6）误码率。

误码率是反映一个机器可识别标签系统发生错误识别情况的极其重要的测试指标。误码率等于错误识别次数与识别总次数的比值。对于一个条码系统来说，误码率高是比一次识别率低更为严重的问题。

2）识别条码的工作原理

识别条码的工作原理如图 1-13 所示。

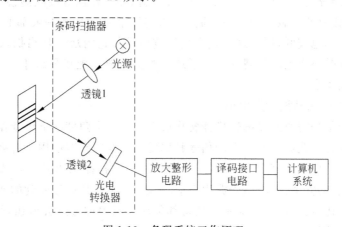

图 1-13　条码系统工作原理

激光扫描条码识读器由于其独有的大景深区域、高扫描速度、宽扫描范围等突出优点得到了广泛的使用。另外，激光全角度扫描识读器由于能够高速扫描识读任意方向通过的条码符号，被大量使用在各种自动化程度高、物流量大的领域。

激光扫描条码识读器由激光源、光学扫描、光学接收、光电转换、信号放大、整形、量化和译码等部分组成。下面详细讨论这些组成部分。

（1）激光源。

采用 MOVPE（金属氧化物气相外延）技术制造的可见光半导体激光器具有低功耗、可直接调制、体积小、重量轻、固体化、可靠性高、效率高等优点。它一出现即迅速替代了原来使用的 He-Ne 激光器。

对于全角度条码扫描识读器，由于光束在扫描识读条码时，有时以较大倾斜角扫过条码，因此，光束光斑不宜做成椭圆形，通常都将它整形成圆形。目前常用的整形方案是在准直透镜前加一小圆孔光阑。此种光束特性可用小孔的菲涅耳衍射特性来很好地近似。采用这种方案，对于标准尺寸 UPC 条码，景深能做到 250～300mm。这对于一般商业 POS 系统已经足够，但对如机场行李输送线等要求大景深的场合就显得不够了。目前常用的方案是增大条码符号的尺寸或使组成扫描图案的不同扫描光线会聚于不同区域形成"多焦面"。但是更有吸引力的方案是采用特殊的光学准直元件，使通过它的光场具有特殊的分布，从而具有极小的光束发散角，得到较大的景深。

（2）光学扫描系统。

从激光源发出的激光束还需通过扫描系统形成扫描线或扫描图案。全角度条码扫描识读器一般采用旋转棱镜扫描和全息扫描两种方案。全息扫描系统具有结构紧凑、可靠性高和造价低廉等显著优点。

（3）光接收系统。

扫描光束射到条码符号上后被散射，由接收系统接收足够多的散射光。在激光全角度扫描识读器中，普遍采用回向接收系统。在这种结构中，接收光束的主光轴就是出射光线轴。这样，散射光斑始终位于接收系统的轴上。这种结构的瞬时视场极小，可以极大地提高信噪比，还能提高对条码符号镜面反射的抑制能力，并且对接收透镜的要求也很低。另外，它还能使接收器的敏感面较小。高速光电接收器敏感面积一般都不大，而且小敏感面积的接收器成本也较低，所以这一点也是很重要的。它的缺点是当扫描光束位于扫描系统各元件边缘时要产生渐晕现象。除了从结构上采取措施尽量减小渐晕外，还应舍弃特性太差的扫描角度。

（4）光电转换、信号放大及整形。

接收到的光信号需要经光电转换器转换成电信号。全角度扫描识读器中的条码信号频率为几兆赫到几十兆赫。这么高的信号频率要求光电转换器使用具有高频率响应能力的雪崩光电二极管（APO）或 PIN 光电二极管。全角度扫描识读器一般都是长时间连续使用，为了使用者的安全，要求激光源出射能量较小。因此最后接收到的能量极弱。为了得到较高的信噪比（这由误码率决定），通常都采用低噪声的分立元件组成前置放大电路来低噪声地放大信号。

由于条码印刷时的边缘模糊性，更主要是因为扫描光斑的有限大小和电子线路的低通特性，将使得到的信号边缘模糊，通常称为"模拟电信号"。这种信号还必须经整形电路尽可能准确地将边缘恢复出来，变成通常所说的"数字信号"。

（5）译码。

整形后的电信号经过量化后，由译码单元译出其中所含信息。全角度扫描识读器由于数据的读取率高，且得到的绝大多数为非条码信号和不完整条码信号，译码器需要有自动识别有效条码信号的能力。因此它对译码单元的要求高得多,要求译码单元具有极高的数据处理能力和极大的数据吞吐量。目前普遍采用软硬件紧密结合的方法。对于 UPC 码和 EAN 码,译码器还要有左、右码段自动拼接功能。不过这种拼接可能将来自两个不同条码的左半部和右半部拼接起来。奇偶性和校验位并不能保证这种情况一定不会发生。随着扫描技术的发展,扫描器扫描方向数的增多和扫描速度的提高,这种码段拼接功能就显得不是非常必要了。

1.2.2　条码设备

1. 硬件设备

1) 条码打印机

条码打印机是针式打印机的一种,如图 1-14 所示。普通条码打印机主要是在商场使用。条码打印机通过打印头把碳带(相当于针打的色带)上的墨印在条码打印纸上(有一定标准大小的不干胶式的打印纸)。

图 1-14　条码打印机

条码打印机和普通打印机的最大的区别就是,条码打印机的打印是以热为基础,以碳带为打印介质(或直接使用热敏纸)完成打印,这种打印方式相对于普通打印方式的最大优点在于,它可以在无人看管的情况下实现连续高速打印。

条码打印机最重要的部件是打印头,打印头由热敏电阻构成,打印的过程就是热敏电阻发热将碳带上的碳粉转移到纸上的过程。所以在选购条码打印机的时候,打印头是一个值得特别注意的部件,它和碳带的配合是整个打印过程的灵魂。在目前国内市场上常见的打印机由于品牌的差异,存在两种不同的打印头,一种是平压式打印头,整个打印头压在碳带上,这种打印头可以适应各种碳带,具有广泛的用户群,这种打印头是最常见的,广泛应用于各种品牌的条码打印机;另一种是悬浮式打印头,这是一种新型的打印头模式,打印头只是尖端压在碳带上,这种打印头虽然对碳带的要求比较高,但它具有节省碳带的功能,所以它被一些技术力量雄厚的大公司广泛采用。

条码打印机的技术参数和性能如下。

(1) 打印宽度:表示打印机所能打印的最大宽度,也代表打印机的等级,一般来说,打印宽度有 3 英寸到 8 英寸几个选择,打印宽度是选择打印机的决定因素,用户应根据自己的实际需要选择适合自己的打印机。

（2）打印精度：精度越高的打印机，其打印效果也越清晰，现在最高的打印精度为600dpi（dot per inch，每英寸墨滴数），而200dpi或300dpi就可以满足工业日常的需要，用户完全没有必要为追求过高的打印精度而投入过高的成本。

（3）打印速度：速度快是条码打印机相对于普通打印机的最大优势。它的速度可以达到12英寸/秒。对于同种打印机而言，速度越快，精度越低。所以用户必须自己调整打印机，以达到速度和精度的完美组合。

（4）接口：一般并口是条码打印机的标准接口。

（5）其他：为了让打印机达到用户的要求，各厂家均设计了很多可选配件：切刀、剥离器和纸架等，用户可根据自己的具体要求自行选购。

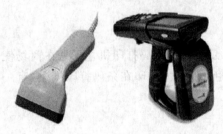

图1-15　条码扫描器

2）条码扫描器

条码扫描器又叫条码扫描枪、激光条码扫描器等，如图1-15所示。激光条码扫描器广泛使用于图书馆、超市、物流快递等，用于扫描商品、单据的条码。激光扫描器扫描窗口透光镜采用特殊钢化材料，透光好，景深大，整体塑料需做到无异味、耐高温、耐腐蚀、易擦洗、操作方便的特点。

2. 条码软件

1）一维条码生成与打印

图1-16为条码软件制作的一维条码。

图1-16　用Argo条码制作软件制作的一维条码

2）二维条码生成与打印

图1-17为条码软件制作的二维条码。

图 1-17　用 MakeBarCode 二维条码制作软件制作的二维条码

3）用手机软件制作二维条码

图 1-18 是用手机条码制作软件制作的二维条码。

图 1-18　用手机条码制作软件制作的二维条码

1.2.3　条码安全缺陷

条码是迄今最经济、实用的一种自动识别技术，有着广泛的应用。但是条码在使用中存在一些不足，例如，条码识别过程存在差错，条码的校验环节出现错误，条码的印刷过程出现失真等,都会导致条码存在安全问题。

条码的识别过程主要体现在条码识别与条码的校验环节上。

1. 条码识别

条码的识别都是通过条码阅读器来完成的,它可分为光电扫描器和译码器两部分,一般是组合在一起的。通常阅读器的扫描速度达 2000 线/秒,可靠扫描距离在 7～15 英寸区域内,通过 RS-232 接口与计算机进行通信,用 DIP 开关可选择条码码制。译码器的任务是将扫描器产生的信号按一定的条码译码原理转换成计算机可以识别的数据,再传送至计算机中。译码器只有经过初始化编程之后才能识别用户所选择的条码码制。通常将条码阅读器的输出与微机或终端机上并行接口或 RS-232 串口连接即可。

2. 条码的校验

为了保证条码的打印质量,应定期对所打印的条码进行校验。

1.2.4　条码的国家标准

标准版商品条码是由国际物品编码协会(EAN)规定的,用于表示商品标识代码的条码,包括 EAN 商品条码(EAN-13 商品条码和 EAN-8 商品条码)和 UPC 商品条码(UPC-A 商品条码和 UPC-E 商品条码,UPC 为 Uniform Product Code 即通用产品代码的英文缩写)。

1. EAN-13 代码

EAN-13 代码由 13 位数字组成,分 3 种结构,其结构如下:

结构种类	厂商识别代码	商品项目代码	校验码
结构一	$X_{13} X_{12} X_{11} X_{10} X_9 X_8 X_7$	$X_6 X_5 X_4 X_3 X_2$	X_1
结构二	$X_{13} X_{12} X_{11} X_{10} X_9 X_8 X_7 X_6$	$X_5 X_4 X_3 X_2$	X_1
结构三	$X_{13} X_{12} X_{11} X_{10} X_9 X_8 X_7 X_6 X_5$	$X_4 X_3 X_2$	X_1

1) 前缀码

前缀码由 2 或 3 位数字($X_{13} X_{12}$ 或 $X_{13} X_{12} X_{11}$)组成,是 EAN 分配给国家(或地区)编码组织的代码。

2) 厂商识别代码

厂商识别代码由中国物品编码中心负责分配和管理,由 7～9 位数字组成。

3) 商品项目代码

商品项目代码由厂商负责编制,由 3～5 位数字组成。

4) 校验码

校验码为 1 位数字。

2. EAN-8 代码

EAN-8 代码由 8 位数字组成,其结构如下:

商品项目识别代码	校验码
$X_8 X_7 X_6 X_5 X_4 X_3 X_2$	X_1

1）商品项目识别代码

商品项目识别代码由中国物品编码中心负责分配和管理，由 7 位数字组成。

2）校验码

校验码为 1 位数字。

3. EAN-13 商品条码的符号结构

EAN-13 商品条码由左侧空白区、起始符、左侧数据符、中间分隔符、右侧数据符、校验符、终止符、右侧空白区及供人识别字符组成，见图 1-19 和图 1-20。

图 1-19　EAN-13 商品条码的符号结构

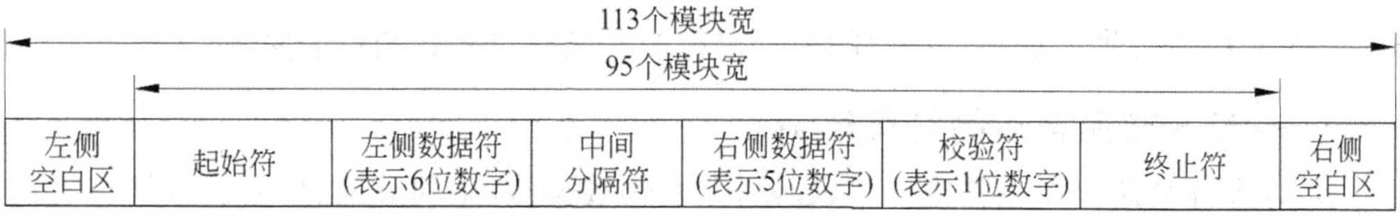

图 1-20　EAN-13 商品条码符号构成示意图

1）左侧空白区

位于条码符号最左侧的与空的反射率相同的区域，其最小宽度为 11 个模块宽。

2）起始符

位于条码符号左侧空白区的右侧，表示信息开始的特殊符号，由 3 个模块组成。

3）左侧数据符

位于起始符右侧，是平分字符的特殊符号，由 5 个模块组成。

4）中间分隔符

位于左侧数据符右侧，是平分条码字符的特殊符号，由 5 个模块组成。

5）右侧数据符

位于中间分隔符右侧，表示 5 位数字信息的一组条码字符，由 35 个模块组成。

6）校验符

位于右侧数据符右侧，表示校验码的条码字符，由 7 个模块组成。

7）终止符

位于校验符右侧，表示信息结束的特殊符号，由 3 个模块组成。

8）右侧空白区

位于条码符号最右侧的与空的反射率相同的区域，其最小宽度为 7 个模块宽。为保护右侧空白区的宽度，可在条码符号右下角加"＞"符号，其位置见图 1-21。

图 1-21　标准版条码符号右侧的空白区中"＞"的位置及尺寸

9）供人识别字符

位于条码符号的下方，是与条码相对应的 13 位数字。供人识别字符优先选用 GB/T 12508 中定的 OCR-B 字符集；字符顶部和条码字符底部的最小距离为 0.5 个模块宽。EAN-13 商品条码供人识别字符中的前置码印制在条码符号起始符的左侧。

4. EAN-8 商品条码的符号结构

EAN-8 商品条码由左侧空白区、起始符、左侧数据符、中间分隔符、右侧数据符、校验符、终止符、右侧空白区及供人识别字符组成，见图 1-22 和图 1-23。

图 1-22　EAN-8 商品条码的符号结构

图 1-23　EAN-8 商品条码符号构成示意图

5. 符号表示

1）商品条码字符集的二进制表示

商品条码字符集包括 A 子集、B 子集和 C 子集。每个条码字符由 2 个条和 2 个空构成。每个条或空由 1～4 个模块组成，每个条码字符的总模块数为 7。用二进制 1 表示条的模块，用二进制 0 表示空的模块。条码字符集可表示 0～9 共 10 个数字字符。商品条码字符集的二进制表示见表 1-9 和图 1-24。

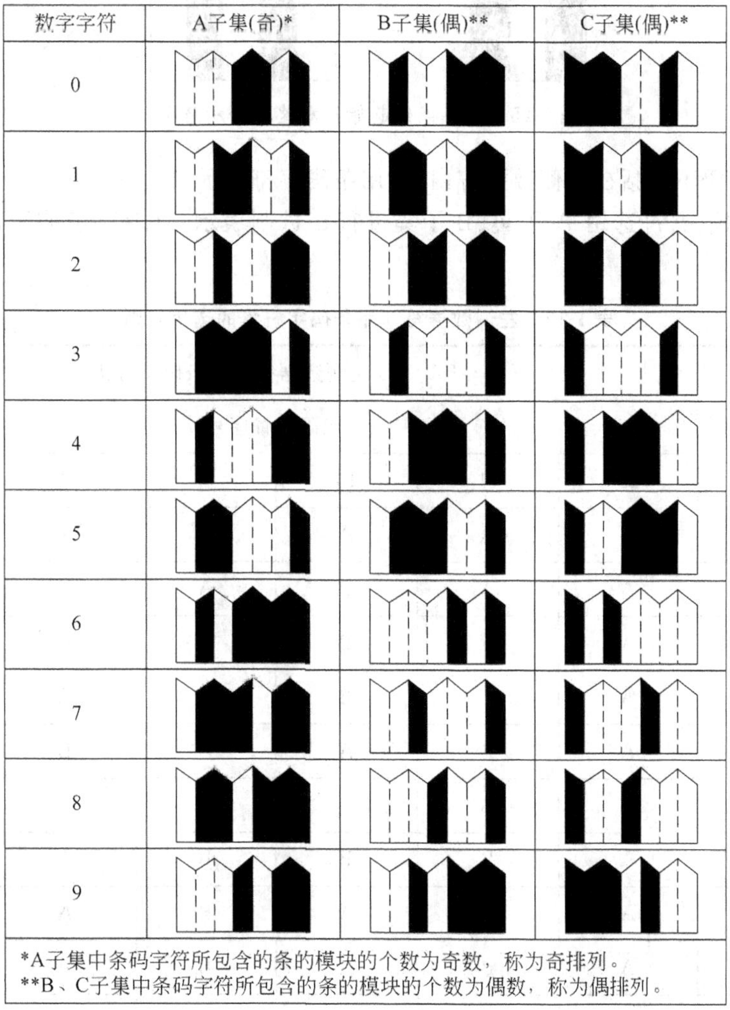

数字字符	A子集(奇)*	B子集(偶)**	C子集(偶)**
0			
1			
2			
3			
4			
5			
6			
7			
8			
9			
*A子集中条码字符所包含的条的模块的个数为奇数，称为奇排列。			
**B、C子集中条码字符所包含的条的模块的个数为偶数，称为偶排列。			

图 1-24　商品条码字符集

表 1-9　商品条码字符集的二进制表示

数字字符	A 子集	B 子集	C 子集	数字字符	A 子集	B 子集	C 子集
0	0001101	0100111	1110010	5	0110001	0111001	1001110
1	0011001	0110011	1100110	6	0101111	0000101	1010000
2	0010011	0011011	1101100	7	0111011	0010001	1000100
3	0111101	0100001	1000010	8	0110111	0001001	1001000
4	0100011	0011101	1011100	9	0001011	0010111	1110100

2）EAN 商品条码的符号表示

（1）起始符和终止符的二进制表示都为 01010，见图 1-25。

 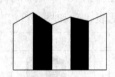

图 1-25　商品条码起始符和终止符示意图

（2）前置码不包括在左侧数据符内，不用条码字符表示。

（3）左侧数据符选用 A 子集、B 子集进行二进制表示，且取决于前置码的数值，见表 1-10。

表 1-10　左侧数据符商品条码字符集的选用规则

前置码数值	EAN-13 左侧数据符商品条码字符集					
	代码位置序号					
	12	11	10	9	8	7
0	A	A	A	A	A	A
1	A	A	B	A	B	B
2	A	A	B	B	A	B
3	A	A	B	B	B	A
4	A	B	A	A	B	B
5	A	B	B	A	A	B
6	A	B	B	B	A	A
7	A	B	A	B	A	B
8	A	B	A	B	B	A
9	A	B	B	A	B	A

示例：确定一个 EAN/UCC-13 代码 6901234567892 的左侧数据符的二进制表示。

第一步，根据表1-10可查得前置码为6的左侧数据符所选用的商品条码字符集依次为ABBBAA。

第二步，根据表1-9可查得左侧数据符901234的二进制表示，见表1-11。

表 1-11　前置码为 6 时左侧数据符的二进制表示

左侧数据符	9	0	1	2	3	4
条码字符集	A	B	B	B	A	A
二进制表示	0001011	0100111	0110011	0011011	0111101	0100011

6. 符号尺寸与颜色搭配

(1) 模块的尺寸。

当放大系数为1.00时，商品条码的模块宽度为0.330mm。

(2) 条码字符的尺寸。

当放大系数为1.00时，商品条码字符集中每个字符的各部分尺寸见图1-26。其中，1、2、7、8条码字符的条和空的宽度尺寸应进行适当调整，以提高识读设备对条码符号的识读性能，调整量为一个模块宽度尺寸的1/13，见表1-12。

表 1-12　条码字符 1、2、7、8 的条和空宽度的调整量

字符值	A 子集		B 子集或 C 子集	
	条	空	条	空
1	−0.025	+0.025	+0.025	−0.025
2	−0.025	+0.025	+0.025	−0.025
7	+0.025	−0.025	−0.025	+0.025
8	+0.025	−0.025	−0.025	+0.025

(3) 空白区宽度。

当放大系数为1.00时，EAN-13商品条码的左右侧空白区最小宽度分别为3.63mm和2.31mm，EAN-8商品条码的左右侧空白区最小宽度均为2.31mm。

(4) 起始符、中间分隔符和终止符的宽度。

当放大系数为1.00时，EAN商品条码起始符、中间分隔符和终止符的宽度见图1-27。

(5) 供人识别字符的高度。

当放大系数为1.00时，供人识别字符的高度为2.75mm。

数字字符	左侧数据符		右侧数据符
	A子集	B子集	C子集
0	0.330 0.560 1.320	0.990 1.660 1.980	0.990 1.650 1.980
1	0.305* 0.990 1.625*	0.685* 1.320 2.006*	0.686* 1.380 2.005*
2	0.605* 1.320 1.626*	0.685* 0.990 1.675*	0.685* 0.990 1.676*
3	0.330 0.660 1.580	0.330 1.660 1.980	0.330 1.650 1.980
4	0.660 1.650 1.980	0.330 0.680 1.690	0.330 0.660 1.650
5	0.330 1.320 1.980	0.330 0.990 1.980	0.330 0.990 1.980
6	1.320 1.650 1.980	0.330 0.660 0.990	0.330 0.660 0.990
7	0.685* 0.990 2.005*	0.305* 1.320 1.625*	0.305* 1.320 1.625*
8	1.015* 1.220 2.005*	0.306* 0.990 1.295*	0.305* 0.990 1.295*
9	0.660 0.990 1.320 2.310	0.990 1.320 1.660 2.210	0.990 1.320 1.650 2.310

*表示对1，2，7，8条码字符的条和空的宽度进行了适当调整。

图 1-26 条码字符的尺寸

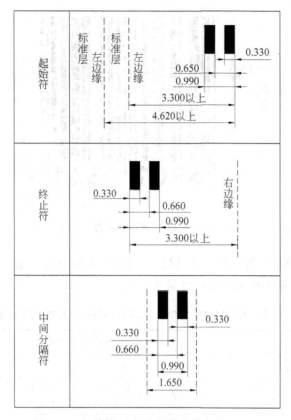

图 1-27　起始符、中间分隔符和终止符的宽度

（6）EAN-13 商品条码的符号尺寸。

当放大系数为 1.00 时，EAN-13 商品条码的符号尺寸见图 1-28。

图 1-28　EAN-13 商品条码符号尺寸

（7）EAN-8 商品条码的符号尺寸。

当放大系数为 1.00 时，EAN-8 商品条码的尺寸见图 1-29。

（8）符号尺寸与放大系数。

商品条码的放大系数为 0.80～2.00，条码符号随放大系数的变化而放大或缩小。由

图 1-29　EAN-8 商品条码符号尺寸

于条高的截短会影响条码符号的识读,因此不应随意截短条高。不同放大系数所对应的模块宽度和 EAN 商品条码的主要尺寸见表 1-13。

表 1-13　放大系数与模块宽度及 EAN 商品条码符号主要尺寸对照表　单位：mm

放大系数	模块宽度	条码符号尺寸					
		标准版			缩短版		
		条码符号长度*	条高**	条码符号高度***	条码符号长度*	条高**	条码符号高度***
0.80	0.264	29.83	18.28	20.74	21.38	14.58	17.05
0.85	0.281	31.70	19.42	22.04	22.72	15.50	18.11
0.90	0.297	33.56	20.57	23.34	24.06	16.41	19.18
1.00	0.330	37.29	22.85	25.93	26.73	18.23	21.31
1.10	0.363	41.01	25.14	28.52	29.40	20.05	23.44
1.20	0.396	44.75	27.42	31.12	32.08	21.88	25.57
1.30	0.429	48.48	29.71	33.71	34.75	23.70	27.70
1.40	0.462	52.21	31.99	36.30	37.42	25.52	29.83
1.50	0.495	55.94	34.28	38.90	40.10	27.35	31.97
1.60	0.528	59.66	36.56	41.49	42.77	29.17	34.10
1.70	0.561	63.39	38.85	44.08	45.44	30.99	36.23
1.80	0.594	67.12	41.13	46.67	48.11	32.81	38.36
1.90	0.627	70.85	43.42	49.27	50.79	34.64	40.49
2.00	0.660	74.58	45.70	51.86	53.46	36.46	42.62

*　条码符号长度为从条码起始符左边缘到终止符右边缘的距离加上左、右侧空白区的最小宽度之和。

**　条高为条码的短条高度。

***　条码符号高度为条码的上端到供人识别字符下端的距离。

1.3　常见的涉条码案件

本节以我国关于条码的相关法律法规为中心,介绍涉条码案件的法律法规以及相关案件的调查。

1. 相关法律法规

1) 商品条码管理办法

为了规范商品条码管理,保证商品条码质量,加快商品条码在电子商务和商品流通等领域的应用,促进我国电子商务和商品流通信息化的发展,由国家质检总局颁布并试行了了《中华人民共和国商品条码管理办法》。下面列举该办法的一些主要条目:

第十九条　系统成员对其厂商识别代码、商品代码和相应的商品条码享有专用权。

第二十条　系统成员不得将其厂商识别代码和相应的商品条码转让他人使用。

第二十一条　任何单位和个人未经核准注册不得使用厂商识别代码和相应的条码。

任何单位和个人不得在商品包装上使用其他条码冒充商品条码;不得伪造商品条码。

第三十四条　系统成员转让厂商识别代码和相应条码的,责令其改正,没收违法所得,处以 3000 元罚款。

第三十五条　未经核准注册使用厂商识别代码和相应商品条码的,在商品包装上使用其他条码冒充商品条码或伪造商品条码的,或者使用已经注销的厂商识别代码和相应商品条码的,责令其改正,处以 30 000 元以下罚款。

第三十六条　经销的商品印有未经核准注册、备案或者伪造的商品条码的,责令其改正,处以 10 000 元以下罚款。

第四十一条　从事商品条码管理工作的国家工作人员滥用职权、徇私舞弊的,由其主管部门给予行政处分;构成犯罪的,依法追究其刑事责任。

2) 刑法

第二百六十六条　诈骗公私财物,数额较大的,处三年以下有期徒刑、拘役或者管制,并处或者单处罚金;数额巨大或者有其他特别严重情节的,处三年以上十年以下有期徒刑,并处罚金;数额特别巨大或者有其他特别严重情节的,处十年以上有期徒刑或者无期徒刑,并处罚金或者没收财产。本法另有规定的,依照规定。

第二百八十七条　利用计算机实施金融诈骗、盗窃、贪污、挪用公款、窃取国家秘密或者其他犯罪的,依据本法有关规定定罪处罚。

2. 涉条码案件举例

1) 冒用他人条码

2006 年,浙江某食品厂销售人员徐某私下将该食品厂的商品条码以人民币 3000 元售给山东某非法个体食品加工点,该非法加工点冒用浙江某食品厂的条码,在超市成功销售。

作为行政违法案件(暂不考虑其行为是否触犯刑法有关内容),该案件相关责任人的行为触犯了《商品条码管理办法》的第二十一条(任何单位和个人未经核准注册不得使用厂商识别代码和相应的条码)及第三十五条(未经核准注册使用厂商识别代码和相应商品条码的,在商品包装上使用其他条码冒充商品条码或伪造商品条码的,或者使用已经注销的厂商识别代码和相应商品条码的,责令其改正,处以 30 000 元以下罚款)。

2)非法印制条码

2009 年,温州某个体食品加工点负责人李某,利用个人购置的条码设备,未经允许,私自打印上海某品牌食品条码,并成功进行销售,导致上海食品厂同类商品销售受到极大影响,同时也毁坏了该厂的产品质量声誉。

李某的行为触犯了《商品条码管理办法》的第二十一条(任何单位和个人未经核准注册不得使用厂商识别代码和相应的条码)及第三十五条(未经核准注册使用厂商识别代码和相应商品条码的,在商品包装上使用其他条码冒充商品条码或伪造商品条码的,或者使用已经注销的厂商识别代码和相应商品条码的,责令其改正,处以 30 000 元以下罚款)。

该案中,因为李某通过仿冒印制上海厂家的正式商品条码,对伪劣商品进行伪装销售,给被害单位带来巨大的直接和间接经济损失。如果李某通过上述违法行为获利数额较大,或者给被害单位带来的经济损失数额巨大,那么可能触犯刑法中的"非法经营罪"、"制作、生产、销售伪劣商品罪"、"销售假冒商标商品罪"等罪名(具体罪名由案件细节决定)。同时,被害单位可以继续追究李某的民事赔偿责任。

3)非法使用条码

2010 年,王某来到一家大型超市的小食品区域内,转了几圈后来到火腿肠货架边。趁着别的顾客正在挑选之机,王某从口袋中掏出一叠"小纸片",偷偷贴在一种台湾烤肠的外包装上。王某结账之后正欲离开,被超市保安人员拦下。

通过安装在小食品区的监控摄像头,超市的保卫人员发现了这个可疑的人。王某先后在 11 袋烤肠的外包装上贴了"小纸片",然后他拿着这些烤肠大模大样地去了收银台。

经超市人员检查,发现这些烤肠外包装上的"条码"下还有条码,原来王某用假条码盖住了真条码。一袋烤肠真正的价格是 14.9 元,真假条码扫描出来的价格相差 11.1 元,11 袋总共相差 122.1 元。也就是说,王某通过上述改变条码的手段相当于从超市偷走 122.1 元。

在王某的裤子口袋中还发现了一个还未来得及贴的假条码。

王某交代:他发现超市计算商品价格主要是靠商品外包装上的条码。于是他从街边找人做了这些假的条码,伺机贴在真的条码上面,意欲骗过收银员。

该行为触犯了《商品条码管理办法》的第二十一条(任何单位和个人未经核准注册不得使用厂商识别代码和相应的条码)及第三十五条(未经核准注册使用厂商识别代码和相应商品条码的,在商品包装上使用其他条码冒充商品条码或伪造商品条码的,或者使用已经注销的厂商识别代码和相应商品条码的,责令其改正,处以 30 000 元以下罚款)。

同时,王某的行为客观上已经具备盗窃的目的与性质,只是因为涉案数额较小,尚未构成刑法规定的盗窃罪,但仍可以依据《治安管理处罚法》的相关条款,以盗窃进行处置。

3. 涉条码案件调查

在涉条码案件的调查中应注意以下四点。

（1）查报案所涉及的条码物品的条码。

查报案所涉及的条码物品的条码与库房同品种物品的条码是否一致，利用技术手段确定假条码是涉案单位条码打印机所打印还是外部批量印刷带入内部使用，从而确定假条码的来源。

（2）查假条码物品出入库记录。

通过查假条码物品出入库记录，确定涉案数量与金额。假条码的出现可能有多种情况，有的是大包装（多个商品的外包装）与单个商品的包装条码不符；有的是内外条码相符但均为假条码。通常，如果从进货入库渠道就开始实施犯罪行为，那么往往需要内部人员的配合。

（3）查涉案单位监控录像。

通过查涉案单位监控录像锁定嫌疑人。一般商品生产或销售企业在其重要的经营环节所在的空间位置都会安装监控摄像头，记录视频信息。通过查验涉案物品的轨迹情况，了解涉案人员的情况。

（4）查涉案物品的销赃渠道。

根据犯罪嫌疑人需要对非法获取的涉案物品进行后续处理的实际情况，对涉案物品的销赃渠道进行追查。根据嫌疑人盗窃物品的性质和数量，推测分析其动机为盗窃物品自用还是批量盗窃销赃获利。前者盗窃数额较小，数量较少；后者常见团伙多处作案，针对同一或同类商品实施盗窃行为。

思 考 题

1. 如何理解 EAN-13 条码中的最后一位校验位与前 12 位的关系？
2. 一维条码与二维条码的区别是什么？
3. 犯罪嫌疑人常用什么方法伪造一维条码？
4. 如何理解使用伪造的商品条码的法律行为？
5. 通常二维码中可以包含哪些信息？

第 2 章

磁卡技术与应用

　　将由定向排列的铁性氧化粒子组成的一层薄薄的磁条用树脂粘在纸或塑料等非磁性基片上就形成了磁卡。利用贴在卡上的磁条来记录持卡人的账户和姓名等信息。

　　磁卡技术中的数据的存储就是靠改变磁条上氧化粒子的磁性来实现的。磁性分为两种极性——正极和负极，也叫南极和北极，磁性的这种二分性正好与机器码的 0 和 1 相对应。在数据的写入过程中，需要输入的数据首先通过编码器变换成二进制的机器代码，然后控制器控制的磁头（如图 2-1 所示）与磁条的相对移动过程中改变磁条磁性粒子的极性来实现数据写入；数据的读出是磁头先读出机器代码再通过译码器还原成人们可识读的数据信息。从某些方面来看，磁卡技术与录音机读写磁带的工作原理是基本相同的。由于磁卡技术是靠磁条磁性粒子的极性来存取信息的，所以磁性离子极性的耐久性和可靠性就成为影响磁卡应用的关键因素。

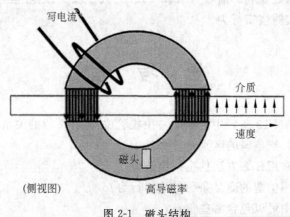

图 2-1　磁头结构

　　磁卡技术的优点是数据可读写，即具有现场改变数据的能力；数据的存储一般能满足需要；使用方便、成本低廉。这些优点使得磁卡技术的应用领域十分广泛，如信用卡、银行ATM 卡、会员卡、现金卡（如电话磁卡）、机票、公交卡和自动售货卡等。磁卡技术的限制因素是数据存储的时间长短受磁性粒子极性的耐久性限制，另外，磁卡存储数据的安全性一般较低，如磁卡不小心接触磁性物质，就可能造成数据的丢失或混乱，要提高磁卡存储数据的安全性能，就必须采用相关的其他技术，增加成本。随着新技术的发展，安全性能较差的磁卡技术有逐步被取代的趋势，但是，现有条件下，社会上仍然存在大量的磁卡设备，再加上磁卡技术的成熟和低成本，短期内，磁卡技术仍然会在许多领域应用。

　　磁卡由磁条来存储信息，在遇到强磁场、静电、刮伤、扭曲等情况时，存储在磁条内的信息容易丢失，另外，磁条上的信息存放时间较短，读写次数较少，修改不方便。

2.1 ## 基本知识

磁卡上的磁信号通过电磁感应变成电磁信号,其中磁卡信号的读取是磁变电的过程,向磁卡写入信号的过程为电变磁的过程。磁卡技术涉及电磁学的基本知识。

2.1.1　磁学的基本概念

按照电磁学理论,可把磁性体假定为由许多非常细小的磁畴构成。磁畴的体积很小,较大的磁畴只有 $10^{-7} \sim 10^{-3}$ cm,每一个磁畴包含 $10^{12} \sim 10^{15}$ 个分子,本身有南极和北极,相当于一块小小的永久磁铁。磁性体在未经磁化的情况下,这些磁畴的排列是杂乱无章的,这时,磁畴彼此的磁性互相抵消,就整体来说,对外并不显示磁性。如果使磁性体外面的线圈通上电流,磁性体由于处于磁场内,磁畴受到磁化力的影响,就产生一种趋向于统一排列的趋势,如外部磁化力不够强,磁畴排列的方面还不能完全一致,彼此互相抵消磁力的现象不能完全消除,磁性体对外所显示的磁性还不能达到最大值。如果使用磁性体磁化强度再增加,磁畴的排列就更趋整齐,这时磁性体的磁性达到最大值。此后,尽管再增加线圈的电流,磁性体也不会有更大的磁性。换句话说,磁性体在此时的磁力线已经达到饱和的程度。当外界的磁场消失,磁性体磁畴的排列仍保持整齐的状态,这就是永久磁体。

1. 磁场、磁力线、磁通和磁感应强度

磁场是存在于磁体、电流和运动电荷周围空间的一种特殊形态的物质。磁场的基本特性是对处于其中的磁体、电流和运动电荷有磁场力的作用。磁场的来源是永久磁体、电流和运动电荷。

磁力线是一种对磁场的情况假想的形象描述。磁力线的方向与指南针 N 极所指的方向一致。

通过磁场内某一截面积的磁力线总数叫磁通,用 ϕ 表示,单位为韦(Wb)。

通过与磁力线垂直方向的单位面积的磁力线数目叫磁力线的密度,也叫磁通密度或磁感应强度,用 B 表示,单位为特(T)。

2. 磁场强度和磁导率

磁通和磁感应强度皆因介质而异。为了定义一个与介质无关的量,把真空中的磁感应叫做磁化力或磁场强度,用 H 表示,单位为安每米(A/m)。

B 与 H 的比值叫磁导率,用 μ 表示,即 $\mu = B/H$。

实验证明:空气的 $\mu = 1$,铁磁材料(铁、坡莫合金等)的 μ 可达几千或几万。

3. 磁滞回线

在各种磁介质中,最重要的是以铁为代表的一类磁性很强的物质,称为铁磁体。在铁磁材料中,磁导率 μ 不是常数,它随 H 而变,也因原来的磁化情况而异。在磁场中,铁磁体的磁感应强度与磁场强度的关系可用曲线来表示,当磁化磁场作周期的变化时,铁磁体

中的磁感应强度与磁场强度的关系是一条闭合线,这条闭合线叫做磁滞回线。每一种铁磁材料各有不同的磁滞回线,磁滞回线是研究铁磁材料磁特性的基础。

2.1.2 磁卡记录原理

记录磁头由内有空隙的环形铁芯和绕在铁芯上的线圈构成。磁卡是由一定材料的片基和均匀地涂布在片基上面的微粒磁性材料制成的。在记录时,磁卡的磁性面以一定的速度移动,或记录磁头以一定的速度移动,并分别和记录磁头的空隙或磁性面相接触。磁头的线圈一旦通上电流,空隙处就产生与电流成比例的磁场,于是磁卡与空隙接触部分的磁性体就被磁化。如果记录信号电流随时间而变化,则当磁卡上的磁性体通过空隙时(因为磁卡或磁头是移动的),便随着电流的变化而不同程度地被磁化。磁卡被磁化之后,离开空隙的磁卡磁性层就留下相应于电流变化的剩磁。

如果电流信号(或者说磁场强度)按正弦规律变化,那么磁卡上的剩余磁通也同样按正弦规律变化。当电流为正时,就引起一个从左到右(从 N 到 S)的磁极性;当电流反向时,磁极性也跟着反向。其最后结果可以看作磁卡上从 N 到 S 再返回到 N 的一个波长,也可以看作是同极性相接的两块磁棒。这是在某种程度上简化的结果,然而,必须记住的是,剩磁 Br 是按正弦变化的。当信号电流最大时,纵向磁通密度也达到最大。记录信号就以正弦变化的剩磁形式记录并储存在磁卡上。

2.1.3 磁卡工作原理

磁卡上面剩余磁感应强度 Br 在磁卡工作过程中起着决定性的作用。磁卡以一定的速度通过装有线圈的工作磁头,磁卡的外部磁力线切割线圈,在线圈中产生感应电动势,从而传输被记录的信号。当然,也要求在磁卡工作中被记录的信号有较宽的频率响应、较小的失真和较高的输出电平。

一根很细的金属直线可以作为一个简单的重放设备。金属直线与磁卡紧贴,方向垂直于磁卡运行方向,磁卡运行时,金属直线切割磁力线而产生感应电动势,电动势的大小与切割的磁力线成正比。当磁卡的运行速度保持不变时,金属直线的感应电动势与磁卡表面剩余磁感应强度成正比,而导体中的感应电动势可由下式表示:

$$e = BrWv$$

式中 Br 为表面剩余磁感应强度;

W 为记录道迹的宽度;

v 为重放时磁卡的运行速度。

在 $Br = 2\pi f/v\phi rm \cos 2\pi ft$ 的情况下,综合 Br 和 e 的关系式,得到:

$$e = 2\pi f W\phi rm \cos 2\pi ft$$

当然,用一根金属线作磁卡工作设备,由于其输出很小,所以是不实用的。

而磁头是用高导磁系数的软磁材料制成的铁芯,上面缠有绕组线圈,磁头前面有一条很窄的缝隙,这时对于进入工作磁头的磁卡磁通量而言,可以看作两个并联的有效磁阻,即空隙的磁阻和磁头铁芯的磁阻。因为空隙的有效磁阻远大于工作磁头铁芯的磁阻,所以磁卡上磁通量的绝大部分输入到磁头铁芯，并与工作磁头上的线圈绕组发生交连，因而感应出电动势，在这种情况下，单根金属重放线所得到的感应电动势公式完全适用于环形磁卡工作磁头，只是比例系数不同而已。

2.2　磁卡的结构

磁卡是一种磁记录介质卡片。它由高强度、耐高温的塑料或纸质涂覆塑料制成，能防潮、耐磨且有一定的柔韧性，携带方便，使用较为稳定可靠。通常，磁卡的一面印刷有说明提示性信息，如插卡方向；另一面则有磁层或磁条，具有 2～3 个磁道以记录有关信息数据。

磁卡以液体磁性材料或磁条为信息载体，将液体磁性材料涂覆在卡片上，或将宽约 6～14mm 的磁条压贴在卡片上。

磁条上有 3 个磁道。磁道 1 与磁道 2 是只读磁道，在使用时磁道上记录的信息只能读出而不允许写或修改。磁道 3 为读写磁道，在使用时可以读出，也可以写入。

磁道 1 可记录数字（0～9）、字母（a～z）和其他一些符号（如括号、分隔符等），最大可记录 79 个数字或字母。

磁道 2 和磁道 3 所记录的字符只能是数字（0～9）。磁道 2 最大可记录 40 个字符，磁道 3 最大可记录 107 个字符。

1. 磁卡的物理结构及数据结构

在磁带上，记录 3 个有效磁道数据的起始数据位置和终结数据位置不是在磁带的边缘，而是在磁带边缘向内缩减约 7.44mm 为起始数据位置（引导 0 区）；在磁带边缘向内缩减约 6.93mm 为终止数据位置（尾随 0 区）；这些标准是为了有效保护磁卡上的数据不易丢失，这是因为磁卡边缘上的磁记录数据很容易因物理磨损而被破坏。

一般而言，应用于银行系统的磁卡上的磁条有 3 个磁道（如图 2-2 所示），分别为磁道 1、磁道 2 及磁道 3。每个磁道都记录着不同的信息，这些信息有着不同的应用。此外，也有一些应用系统的磁卡只使用了两个磁道，甚至只有一个磁道。在应用系统中，根据具体情况，可以使用全部的三个磁道或者只使用两个或一个磁道。

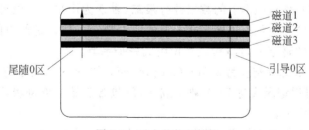

图 2-2　磁卡的物理结构

3 个磁道宽度相同，约 2.80mm，用于存放用户的数据信息；相邻两个磁道约有

0.05mm 的间隙,用于区分相邻的两个磁道;整个磁带宽度在 10.29mm 左右(如果是应用 3 个磁道的磁卡),或是在 6.35mm 左右(如果是应用两个磁道的磁卡)。实际上银行磁卡上的磁带宽度会加宽 1～2mm,磁带总宽度为 12～13mm,如图 2-3 所示。

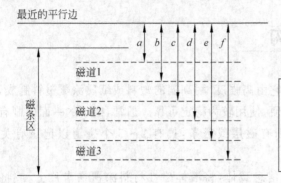

图 2-3　磁道的位置

磁道的应用格式一般是根据特殊的使用要求而定制的,例如银行系统、证券系统、门禁控制系统、身份识别系统、驾驶员驾驶执照管理系统等,都会对磁卡上的 3 个磁道提出不同的应用格式要求。在此,主要研究的是符合国际流通的银行/财政应用系统的银行磁卡上的 3 个磁道的标准定义,这些定义也已经广泛适用于 Visa 信用卡和 MasterCard 信用卡。

(1) 磁道 1:它的数据标准制定最初是由国际航空运输协会(International Air Transportation Association,IATA)完成的。磁道 1 上的数据和字母记录航空运输中的自动化信息,例如货物标签信息、交易信息、机票订票/订座情况等。这些信息由专门的磁卡读写机具进行数据读写处理,并且在航空公司中有一套应用系统为此服务。应用系统包含了一个数据库,磁卡的所有数据信息都可以在此找到记录。

(2) 磁道 2:它的数据标准制定最初是由美国银行家协会(American Bankers Association,ABA)完成的。该磁道上的信息已经被当今很多银行系统所采用。它包含了一些最基本的相关信息,例如卡的唯一识别号码、卡的有效期等。

(3) 磁道 3:它的数据标准制定最初是由财政行业完成的,主要应用于一般的储蓄、货款和信用单位等需要经常对磁卡数据进行更改、重写的场合。典型的应用包括现金售货机、预付费卡(系统)、借贷卡(系统)等。这一类应用很多都是处于脱机的模式,即银行(验证)系统很难实时地对磁卡上的数据进行跟踪,表现为用户卡上磁道 3 的数据与银行(验证)系统所记录的当前数据不同。磁卡上的 3 个磁道一般都是使用位(b)方式来编码的。根据数据所在的磁道不同,5 位或 7 位组成一个字节。

磁道 1(IATA):记录密度为 210bpi(bit pre inch,位/英寸);可以记录数字 0～9 及字母 A～Z 等;总共可以记录多达 79 个数字或字符(包含起始结束符和校验符);每个字符(一个字节)由 7 位组成。

由于磁道 1 上的信息不仅可以用数字 0～9 来表示,还能用字母 A～Z 来表示,因此磁道 1 上的信息一般记录了磁卡的使用类型、范围等一些标记性、说明性的信息。例如银行卡中,磁道 1 记录了用户的姓名、卡的有效使用期限以及其他的一些标记信息。

磁道 2(ABA)：记录密度为 75bpi；可以记录数字 0～9，不能记录字母 A～Z；总共可以记录多达 40 个数字(包含起始结束符和校验符)；每个数据(一个字节)由 5 位组成。

磁道 3(THRIFT)：记录密度为 210bpi；可以记录数字 0～9，不能记录字母 A～Z；总共可以记录多达 107 个数字或字符(包含起始结束符和校验符)；每个字符(一个字节)由 5 位组成。由于磁道 2 和磁道 3 上的信息只能用数字 0～9 等来表示，不能用字母 A～Z 来表示，因此在银行卡中，磁道 2 和磁道 3 一般用于记录用户的账户信息、款项信息等，当然还有一些银行所要求的特殊信息等。

一般非金融领域用磁卡只将信息记录在磁道 2，金融领域用磁卡的 3 个磁道都可能被使用，如工行用磁道 1、磁道 3，建行用磁道 2、磁道 3，交行用磁道 1、磁道 2、磁道 3。

在实际的应用开发中，如果希望在磁道 2 或磁道 3 中表示数字以外的信息，例如 "ABC" 等，一般应采用按照国际标准的 ASCII 码表来映射。例如，要记录字母 A 在磁道 2 或磁道 3 上时，则可以用 A 的 ASCII 值 0x41 来表示。0x41 可以在磁道 2 或磁道 3 中用两个数据来表示：4 和 1，即 0101 和 0001。表 2-1 为磁道 3 的磁条位置信息。

表 2-1　磁条位置信息

STX	FC	PAN	FS	CC	NM	FS	ED	ID	SC	DD	ETX	LRC
1	1	19	1	3	2～26	1	4	1	2		1	1

其中，STX 为起始标志，FC 为格式代码，PAN 为个人标识号码，FS 为分隔符号，CC 为国家代码，NM 为持卡人姓名，ED 为失效日期(YYMM)，ID 为交换指示符(发卡者规定的交换范围，1 为国际，5 为本国，7 为特定用途，9 为系统测试卡)，SC 服务代码(01 为无限制，02 为无 ATM，03 为只有 ATM，10 为无现金预支，11 为无现金预支和 ATM，20 为所有交易需要授权)。

表 2-2 为国内部分银行卡的信息格式。

2.磁条特性

1)磁条的磁信号

磁条制造商可以根据市场需求供应多种颜色的磁条，如金、银、红、绿、蓝、褐、黑等。磁条呈现不同颜色是在标准磁条的保护层涂上所需颜色造成的。目前，符合标准的读写设备可以对不同颜色的磁条进行读写，因此磁条颜色并不影响正常读写。通常低密磁条的颜色为褐色，高密磁条的颜色为黑色，以方便使用者(包括制卡商和发卡商)在生产、储存等过程中从颜色上区分低密和高密磁条。

磁条能否正常进行读写主要与电磁性能有密切关系，包括饱和曲线斜率、信号幅度、分辨率、冒脉冲及可抹除性。按照国家和国际标准，衡量信号幅度、冒脉冲及可抹除性的指标是一个相对比值的数据。

(1)信号幅度：分为平均信号幅度和单个信号幅度。平均信号幅度表示在普通的磁卡读写机具上，当以一定的记录电流在卡上写信息时，当幅度偏低未达到标准规定时，就会出现应该写上信息的位置并没有写上信息，造成数据丢失，对磁卡的可靠性影响较大；单个信号幅度表示当卡上的磁条受到污染或划伤造成磁性介质脱落，因而导致信息记录

表 2-2 银行卡信息格式

发卡行名称及机构代码	卡名	磁道	全部磁道信息 起始字节	全部磁道信息 长度/B	主账号 起始字节	主账号 长度/B	主账号 卡号	主账号 读取磁道	发卡行标识 起始字节	发卡行标识 长度/B	发卡行标识 取值	发卡行标识 读取磁道
交通银行 060000	信用卡	2	2	37	4	16	49104*	2	2/4	7/5	(66)49104	2
	信用卡	3	2	104	6	16	49104*	3	4/6	7/5	(00)49104	3
	太平洋卡	2	2	37	4	16	53783*	2	2/4	7/5	(66)53783	2
	信用卡	3	2	104	6	16	53783*	3	4/6	7/5	(00)53783	3
	万事顺卡	2	2	37	4	17	601428*	2	2/4	8/6	(66)601428	2
		3	2	104	6	17	601428*	3	4/6	8/6	(00)601428	3
	互连卡	2	2	37	4	17	405512*	2	2/4	8/6	(66)405512	2
		3	2	104	6	17	405512*	3	4/6	8/6	(00)405512	3
建设银行 050000	信用卡	2	2	37	2	18	553242*	2	2	6	553242	2
		3	2	104	4	18	553242*	3	4	6	553242	3
	龙卡 信用卡	2	2	37	2	18	543242*	2	2	7	5453242	2
		3	2	104	4	18	543242*	3	4	7	5453242	3
	储蓄卡	2	2	37	2	19	436742*	2	2	6	436742	2
中国银行 040000	长城 国际卡	2	2	35	2	16	400941*	2	2	6	400941	2
		3	2	104	4	16	400941*	3	4	6	400941	3
	长城 国际卡	2	2	35	2	16	400942*	2	2	6	400942	2
		3	2	104	4	16	400942*	3	4	6	400942	2

失败。

（2）冒脉冲：表示磁条本身的静态磁性能未达到要求（磁层表面粗糙及磁层薄等），或读卡机具对噪声的灵敏度较高，原来在磁条没有记录信息的地方却读出了信息。

（3）可抹除性：表示当做刷卡动作时，在应被删除信息的位置上，信息并未被删除。

如果磁条信号幅度达不到标准，则可能无法正常读写，影响磁卡的可靠性。而磁条冒脉冲及可抹除性达不到标准，可能使用户无法正常使用磁卡。

2）磁条的标准与矫顽磁力

低密磁条依据的最新版本国际标准是 ISO/IEC 7811/2 1995，中国国家标准是 GB/T 15120.2—1994（等同于国际标准 ISO 7811/2—1985 中的《识别卡 记录技术 第 2 部分：磁条》）。高密磁条依据的国际标准是 ISO/IEC 7811—61995。

虽然低密磁条的矫顽磁力（以 Oe 为度量单位）范围在 250～700Oe 就可满足 ISO 7811/2 及中国国家标准的要求，但是全世界使用低密磁条的银行卡或票据磁带绝大多数采用 290～340Oe 的磁条，已成为行业惯用标准；范围在 500～700Oe 的磁条，特别是 650Oc 的磁条，主要在日本应用。客户如果选择非行业惯用标准的磁条，则可能会引起写磁设备不兼容或需要调整等问题。

高密磁条的矫顽磁力范围在 2500～4000Oe，也符合 ISO/IEC 7811-6 的标准。使用高密磁条的银行卡大多采用 2750Oe 的磁条，而 4000Oe 的高密磁条主要应用在门禁及识别系统中。从理论上讲，磁条矫顽磁力越高，其抵抗意外擦磁能力就越强，就更值得选择使用，但在实际使用过程中还需要结合其他因素来综合考虑。例如，高密磁条有 4000Oe，甚至还有高于 4000Oe 的，但是 ISO/IEC、Visa、MasterCard 等组织却一致认为，银行卡选用 2750Oe 的高密磁条最为适宜。根据充足的测试结果表明，2750Oe 的磁条既足以防止意外擦磁，又比较容易读写，它与 4000Oe 的高密磁条相比，在使用过程中更具有安全性、可靠性及稳定性等多方面优势。相反，4000Oe 的高密磁条则可能会引起写磁困难，产生过大的噪声，影响其安全性或引起读磁误。

2.3 磁卡读卡器

磁卡读卡器是用于磁卡信息读取的设备（见图 2-4），它是磁卡系统中的终端设备，磁卡读卡器完成磁卡数据的读出与数据的写入。

图 2-4　磁卡读卡器

2.3.1　读卡器的类型

从机体功能上分为以下两种：

(1) 普通磁卡读卡器，机体上不带键盘。

(2) 小键盘读卡器，机体带小键盘，可以输入密码等。

从读取的磁卡轨道可分为以下几种：单 1 轨磁卡读卡器，单 2 轨磁卡读卡器，单 3 轨磁卡读卡器，1、2 双轨磁卡读卡器，2、3 双轨磁卡读卡器和全 3 轨磁卡读写器。

从与计算机或终端连接的端口类型可分为键盘口、串口和 USB(有仿键盘口和仿串口之分)等。

从读卡器的形式上看，有独立的读卡器，通过线缆与系统连接；也有嵌入式的读卡器，安装在 POS 和 ATM 上，作为其功能的一部分出现，通常只露出磁卡的读写槽。

2.3.2　ATM 磁卡读写器的结构

ATM 磁卡读写器的结构如图 2-5 所示。

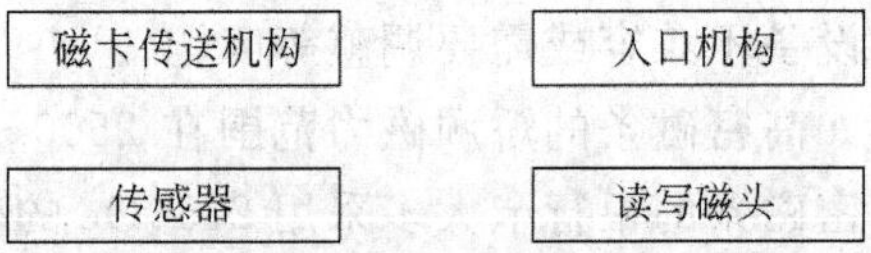

1. 磁卡传送机构

磁卡传送机构由以下两部分组成：

(1) 电机：24V 直流电机。

(2) 滚轮组和皮带。

图 2-5　ATM 磁卡读写器的结构

在读卡器主板的控制下，驱动滚轮皮带组使磁卡传送机构中的磁卡恒速向前或向后移动。

2. 入口机构

入口机构由以下两部分组成：

(1) 入口挡门(shutter)。

(2) 开、关入口挡门的电机。

为防止异物进入读卡器中，在读卡器的入口处设有挡门，挡门通过电机和挡门前的传感器相连。当传感器检测有卡进入通道，即驱动挡门开启和闭合。

3. 传感器

传感器有以下 3 种：

(1) 开门预读磁头。

(2) 挡门传感器。

(3) 磁卡位置检测传感器。

读卡器共有 3 对位置传感器、1 个挡门传感器和 1 个预读磁头。挡门传感器检测到有卡进入，此时挡门将会打开。3 对位置传感器分别为 S0、S2 和 S4。S0 位于读卡器的传送通道的前部，用于检测磁卡是否进入传送通道；S2 位于读卡器的中部，用于检测磁卡是否在读写磁头位置；S4 位于读卡器的后部，用于检测磁卡是否退进吃卡盒中或磁卡在读卡器通道中的位置(参见图 4-3)。

4. 读写磁头

读写磁头完成以下功能：

（1）读磁道 1。

（2）读写磁道 2。

（3）读写磁道 3。

按照设备功能与要求的不同，读卡器内部安装的磁头功能也可能不同，最多具有 3 个磁道的读写功能。

2.3.3　读卡器的工作流程

读卡器的工作流程如下：

（1）将卡插入读卡器中，挡门传感器（shutter sensor）检测到有卡插入，此时挡门打开，在主板的控制下将磁卡移入读卡器中。

读卡器的入卡方式有 3 种：①完全手动方式，即用户将卡直接从卡槽推至顶端；②半手动半自动方式，即用户将卡推至卡槽半程的感应点，随后由电机驱动将卡带至顶端；③自动方式，即用户将卡插入卡槽，读卡器识别该卡是否有效，当卡被判断有效时，挡门复位，由电机驱动将卡带至顶端。

（2）读写磁头读出信息后，需要输入密码（一般不能连续输错密码 3 次）。入卡后，在卡槽临近顶端的位置有读写磁头，在卡移动的过程中，识别磁卡上磁条中的数据，并与服务器进行通信验证。在卡有效的前提下，进一步验证用户是否合法，即通过密码验证的形式被动识别用户。密码容错次数由系统设定，通常不允许连错 3 次。也有通过系统设置，调整为连续 5 次，或连续 3 次、累计 6 次等情况，由各应用系统按需求设置。

（3）系统读取数据后，除验证磁卡有效性外，还可以通过系统反馈的卡的异常状态，将有关信息提示给用户，例如账户被冻结等。

（4）操作完成后弹出磁卡给客户，或将磁卡移至收卡盒中。所有操作结束后，在确认退卡后，系统会提示取卡，此时电机会将卡推至卡槽出口，或由用户直接拔卡。

（5）规定操作时间内客户未取走磁卡，磁卡将吞到废卡盒中（一般为 30 秒）。为防止用户卡遗忘在读卡设备上，在提示用户取卡后，系统自动计时，在规定时间内如果用户未将卡取走，系统会启动卡槽驱动电机，将卡移至废卡盒。此时，只有系统管理维护人员使用钥匙开启机器方可取卡。

2.4　磁卡的国际标准与银行（磁）卡

由于磁卡已经在全球范围内得到了广泛应用，磁卡的国际组织要求各个会员国单位严格按照 ISO 国际标准生产和使用磁卡。磁卡的国家标准符合磁卡 ISO 国际标准。磁卡的国家标准涉及卡片标准、磁道记录标准和信息标准等。

2.4.1 磁卡的 ISO 标准简介

1. ISO 7810—2003

ISO 7810—2003 的概要情况如表 2-3 所示。

表 2-3 ISO 7810—2003 的概要情况

标准编号	ISO/IEC 7810—2003
标准名称	识别卡—物理特性
英文名称	Identification Cards—Physical Characteristics
代 替 号	ISO/IEC 7810—1995；ISO/IEC FDIS 7810—2003
采用标准	ANSI/INCITS/ISO/IEC 7810—2003，IDT；JIS X 6301—2005，IDT
起草单位	ISO/IEC，JTC 1/SC 17
分 类 号	L64
国际分类号	35.240.15
发布日期	2003-11
内容介绍	银行业务；数据存储；材料的物理性质；磁记录；代码表示；尺寸；磁性卡片；特性；代码；ID 卡；识别卡；数据介质；数据交换；数据处理；信息处理；描述；材料；数据记录；信息交换；物理性能；信息技术；卡片；银行文件；定义

卡的尺寸为：宽度 85.72～85.47mm，高度 54.03～53.92mm，厚度 0.76±0.08mm，卡片四角圆角半径 3.18mm。

卡的尺寸一般为 85.5mm×54mm×0.76mm。

2. ISO 7811

ISO 7811 的概要情况如表 2-4 所示。

表 2-4 ISO 7811 的概要情况

标准编号	ISO/IEC 7811-2—2001
标准名称	识别卡 记录技术 第 2 部分：磁条 低矫顽力
英文名称	Identification Cards—Recording Technique-Part 2：Magnetic Stripe；Low Coercivity
代替号	ISO/IEC 7811-2—1995；ISO/IEC FDIS 7811-2—2000；ISO/IEC 7811-4—1995；ISO/IEC 7811-5—1995
采用标准	ANSI/INCITS/ISO/IEC 7811-2—2001，IDT；prEN ISO/IEC 7811-2—2001，IDT；Z15-003PR，IDT；JIS X 6302-2—2005，IDT；OENORM EN ISO/IEC 7811-2—2001，IDT；GOST R ISO/IEC 7811-2—2002，IDT
起草单位	ISO/IEC，JTC 1/SC 17
分 类 号	L64
国际分类号	35.240.15
发布日期	2001-02
内容介绍	磁条；记录；识别卡；识别证；数据处理；定义；定义；银行文件

标准名称	识别卡 记录技术 第 6 部分：磁条 高矫顽力
英文名称	Identification Cards—Recording Technique-Part 6：Magnetic Stripe；High Coercivity
代替号	ISO/IEC 7811-4—1995；ISO/IEC 7811-5—1995；ISO/IEC 7811-6—1996；ISO/IEC FDIS 7811-6—2000
采用标准	ANSI/INCITS/ISO/IEC 7811-6—2001,IDT；prEN ISO/IEC 7811-6—2001,IDT；Z15-010PR,IDT；JIS X 6302-6—2005,IDT；OENORM EN ISO/IEC 7811-6—2001,IDT；GOST R ISO/IEC 7811-6—2003,IDT
起草单位	ISO/IEC,JTC 1/SC 17
分类号	L64
国际分类号	35.240.15
发布日期	2001-02
内容介绍	识别证；识别卡；磁条；磁记录；银行业务；物理性能；信息交换；数据记录；规范；定义；记录系统；磁带；数据处理
标准编号	ISO/IEC 7811-1—2002
标准名称	识别卡.记录技术.第 1 部分：凸印
英文名称	Identification Cards—Recording Technique—Part 1：Embossing
代替号	ISO/IEC 7811-1—1995；ISO/IEC FDIS 7811-1—2002；ISO/IEC 7811-3—1995
采用标准	ANSI/INCITS/ISO/IEC 7811-1—2002,IDT；JIS X 6302-1—2005,IDT
起草单位	ISO/IEC,JTC 1
分类号	L64
国际分类号	35.240.15
发布日期	2002-09
内容介绍	压纹；图形显示字符；记录；识别卡；数据处理；文字书写；银行文件
标准编号	ISO/IEC 7811-7—2004
标准名称	识别卡.记录技术.第 7 部分：磁条.高矫顽力、高密度
英文名称	Identification Cards—Recording Technique—Part 7：Magnetic Stripe—High Coercivity,High Density
代替号	ISO/IEC FDIS 7811-7—2004
采用标准	ANSI/INCITS/ISO/IEC 7811-7—2004,IDT
归口单位	
起草单位	ISO/IEC,JTC 1/SC 17
分类号	L64
国际分类号	35.240.15

续表

发布日期	2004-07
内容介绍	数据记录;记录系统;物理性能;识别卡;磁带;磁记录;磁条;数据处理;定义;银行业务;规范;信息交换
标准编号	ISO/IEC 7811-6 AMD 1—2005
标准名称	识别卡.记录技术.第6部分:磁条.高矫顽磁力.修改件1:U<指数 i6> 标准和试验方法
英文名称	Identification Cards—Recording Technique—Part 6:Magnetic Stripe;High Coercivity;Amendment 1:U<(Index)i6> Criteria and Test Method
代替号	ISO/IEC 7811-6 FDAM 1—2005
采用标准	
起草单位	
分类号	L64
国际分类号	35.240.15
发布日期	2005-10-01
内容介绍	银行业务;数据处理;数据记录;识别卡;信息交换;磁记录;磁条;磁带;物理性能;记录系统;规范

2.4.2　标准的内涵

《中华人民共和国金融行业标准》JR/T 0009—2000 是银行卡磁条信息格式和使用规范。本标准起草单位为中国人民银行、中国工商银行、中国农业银行、中国银行、中国建设银行、交通银行和中国标准研究中心。

1. 磁道的信息格式

1) 磁道 1 的信息格式

磁道 1 数据编码最大记录长度为 79 个字符,数据字段的顺序和长度应与表 2-5 给出的磁道 1 信息格式一致。磁道 1 为只读磁道。

表 2-5　磁道 1 信息格式

序号	名　　称	S=静态	长度/字符	备注
1	起始标志	S	1	%
2	格式代码	S	2	99
3	主账号	S	13～19	
4	字段分隔符	S	1	∧
5	姓名	S	2～26	
6	字段分隔符	S	1	
7	失效日期	S	4	YYMM

序号	名　称	S=静态	长度/字符	备注
8	服务代码	S	3	
9	附加数据	S	可变	
10	结束标志	S	1	?
11	纵向冗余校验位	S	1	

2）磁道 2 的信息格式

磁道 2 数据编码最大记录长度为 40 个字符，数据字段的顺序和长度应与表 2-6 给出的磁道 2 信息格式一致。磁道 2 为只读磁道。

表 2-6　磁道 2 信息格式

序号	名称	S=静态	长度/字符	备注
1	起始标志	S	1	;
2	主账号	S	13～19	
3	字段分隔符	S	1	=
4	失效日期	S	4	YYMM
8	服务代码	S	3	
9	附加数据	S	可变	
10	结束标志	S	1	?
11	纵向冗余校验位	S	1	

3）磁道 3 的信息格式

磁道 3 数据编码最大记录长度为 107 个字符，数据字段的顺序和长度应与表 2-7 给出的磁道 3 信息格式一致。磁道 3 为读写磁道。

表 2-7　磁道 3 信息格式

序号	名　称	S=静态	长度/字符	备注
1	起始标志	S	1	;
2	格式代码	S	2	99
3	主账号	S	13～19	
4	字段分隔符	S	1	=
5	国家代码	S	1 或 3	FS 或 156
6	货币代码	S	3	
7	金额指数	S	1	
8	周期授权量	S	4	发卡机构自定

序号	名　称	S=静态	长度/字符	备注
9	本周期余额	D	4	
10	周期开始日期	D	4	YYDD
11	周期长度	S	2	
12	密码重输次数	D	1	
13	个人授权控制参数	D	6	另行规定
14	交换控制符	S	1	
15	PAN 的 TA 和 SR	S	2	
16	SAN-1 的 TA 和 SR	S	2	
17	SAN-2 的 TA 和 SR	S	2	
18	失效日期	S	4	YYMM
19	卡序列号	S	1	
20	卡保密号	D	1	
21	SAN-1	S	最大 12	
22	字段分隔符	S	1	=
23	SAN-2	S	最大 12	
24	字段分隔附	S	1	
25	传递标志	S	1	
26	加密校验数	S	6	另行规定
27	附加数据	D	可变	
28	结束标志	S	1	?
29	纵向冗余校验位	D	1	

磁道 3 字段说明如下。

(1) 国家代码。

用途：标明可以处理由银行卡产生交易的国家。

格式：3 位数字或 1 个字段分隔符(FS)。

内容："156"代表中国(见 GB/T 2659)；

　　　 FS 表示国家代码不在磁道 3 上编码。

(2) 货币代码。

用途：标明结算时使用的货币类型。

格式：3 位数字。

内容：见 GB/T 12406。

(3) 金额指数。

用途：决定周期授权量(B.2.4)与本周期余额(B.2.5)两个字段的基值。

格式：1 位数字。

内容：表示周期授权量(B.2.4)与本周期余额(B.2.5)两个字段必须乘以 10 的一个幂指数的值，以此表示货币金额。

(4) 周期授权量。

用途：表示在一个周期内累积交易的最高金额。

格式：4 位数字。

内容：由发卡行自定授权量。

(5) 本周期余额。

用途：表示当前周期内的可用金额。

格式：4 位数字。

内容：在新的周期开始时，该字段等于周期授权量(B.2.4)，消费后逐次递减，余额存入本字段。

(6) 周期开始日期。

用途：表示一个新周期开始的日期。

格式：YDDD 形式的 4 位数字，其中，Y 为年度最后一个有效字符，DDD 为年度内天数的顺序号，其范围为 001～366。

(7) 周期长度。

用途：表示所有交易的累积值不能超过授权量的时间期限。

格式：2 位数字。

内容：00 表示本周期余额只能减少，但不能重置的一种银行卡；

　　　01～79 表示本周期的天数；

　　　80 表示周期为 7 天；

　　　81 表示周期为 14 天；

　　　82 表示周期为半个月；

　　　83 表示周期为 1 个月；

　　　84 表示周期为 3 个月；

　　　85 表示周期为 6 个月；

　　　86 表示周期为 1 年；

　　　87～99 表示保留，待分配。

(8) 密码重输次数。

用途：记录允许未成功输入密码的次数。

格式：1 位数字。

内容：该字段在发卡和正确输入密码时被赋初值，初值由各发卡机构自定义。当输入密码不正确时该字段减 1。

(9) 个人标识代码控制参数(PINPARM)。

用途：提供一种可选择的安全性能。

格式：6 位数字。

内容：保密算法由各发卡行自定。

（10）交换控制符。

用途：标明银行卡适用于交换的范围。

格式：1位数字。

内容：0为无限制；

　　　2为限制在国内跨系统交换；

　　　3为限制在省内跨系统交换；

　　　4为限制在市内跨系统交换；

　　　5为限制在国内系统内交换；

　　　6为限制在省内系统内交换；

　　　7为限制在市内系统内交换；

　　　8为管理卡，不适用于交换；

　　　9为系统测试卡。

（11）主账号的账户类型（TA）和服务约束（SR）。

用途：定义主账号（PAN）的账户类型和可提供的服务。

格式：2位数字。

内容：第1位数字为账户类型。

　　　0为主账号（PAN）未在磁道3上编码；

　　　1为储蓄账户；

　　　2为现金或支票账户；

　　　3为信用卡账户；

　　　4为适用于多种账户类型的通用账户；

　　　5为付息现金或支票账户；

　　　6～8为保留待分配；

　　　9为发卡行内部使用，但不能交换。

　　　第2位数字为服务约束；

　　　0为无约束；

　　　1为无现金服务；

　　　2为无销售点（POS）服务；

　　　3为无现金和销售点（POS）服务；

　　　4为要求肯定的授权；

　　　5～7为保留待分配；

　　　8～9为发卡行内部使用。

（12）第一辅助账号的账户类型和服务约束。

用途：同 B.2.11 中的定义一致，但此字段内容涉及第一辅助账号（SAN-1）（B.2.16）中包含的账号。

格式：2位数字。

内容：同 B.2.11。

（13）第二辅助账号的账户类型和服务约束。

用途：同 B.2.11 中的定义一致，但此字段内容涉及第二辅助账号（SAN-2）（B.2.17）中包含的账号。

格式：2 位数字。

内容：同 B.2.12。

（14）卡序列号。

用途：区别具有相同主账号（PAN）的卡（同时或连续发行）。

格式：1 位数字。

内容：由发卡行定义，在最初发卡或卡失效后换卡时赋值。每次增加卡或发新卡时，该字段值加 1。

（15）卡保密号。

用途：用于建立磁条所含数据与物理卡的联系。

格式：字段分隔符（FS）。

内容：FS 表示卡保密号字段不在磁道 3 上编码。

（16）第一辅助账号（SAN-1）。

用途：标明第一个可选用的辅助账号。

格式：最大 12 个字符。

内容：由发卡行酌情使用。长度为 0 时，表示不使用第一辅助账号。

（17）第二辅助账号（SAN-2）。

用途：标明第二个可选用的辅助账号。

格式：最大 12 个字符。

内容：由发卡行酌情使用。长度为 0 时，表示不使用第二辅助账号。

（18）传递标志。

用途：提供可减少传送交换信息长度的功能。它表明交换信息是否包含附加数据的内容。

格式：1 位字符。

内容：0 表示包括所有附加数据；

1 表示不包括附加数据；

2～9 表示无效。

（19）加密校验数（CCD）。

用途：通过使用加密公式提供一种校验该磁道上数据完整性的方法。

格式：6 个字符。

内容：加密方法由各发卡行自定。

2. 磁道字段说明

（1）起始标志（STX）。

用途：标明数据的开始。

格式：1 个字符。

内容：磁道 1 为％，磁道 2 和磁道 3 为";"。

（2）格式代码（FC）。

用途：标明该磁道的信息格式类型。

格式：2位数字。

内容：99。

（3）主账号（PAN）。

用途：标明可以处理交易的发卡机构和持卡者。

格式：13～19个字符。

内容：见 JR/T 0008。

（4）字段分隔符（FS）。

用途：标明前一字段的结束。

格式：1个字符。

内容：磁道1为∧，磁道2和磁道3为＝。

（5）姓名（NM）。

用途：标明持卡者的姓氏、名字和称谓等。

格式：2～26个字符。

内容：由姓氏、姓氏分隔符、名字或首写字母、分隔符（如需要时）、中间名或首写字母、结尾圆点（当其后为称谓时）和称谓组成。

最小编码数据应为一个字母字符（如姓氏）加上姓氏分隔符。

（6）失效日期（ED）。

用途：表示卡失效的日期。

格式：YYMM 形式的4位数字，其中，YY 为卡失效年度的后2个字符；MM 为年度内月份的顺序号，规定在该月份的最后一天后卡失效。

当 YYMM 为 0000 时，表示此卡无失效日期。

（7）服务代码（SC）。

用途：标明银行卡可使用的服务类型。

格式：3位数字，其中第一位为交换控制符。

内容：交换控制符可在2～9之间选用。

　　2为限制在国内跨系统交换；

　　3为限制在省内跨系统交换；

　　4为限制在市内跨系统交换；

　　5为限制在国内系统内交换；

　　6为限制在省内系统内交换；

　　7为限制在市内系统内交换；

　　8为管理卡，不适用于交换；

　　9为系统测试卡。

服务代码的后两位在下列区域中分配：

　　00～49由国际标准化组织分配和发布；

　　50～59由国内标准化相关组织分配和发布；

60～99 由发卡行酌情使用。

目前后两位已分配的服务代码如下：

01 为无限制；

02 为无自动柜员机服务；

03 为只有自动柜员机服务；

10 为无现金预支；

11 为既无现金预支又无自动柜员机服务；

20 为要求肯定授权，即所有交易应由发卡行或代理人认可；

41 为集成电路卡，无限制；

43 为集成电路卡，只有自动柜员机服务。

（8）附加数据。

用途：容纳对银行卡发卡机构有意义的任意数据。

格式：可变，但应保证该磁道字符总数不得超过最大编码长度。

内容：具体内容由发卡行自定。

（9）结束标记（ETX）。

用途：标明磁道上有意义数据的结束。

格式：1 位字符。

内容："?"。

（10）纵向冗余校验符（LRC）。

用途/内容：见 GB/T 15120.2。

格式：1 个字符。

（11）使用规范。

所有银行卡磁条必须使用磁道 2。磁道 3 是否使用由各发卡机构自行规定。磁道 1暂不使用，保留将来酌情使用。

磁道 2 作为交换磁道，各发卡机构在进行识别和信息交换时以磁道 2 为准。

2.4.3　银行（磁）卡知识

1. 基本概念

银行是一个金融机构，负责保存顾客的账号信息。可以经授权访问账号。

卡指储蓄卡，是银行发行的可以在 ATM 终端交易的一种储蓄凭证介质。

储户是在 ATM 系统上交易的银行账户拥有者。一个持卡人就是一个储户。

ATM（Auto Teller Machine）由两部分组成。一部分是 ATM 服务器，另一部分是ATM 终端。ATM 终端负责和银行卡持有者进行交互，ATM 服务器负责处理交易。一个 ATM 服务器可以同时连接多个 ATM 终端。

账号：一张银行卡对应一个账号，卡号与账号之间是一对一关系。

交易信息包括卡信息（卡号、账号、密码、卡类型和卡金额）、ATM 信息（ATM 编号、ATM 余额）和交易流水信息（交易类型、交易代码、账号和交易时间）。

2.中国银联

中国银联股份有限公司是经国务院同意,中国人民银行批准,由国内 80 多家金融机构共同发起设立的股份制金融机构。公司总部设在上海。中国银联的经营宗旨是"采用先进的信息技术与现代公司经营机制,建立和运营全国银行卡跨行信息交换网络,实现银行卡全国范围内的联网通用,推动我国银行卡产业的迅速发展"。银联标准卡卡号由"62"开头,银联的综合服务体系如图 2-6 所示。

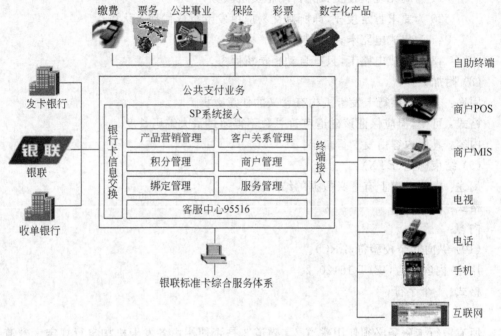

图 2-6 银联卡综合服务体系

3.信用卡

信用卡是指由商业银行或者其他金融机构发行的具有消费、信用贷款、转账结算和存取现金等全部功能或者部分功能的电子支付卡。

信用卡按是否向发卡银行交存备用金分为贷记卡和准贷记卡两类。

贷记卡是指发卡银行给予持卡必人一定的信用额度,持卡人可在信用额度内先消费、后还款的信用卡。

准贷记卡是指持卡人必须先按发卡银行要求交存一定金额的备用金,当备用金账户余额不足支付时,可在发卡银行规定的信用额度内透支的信用卡。

信用卡消费信贷的特点如下:

(1)循环信用额度。

(2)具有无抵押、无担保贷款性质。

(3)一般有最低还款额要求。

(4)通常是短期、小额、无指定用途的信用。

（5）存取现金、转账、支付结算、代收付、通存通兑、额度提现和网上购物等功能。

4.借记卡

借记卡是不具备透支功能的银行卡。借记卡分为转账卡（含储蓄卡）、专用卡和储值卡。

2.5 磁卡的应用

在我国引入磁卡技术后，磁卡已经在许多领域得到了广泛应用，如会员磁卡、电话磁卡、门禁磁卡和银行磁卡等，磁卡已经和我们的生活密切相关了。

2.5.1 磁卡的应用

1.电话用磁卡

磁卡式公用电话机是一种用磁卡控制通话和付费的电话，由电信部门将电话装设在公共场所，作为公用电话使用，和投币式电话一样，也是无人值守，即不需要专人看管。

电话用磁卡是一种代替现金支付电话费用的磁性卡片，是人们打磁卡电话的一把"钥匙"，大小与名片相仿，便于随身携带。用户购买了有一定面值的磁卡后，在有磁卡式电话机的地方将磁卡插入电话机，便可拨通市内电话、国内和国际长途直拨电话。通话费从磁卡储值中扣除。当磁卡储值为 0 时，磁卡失效，需要换卡再用。用磁卡打 119、110 和 112 等特种紧急电话时是免费的，通话结束后，插入的磁卡会原样退出，磁卡上的面值不变。实际上打这些免费电话时不需要插入磁卡，只要在摘机以后，按下磁卡电话机上的"紧急呼叫"键，就可以和普通电话机一样拨号和通话。

2.门禁卡

用于门禁系统的信息卡主要用于身份识别。门禁是一种全新的出入管理方式：允许具有权限的人进入指定的区域，同时拒绝没有权限的人员。该系统的主角是安装在门侧的读卡器或密码键盘，它们将读到的数据传送到本地控制器，根据事先编制的数据库，确认人员是否可以通行。

3.银行卡

1）信用卡

信用卡的正面内容如下（见图 2-7）：

（1）发卡机构名称；

（2）发卡机构标志；

（3）信用卡的使用范围；

（4）凸印的信用卡卡号及平面印刷的卡号前 4 位数字；

（5）信用卡的有效截止日期；

（6）持卡人性别、姓名；

（7）信用卡标志。

图 2-7 信用卡的正面内容

信用卡的背面内容如下(见图 2-8):

(1) 磁条;

(2) 持卡人签名栏和签名;

(3) 卡号和卡片识别码;

(4) 发卡银行重要声明;

(5) 发卡行客户服务或授权服务电话;

(6) 有些彩照信用卡还在卡背面印有持卡人的小幅彩照。

2) 借记卡的识别

借记卡的正面内容如下(见图 2-9):

(1) 发卡银行中英文名称;

(2) 发卡银行标志;

(3) 借记卡类名称;

(4) 有效截止日期或发卡日期;

(5) 借记卡的卡号;

(6) 持卡人姓名;

(7) "银联"标识图案。

图 2-8 信用卡的背面内容

图 2-9 借记卡的正面内容

借记卡的背面内容如下（见图 2-10）：

（1）磁条；

（2）持卡人签名；

（3）发卡银行重要声明；

（4）发卡行客户服务或授权服务电话；

（5）发卡行借记卡标志。

图 2-10　借记卡的反面内容

2.5.2　磁卡使用过程中的安全隐患

磁卡使用过程中的主要安全隐患如下。

（1）使用不当。人们在使用磁卡的过程中无意将磁卡与带磁封条的通讯录、笔记本接触，或与手机套上的磁扣、汽车钥匙等磁性物体接触；与手机等能够产生电磁辐射的设备长时间放在一起；与电视机、收录机等有较强磁场效应的家用电器距离过近；与超市中防盗用的消磁设备距离太近甚至接触；多张磁条卡放在一起时，两张卡的磁条互相接触；磁条卡受压、被折、长时间磕碰、曝晒、高温、磁条划伤弄脏等，上述情况都有可能使磁条卡无法正常使用。同时，在刷卡器上刷卡交易的过程中，磁头的清洁程度和老化程度、数据传输过程中受到干扰、系统错误动作、收银员操作不当等都可能造成磁卡无法使用。

（2）磁卡的认证只是磁条信息与读卡设备的相互认证过程，认证过程简单，安全强度不足。多数机构采取的 3 位数值的卡片校验码，采用穷举法尝试一定次数即可破解。

（3）磁卡使用人安全意识不强，导致磁卡信息的失密，造成损失。

2.5.3　条码卡与磁卡的比较

条码卡、磁卡从反映信息的角度看有很多共同点，在很多场合和很多领域甚至可以交替使用。条码卡是将条码附上隐形保护膜，以卡片形式出现，其外观很像磁卡，且与磁卡的识读设备（卡机类）外形相仿。两者的主要区别如下。

1. 质料的区别

条码是肉眼可见，或原本肉眼可见，被涂层膜覆盖为不可见的条、空符号串，未经隐形处理的条码可以通过复印的方法复制。

磁条由肉眼无法分辨的磁性材料组成，加载在其上的信息无法用复印的方法复制。

2. 采集传感器的区别

条码是由光电感应传感器采集信息的。

磁条是由磁电感应传感器采集信息的。

3. 设备构造上的区别

条码除了可以附着在卡片上,还可以附着在各种不同大小、不同质料的物品包装物上。为了便于不同场合识读,条码设备除卡槽外,还有光笔、CCD和激光枪等多种类型。由于各种技术上、经济上的原因,条码卡机系统在国外较少使用。

磁卡设备不论其外形有哪些变化,均离不开槽形结构这一本质方式。

4. 加载方法的区别

条码信息主要通过打印、印刷等途径附着在物品上,一旦加载就不能更改。

磁条信息是通过专用写入器写在证卡磁条上的,信息可通过重写入更改。

5. 应用范围的区别

条码最主要的应用是处理物品信息,如应用于商业、仓储和图书等。

磁卡最主要的应用是处理人或企业法人(广义的"人")的信息,如金融卡、信用卡、驾驶证、身份证和账户卡等。

2.6 磁卡的安全技术

磁卡的安全技术涉及磁卡的印刷、制作工艺和安全技术。磁卡在生产、制作、信号传输以及磁信号的读写过程中必须有安全技术作保证。

2.6.1 磁卡的制作技术

磁性印刷是磁性油墨印刷的简称,它以掺入氧化铁等磁性物质的材料作为油墨颜料,并通过一定的印刷方式完成磁性记录体的制作,使印刷品具有所要求的特殊功能。近年来,随着计算机科技及网络技术的发展,磁性印刷品在很多领域得到应用,如银行存折、支票、身份证、信用卡、电话卡、车船票及价目表等。

1. 磁性油墨的基本组成

在磁性印刷中,构成磁性记录体的材料为磁性油墨。磁性油墨属特种油墨,其基本组成方式与普通印刷油墨相似,即由颜料、连结料、填充料和辅料组成,但磁性油墨所采用的颜料不是色素,而是强磁性材料。所谓强磁性材料是指将其插入磁场中即被磁化,即使去掉磁场也能保留磁性的特殊材料。

2. 印刷方式

以往对于磁卡的印刷不同于报刊、书籍和杂志等,需要采取防伪印刷技术。防伪印刷技术是多种印刷设备并用,多种印刷工艺的相互渗透,使印刷产品更加变幻莫测、丰富多彩。采用这些新技术印出的产品为试图做伪者设置了层层障碍和阻力。

印刷的基本原理是：丝网印版的部分孔能够透过油墨，漏印至承印物上；印版上其余部分的网孔堵死，不能透过油墨，在承印物上形成空白。传统的制版方法是手工的，现代较普遍使用的是光化学制版法。这种制版方法以丝网为支撑体，将丝网绷紧在网框上，然后在网上涂布感光胶，形成感光版膜，再将阳图底版密合在版膜上晒版，经曝光和显影，印版上不需过墨的部分受光形成固化版膜，将网孔封住，印刷时不透墨；印版上需要过墨的部分的网孔不封闭，印刷时油墨透过，在承印物上形成黑迹。

1）平凸合印与多工序合印

一般高档包装装潢印刷品多设计有大面积的色块、多色序的连续调画面及复杂的线条、花纹图案等，使单一印刷手段难以实现。如果采用平凸合印，即利用凸版印刷机压力大、着墨均匀的长处印刷大面积的实地色块，利用平版印刷机压力平柔的长处印四色连续调和复杂线条部分，这样扬长避短，其效果是十分明显的。对于一些要求更高、更复杂的印品，还可以采用手工、凸、凹和平、凸、凹漏等多工序合印。总之，印刷工序越复杂、印刷难度越大的包装装潢印品，防伪效果就越好。

2）多色串印

多色串印也称串色印刷，一般多采用凸版印刷机印刷，它是根据印品要求，在墨槽里放置隔板，再在不同隔板里分别放入多种色相的油墨。在串墨辊的串动作用下，使相邻部分的油墨混合后再传至印版上。采用这种印刷工艺，可以一次印上多种色彩，并且中间过渡柔和。由于从印品上很难看出墨槽隔板的放置距离，故也能起到一定的防伪作用。如果在大面积的底纹印刷上采用这种工艺，其防伪作用将更为突出。

3）凹印技术

凹印技术是指印版上图文部位是凸起的，印出来的图文，其油墨也是凸起的，而图文线条清晰，层次分明，手触即能感觉。这种印刷技术既对纸张有保护作用，又具有防伪性能。重要的证券均采用凹印技术。

凹版印刷的种类根据制版方法分为两类：雕刻凹版（包括手工雕刻凹版和机械雕刻凹版）和腐蚀凹版两大类。

手工雕刻凹版印刷的防伪效果较好。与防伪油墨技术相结合。有些印刷防伪油墨的颜料颗粒较大，需要较厚的墨层，而凹版印刷的质感较强，两者的结合，会得到双重的防伪及装潢效果。如果凹版印刷使用荧光油墨，既保证了凹版印刷的微凸感，又保证了荧光油墨的使用要求，两者的防伪功能也都得到了保证。

4）激光全息虹膜印刷

激光全息虹膜印刷是采用激光全息摄影手段，在防震室中制出模版，然后通过一定压力将图文转移到某种载体上。其产品在 45°点光源照射下，可产生色彩斑斓的彩虹状的独特效果，且图像的立体感极强，深受消费者青睐，被一些有识之士称为 21 世纪无油墨的彩色印刷术。目前多采用冷压涂镀和做成烫印膜直接热烫两种工艺。由于这种技术的制版工艺比较复杂，难度很大，国内仅有少数几个厂家能够生产，所以防伪效果极佳。应特别指出的是，全息摄影是在防震室里利用激光光源在极短的时间内将景物光波的振幅信息和相位信息同时摄取，利用光的干涉原理构成景物的每一个质点，形成全部信息。在制版过程中,室内细微的空气流动都能导致全息图像颜色的变化,所以,无论如何也不可能做出两件一模一样的全息图版。

5) 手工雕刻版压印

大多数包装装潢印刷品都要求将重点品名、图案凸起。这些图文凸起多采用化学腐蚀法制成凸版,上机后与石膏凹版合成压印来完成。虽然这种方法具有制作工艺简便、周期短等优点,但是压印后凸效果不佳,不具备防伪作用。所以目前有很多印刷厂采用雕刻版压印工艺。

手工雕刻版需选用质地较好的铜版材,靠雕刻师手工技艺将用户要求的图文(主要是图案)用雕刀分层次雕出,一般可雕出 3 或 4 个层次。特别要指出的是,化学蚀版法只能作出一个层次,而且边缘部分的死角也不可能像手工雕刻那样做成一定弧度来提高压凸效果和防止纸张崩裂。由于雕刻师的技艺不是短时间内能够掌握的,且不同的雕刻师有不同的雕刻风格,即使是同一雕刻师也不可能雕出两块一模一样的模版,所以,用这样的模版压印出的包装印品,不仅压凸效果好,层次丰富,压印率高,而且具有较强的防伪作用。

6) 特种光泽印刷

特种光泽印刷是近年来包装印刷界较流行的新型印刷技术。特种光泽印刷工艺目前主要有金属光泽印刷、珠光印刷、珍珠光泽印刷、折光印刷、可变光泽印刷、激光全息虹膜印刷、结晶体光泽印刷、仿金属蚀刻印刷和亚光印刷等。其中金属光泽印刷采用铝箔类金属复合纸,着以较透明的油墨,在印品上形成特殊金属光泽效果。珠光印刷是在印品表面首先涂布银浆,再着以极透明的油墨,银光闪光体透过墨层折射出一种珠光效果。珍珠光泽印刷是采用掺入云母颗粒的油墨印刷,使印品产生一种类似珍珠、贝类的光泽效果。折光印刷是采用折光版通过一定压力将图文压印在印品上产生光折射的独特效果。亚光印刷是采用亚光油墨印刷或普通油墨印后再覆以消光膜,可产出朦胧的弱光泽特色,因此也有较安全的防伪作用。

磁卡印刷过去通常采用平版、凸版印刷以及显影磁性潜像 3 种方式。

随着各种磁卡的普及,磁性印刷已开始采用凹印、网印等多种印刷方式。此外,还有特种印刷,如用喷射方式形成磁性图像、非冲击装置高速印刷、磁性胶囊印刷及磁性层转印方式。

3. 磁卡的分类

磁卡按用途一般分为磁卡、密码卡和预付现金卡。

磁卡按制作及信息读取方式一般分为磁卡和专用磁卡。

4. 磁卡片基材料及规格

用于磁卡的片基材料需要满足一些基本要求,从使用条件考虑,应具有相应的物理、化学性能,要求耐久性良好,在使用和长期保存期间,性能不发生较大变化。

1) 材料类型

常用的磁卡片基材料可分为塑料片基和复合纸片基。塑料片基材料要求力学性能良好,尺寸稳定,表面光洁,但需要进行印前处理;复合纸片基材料印刷适性好,不需要进行印前处理,但其综合指标远不如塑料片基材料。

2）塑料片基材料的性能特点

塑料片基按材料组成可分为聚酯(涤纶)片基、醋酸纤维素及聚氯乙烯片基。

3）塑料磁卡的尺寸规格

国际标准化机构制定了塑料磁卡的尺寸规格,即 ISO 规格,规定了标准磁卡尺寸。

长：85.47～85.72mm；

宽：53.92～54.03mm；

厚：0.68～0.84mm。

另外,各国在满足 ISO 标准的前提下,根据本国实际情况又制定了相应的国家标准。如日本制定了 JIS-X6301 标准,其中分为Ⅰ型和Ⅱ型,Ⅰ型卡的磁条位于塑料磁卡的背面,Ⅱ型卡的磁条位于塑料磁卡的正面。

5. 磁卡加工工艺

1）生产工艺流程

生产工艺流程为设计→组版、校正→制版→印刷→覆膜→贴磁条→整平→断裁、成型→扩充加工→磁检查、消磁→数据写入→最终检查→成品。

2）主要生产过程

磁加工和扩充加工是磁卡印制加工中的重要工序,包括磁加工、热压塑字和着色、签名标条加工等。

(1) 磁加工,将 6mm 左右宽的磁条贴在磁卡的指定区域,经整平、磁检和消磁等工序,最后写入必要的磁信息。

(2) 热压塑字和着色,通过热压装置对磁卡表面进行文字凸起加工,形成诸如编号、有效期等文字,也可采用色箔进行着色加工。

(3) 签名标条加工,采用丝网印刷或粘贴、热压的方式制作。

2.6.2 磁卡辅助安全技术

通常磁卡在使用过程中采取磁道数据的加密/校验、读卡器读取信息加密、信道传输加密、磁卡信息生效的附加口令验证等安全技术。

但是,由于磁卡技术的先天不足,如磁记录信息的不稳定性、磁介质的读写过程过于简单、磁卡记录信息过于简单、磁卡读写设备的控制过于宽泛,以及磁条信息的易复制性,容易造成安全隐患。所以,采取一些辅助安全措施十分必要。

1. 读写磁失误

1）读磁失误

如磁条因意外擦除磁条信息,在交易时可能无法被 POS 机或 ATM 机读出磁条信息,这时,卡片账户资料必须采用键式输入,甚至取消交易。将近三分之二的读磁失误是由于意外擦除磁条信息(掉磁)所致,通常有以下几种：

(1) 将磁卡放于磁铁或有较强磁场效应的家用电器附近,以致卡内磁性介质受磁场作用而失效。

（2）磁卡在钱包或皮夹里的位置太贴近磁性包扣，卡上的磁性介质被消磁。

（3）因保管或使用不慎，磁卡受外力作用而使卡上的磁条信息丢失，如受压、被折、划伤或弄脏等。

（4）无意地将两张磁卡背对背放置在一起，其磁性介质相互摩擦、碰撞，故而遭受破坏。

2）读磁头缺乏维护

读磁失败的另一个原因是终端读磁头维护较差。此问题较容易解决，发卡行只需采用简易终端清洁仪即可。这种清洁仪带有卡片清洁器，定期清理终端磁头表面的绒毛及灰尘。妥善地保养终端磁头，可以提高终端读卡能力，使读卡失误率降低 30%。

3）其他原因

特约商户的收银员操作不当及 POS 机读磁头故障也会引起读磁失败。

2. 写磁失误

写磁失误的主要原因如下：

（1）写磁设备的调试不当，重新写磁时，未完全擦除原有磁条信息。

（2）磁卡在运输、储存过程中处理不当，引起写磁失误。

（3）值得提出的是，早期出厂的一些打卡设备或个别厂家生产的打卡设备，在没有调整的情况下，对不同厚度的卡片进行写磁时，也可能会引起不同程度的写磁失误。此时，打卡机的维修人员调整打卡机的有关参数，即可以减小写磁失误率。

磁卡一旦出现掉磁现象，会给持卡人带来许多麻烦。因此，为防止磁条掉磁，持卡人在磁卡的使用及保管中，应注意保护好磁条，小心存放，避免折压，以免造成不必要的麻烦。

3. 解决措施

磁条掉磁的解决方案是高密磁条。由于磁条掉磁引起的读磁失误常会导致交易的取消及持卡人的不满，而持失效卡片者可能向发卡行提出要求换卡，但更可能只是简单地停止使用该卡。所以磁条性能的好坏，不仅影响到持卡人及发卡商的利益，还涉及客户服务及获取利润的问题。因此，应采取以下措施：

（1）降低交易点上的读卡失误率。

（2）延长卡片使用寿命及卡片有效期。

（3）减少换卡及拒收卡的情况。

4. 水印磁带技术

利用水印磁带技术可以提高磁卡的安全性。所谓水印磁带技术，是在一条磁带上使磁性颗粒交叉排列，像文档中的水印一样包含在磁条里，以某种字符的形式呈现于磁带中，如字符 China 或单独的安全号码（如 5846）。读卡器需要读取磁卡的水印信息并进行识别。

2.7 相关法律对涉卡犯罪的定义

本节围绕涉卡案件所遇到的司法问题,介绍相关法律中对涉卡犯罪的定义。对相应法律条文在司法实践中如何解释和使用,详见附录 A。

1. 信用卡诈骗罪

信用卡诈骗罪指刑法第一百九十六条规定的,以非法占有为目的,违反信用卡管理法规,利用信用卡进行诈骗活动,骗取财物数额较大的行为。本罪的定罪起点为 5000 元。

犯罪构成:一般主体,主观上存在犯罪直接故意且以非法占有为目的。客观方面表现为行为人采用虚构事实或者隐瞒真相的方法,利用信用卡骗取数额较大的公私财物的行为。具体表现为以下 4 种情况中的一种或多种:

1) 使用伪造的信用卡

所谓伪造的信用卡,是指模仿信用卡的外观以及磁条密码等制造出来的信用卡。所谓使用,是指以非法占有他人财物为目的,利用伪造的信用卡,骗取他人财物的行为,包括用伪造的信用卡购买商品、支取现金,以及用伪造的信用卡接受各种服务等。

2) 使用作废的信用卡

所谓作废的信用卡,是指根据法律和有关规定不能继续使用的过期的信用卡、无效的信用卡、被依法宣布作废的信用卡和持卡人在信用卡的有效期内中途停止使用,并将其交回发卡银行的信用卡,以及因挂失而失效的信用卡。

3) 冒用他人的信用卡

所谓冒用是指行为人以持卡人的名义使用持卡人的信用卡而骗取财物的行为。我国信用卡使用规定仅限于合法的持卡人本人使用,不得转借或转让,这也是各国普遍遵循的一项原则。而嫌疑人则冒用他人信用卡,通过窃取到的持卡人个人信息或密码,到信用卡特约商户或银行购物、取款或享受服务。

4) 使用信用卡进行恶意透支

所谓透支是指在银行设立账户的客户在账户上已无资金或资金不足的情况下,经过银行批准,允许客户在超过其账上资金的信用额度内支用款项的行为。所谓恶意透支,是指信用卡的持卡人以非法占有为目的,超过规定限额或者规定期限透支并且经发卡银行催收后仍不归还的行为。

银行发行的常见的银行卡可分为贷记卡(一般意义上的信用卡)和借记卡(一般意义上的储蓄卡)。贷记卡的功能包括消费支付、信用贷款、转账结算和存取现金,并可根据银行给予的信用额度,在信用额度内透支消费。借记卡的功能包括消费支付、转账结算和存取现金。本罪所规定的"信用卡"包括以上两类卡,虽然实际叫法不同,但是按照法律规定,均为刑法所规定的"信用卡"。由此看出,目前我们所见到的银行卡均涵盖在刑法规定内。

信用卡的使用包括两种方式,一种是持有实体卡的使用方式,通过柜台服务或者自助设备完成交易;另一种是在网银系统或者网络支付系统中进行的信用卡无卡使用方式,即仅通过输入信用卡的卡号与密码完成交易。利用网络实施的信用卡诈骗犯罪中,后者为主要表现方式。

实际工作中,直接针对真实持卡人经济利益侵害而涉及信用卡犯罪的网络案件,大多涉嫌盗窃罪和信用卡诈骗罪,二者存在交叠和区别。两罪均以非法占有为目的,以互联网终端登入网银系统或网络交易支付系统,通过输入卡号与密码,实现目标利益标的物的所有权转移。从行为方式上看,前者仅能为秘密窃取方式,而后者常表现为冒用的方式。虽然两种行为方式均是在被害人不知情的情况下实施完成的,但是结合信用卡网络使用的最关键要件,即交易密码,可以从信用卡信息与密码的来源予以区分。窃取、收买、骗取或者以其他非法方式获取他人信用卡信息资料,并通过互联网、通信终端等使用,获取相应非法利益的,属于"冒用他人信用卡",以信用卡诈骗罪论处;盗窃信用卡信息资料及密码并使用,获得相应非法利益的,以盗窃罪论处。由此可见,如果嫌疑人在网上使用他人的信用卡,其资料和密码来源属于收买、骗取、拾得、破解等形式的,为信用卡诈骗;而来源为窃取的,则存在二罪重叠的问题。盗窃的定罪起点远低于信用卡诈骗,按照择一而重的原则,实际案件工作中常以盗窃罪论处。

值得一提的是,实际案件中常见涉案金额数万乃至数十万、数百万的情况。嫌疑人通过网络终端实施上述犯罪行为后,由于金融机构的限制(每卡每日交易、提款、转账限额),往往需要经过二次、三次转账,最终化整为零通过自助设备完成提现。当嫌疑人一次转账,即将被害人资金划拨到自己控制的账户下后,由于银行提供的资讯服务或其他原因,被害人会及时掌握自己账户信息的变化,继而报案冻结嫌疑人账户资金,最终被追缴。这种情况下,由于在嫌疑人一次转账后,到被害人发现并报警,并银行核对冻结相应资金之前,这一时间段内被害人的资金已经脱离了自己的监管和控制,无法对其占有、使用、收益和处置,即财物所有权发生了转移。因此,网络侵财案件中,通过转账等方式获取电子资金的,当被害人的资金完成转移,脱离被害人控制起,即视为犯罪既遂。

此类网络案件侦查的证据要点如下:被害人提供的信用卡账户信息、透支额度和交易明细;通过信用卡诈骗行为获取的实际非法利益;信用卡诈骗行为涉及的全部涉案金额;被害人、被害单位、银行等发卡机构的财产损失核定;网购交易资金被追缴或冻结,给第三方造成的损失;嫌疑人操控的中间账户信息;转账、持卡提现的记录明细;嫌疑人网银或者网络交易支付的痕迹等。

互联网上有另一类与此相关联的犯罪。嫌疑人通过网站、论坛和 QQ 群窃取、收买或非法提供他人信用卡信息资料,这些信息资料足以伪造可进行交易的信用卡,或者足以使他人以信用卡持卡人名义进行交易。如果涉及信用卡 1 张以上即可依照刑法第一百七十七条第二款的规定,以窃取、收买、非法提供信用卡信息罪定罪处罚。

2. 伪造、变造金融票证罪

伪造、变造金融票证罪指刑法第一百七十七条规定的行为,司法解释如下:有下列情形之一,伪造、变造金融票证的,处五年以下有期徒刑或者拘役,并处或者单处二万元以上二十万元以下罚金;情节严重的,处五年以上十年以下有期徒刑,并处五万元以上五十万元以下罚金;情节特别严重的,处十年以上有期徒刑或者无期徒刑,并处五万元以上五十万元以下罚金或者没收财产。

（1）伪造、变造汇票、本票、支票的；

（2）伪造、变造委托收款凭证、汇款凭证、银行存单等其他银行结算凭证的；

（3）伪造、变造信用证或者附随的单据、文件的；

（4）伪造信用卡的。

单位犯前款罪的，对单位判处罚金，并对其直接负责的主管人员和其他直接责任人员依照前款的规定处罚。

本条规定的是伪造、变造金融票证罪。本罪的犯罪主体既可以是自然人，也可以是单位。犯罪对象——金融票证的范围法律上规定得很明确，即包括汇票、本票、支票、委托收款凭证、汇款凭证、银行存单、信用证、信用证附随的单据及文件、信用卡。行为方式不仅包括伪造，还包括在真实的金融票证基础上的变造行为。本条规定的伪造、变造金融票证罪与第一百九十四条的票据诈骗罪、金融凭证诈骗罪、第一百九十五条的信用证诈骗罪、第一百九十六条的信用卡诈骗罪的关系的确定原则是：行为人伪造、变造金融票证的目的常常就是利用这些票证进行诈骗活动，对此，没有法律明确规定的，应当视为牵连犯，择一重罪论处，而不应数罪并罚。

3. 金融诈骗罪

金融诈骗罪是类罪，其中涉及金融资产类的案件含票据诈骗罪、信用证诈骗罪和金融凭证诈骗罪等。

刑法第一百九十四条关于票据诈骗罪和金融凭证诈骗罪的规定是：有下列情形之一，进行金融票据诈骗活动，数额较大的，处五年以下有期徒刑或者拘役，并处二万元以上二十万元以下罚金；数额巨大或者有其他严重情节的，处五年以上十年以下有期徒刑，并处五万元以上五十万元以下罚金；数额特别巨大或者有其他特别严重情节的，处十年以上有期徒刑或者无期徒刑，并处五万元以上五十万元以下罚金或者没收财产：

（1）明知是伪造、变造的汇票、本票、支票而使用的；

（2）明知是作废的汇票、本票、支票而使用的；

（3）冒用他人的汇票、本票、支票的；

（4）签发空头支票或者与其预留印鉴不符的支票，骗取财物的；

（5）汇票、本票的出票人签发无资金保证的汇票、本票或者在出票时作虚假记载，骗取财物的。

使用伪造、变造的委托收款凭证、汇款凭证和银行存单等其他银行结算凭证的，依照前款的规定处罚。

刑法第一百九十五条关于信用证诈骗罪的规定是：有下列情形之一，进行信用证诈骗活动的，处五年以下有期徒刑或者拘役，并处二万元以上二十万元以下罚金；数额巨大或者有其他严重情节的，处五年以上十年以下有期徒刑，并处五万元以上五十万元以下罚金；数额特别巨大或者有其他特别严重情节的，处十年以上有期徒刑或者无期徒刑，并处五万元以上五十万元以下罚金或者没收财产：

（1）使用伪造、变造的信用证或者附随的单据、文件的；

（2）使用作废的信用证的；

（3）骗取信用证的；

（4）以其他方法进行信用证诈骗活动的。

2.8 信用卡犯罪案件的取证要点

信用卡犯罪是一种新型刑事犯罪，嫌疑人作案手段随用卡系统的升级改造而不断改变，其技术方法也呈逐步提高的趋势。为准确而有效地打击涉卡犯罪，执法人员在侦查过程中的取证环节就显得尤为重要。

2.8.1 《公安机关办理信用卡犯罪案件取证指引》的主要内容

公安部经侦局于 2008 年发布了《公安机关办理信用卡犯罪案件取证指引（试行）》（以下简称《指引》），对涉卡犯罪中的取证环节做了一般规范，其内容描述较为明确，这里不再进行解释，现将其主要内容介绍如下。《指引》的全文详见附录 B。

1. 信用卡犯罪的定义

有下列情形之一的，属于《指引》所称的信用卡犯罪行为：

（1）伪造信用卡的；

（2）信用卡诈骗的；

（3）妨害信用卡管理的；

（4）窃取、收买或者非法提供他人信用卡信息资料的。

2. 证明信用卡犯罪嫌疑人身份的主要证据

证明信用卡犯罪嫌疑人身份的主要证据如下：

（1）犯罪嫌疑人为自然人的，证据主要包括：户口簿、微机户口底卡、居民身份证、士兵证、军官证、护照或者其他有效证件；犯罪嫌疑人已经死亡或其身份证明系伪造的，由公安机关等有关部门出具证明；

（2）犯罪嫌疑人为单位的，证明单位情况的证据包括：企业营业执照、法人工商注册登记资料、税务登记部门的纳税情况等；证明直接负责的主管人员和其他直接责任人员基本情况的证据包括：企业法人营业执照或者其他法律文书上面关于法定代表人及其他直接负责的主管人员的记载、职务任命书、户口簿、居民身份证、微机户口底卡、工作证、护照、居住地证明等。

3. 证明信用卡犯罪的证据种类

证明信用卡犯罪的证据种类主要包括以下几点：

（1）证明犯罪嫌疑人实施信用卡犯罪有关物证、书证；

（2）相关证人的证言；

（3）被害人陈述；

（4）犯罪嫌疑人的供述和辩解；

(5) 鉴定结论；

(6) 对与犯罪有关的场所、物品、人身等进行勘查检查笔录、现场照片、现场图；

(7) 证明犯罪嫌疑人实施信用卡犯罪行为的录音带、录像带、微机数据库、计算机磁盘、光盘记录等视听资料、电子数据。

4. 伪造信用卡的证据

伪造信用卡的证据从两个方面体现：即主观方面证据和客观方面证据，有关证据描述如下。

1）伪造信用卡主观方面证据

(1) 相关的物证、书证。包括：制卡工具、设备、卡基、记载信用卡磁条信息字串的书面材料或电子记录，生产伪卡数量及记录、定购伪卡数量及定购单、资金往来凭证、作案地点的证明。

(2) 相关的证人证言。

(3) 犯罪嫌疑人的供述和辩解。包括：制卡性质、制卡过程、制作工具、设备及材料来源、伪卡功能及使用情况、卡资料信息来源及窃取方式、伪卡去向等。

2）客观方面证据

(1) 仿照发卡银行发行的信用卡非法生产制造；

(2) 非法对空白信用卡、作废信用卡或其他带有磁条的卡片进行凸印、写磁；

(3) 对他人信用卡的签名进行非法涂改、擦消，重新签名。

5. 信用卡诈骗的证据

信用卡诈骗的证据从两个方面体现：即主观方面证据和客观方面证据，有关证据描述如下。

1）主观方面证据

(1) 相关的物证、书证。包括从犯罪现场或嫌疑人身上、住处查获的伪卡、作废卡、骗领卡以及非法获取的他人信用卡等实物；嫌疑人还款能力的证明，包括从工作单位和银行调取的存款、工资、福利、房产、投资等证明以及曾经还款的证明材料。

(2) 相关的证人证言。包括：发卡或收单机构、特约商户、举报人、通谋人、经营人员、知情人、目击者等人的证言。

(3) 犯罪嫌疑人的供述和辩解。主要包括是否明知伪卡骗领卡来源、使用伪卡骗领卡的动机、目的；是否知晓信用卡有效期及使用作废卡的动机、目的；非法获取他人信用卡的方式、时间地点及冒名使用的过程；超过约定透支额度和时间界限进行透支的动机及目的；是否收到催款函及不还款的原因、是否与他人合谋作案。

2）客观方面证据

(1) 使用伪造的信用卡或者使用以虚假的身份证明骗领信用卡；

(2) 使用作废的信用卡；

(3) 冒用他人信用卡；

(4) 恶意透支。

6. 妨害信用卡管理的证据

妨害信用卡管理的证据从两个方面体现：即主观方面证据和客观方面证据，有关证据描述如下。

1）主观方面证据

（1）相关的物证、书证。包括：持有、运输伪卡或伪造空白卡的数量、委托人、运输人、持有或运输方式及工具、运输时间及目的地、接收人的运输单据或证明；酬劳或资金往来凭证；信用卡使用人的委托授权证明；嫌疑人持有的他人信用卡的实物及数量；嫌疑人使用的虚假身份证明（包括虚假的户口簿、居民身份证、士兵证、军官证、护照等）；嫌疑人出售、购买、为他人提供伪卡或骗领卡的书面材料或电子记录。

（2）相关的证人证言。

（3）犯罪嫌疑人的供述和辩解。包括是否知晓持有、运输的卡是伪造卡或伪造的空白卡、持有和运输的伪卡的来源、去向和接收人，持有他人信用卡目的、动机，是否获取信用卡使用人的授权，是否明知是虚假的身份证明而使用的、使用虚假身份骗领信用卡的目的和动机，嫌疑人出售、购买、为他人提供伪卡或骗领卡的来源、渠道、出售购买获取和支付的对价、与嫌疑人相关的交易对象关于交易过程的供述等。

2）客观方面证据

（1）持有、运输伪造卡或伪造的空白卡；

（2）调取并收集犯罪嫌疑人获取伪造卡的来源、持有、运输的时间、地点和方式、具体数量的查证材料；

（3）非法持有他人信用卡；

（4）使用虚假的身份证明骗领信用卡；

（5）出售、购买、为他人提供伪卡或骗领卡。

7. 窃取、收买或者非法提供他人信用卡信息资料

窃取、收买或者非法提供他人信用卡信息资料的证据从两个方面体现：即主观方面证据和客观方面证据，有关证据描述如下。

1）主观方面证据

（1）相关的物证、书证。包括：嫌疑人记录和隐藏窃取、收买或提供他人信用卡信息的书面证明材料或电子记录等；

（2）相关的证人证言；

（3）犯罪嫌疑人的供述和辩解。主要包括窃取、收买或者非法提供他人信用卡信息资料的动机、目的，贩卖他人信用卡信息资料的方法和获取的赃款赃物。

2）客观方面证据

（1）信用卡信息资料包括持卡人的身份信息（姓名、身份证号、家庭和工作地址、联系方式等）、资信证明材料（单位收入证明、房产证、机动车行驶证及其他动产不动产证明等）、信用卡磁条信息（信用卡卡号、密码、有效期、防伪校验码等）以及个人密码；

（2）调取并收集嫌疑人窃取他人信用卡信息的方式、时间、地点、数量、来源的证明资料；

（3）调取并收集嫌疑人收买或提供卡信息的途径、方法、时间和地点、获取或支付对价的证明材料；

（4）通过邮寄、托运、托带等手段进行买卖和提供的，还应调取相关的邮寄和托运凭证；

（5）窃取、收买和非法提供卡信息资料涉及相关存储设备、录音或录像设备的，需提取现场的相关书证物证并进行拍照固定。

2.8.2　克隆磁卡的取证要点

克隆磁卡是指犯罪嫌疑人为了达到诈骗他人钱财的目的，利用磁卡克隆设备、克隆软件等技术手段非法克隆他人的银行磁卡或其他有价磁卡信息（如被害人的磁卡卡号、密码等）的恶意犯罪。

1.克隆磁卡

所谓克隆磁卡，就是犯罪嫌疑人利用技术手段违法复制一张与被害人卡内信息完全相同的磁卡，利用克隆磁卡刷卡可以提取被害人卡内资金。

1）克隆磁卡所需设备

克隆磁卡需要的硬件设备为读写卡器及机关软件。

2）复制磁卡的过程

复制磁卡的过程是：将被复制磁卡的内容读入计算机，然后将计算机中读入的磁卡数据写入另一张磁卡中，用于读取卡内信息和向卡内写入信息的软件界面示例如图 2-11 和图 2-12 所示。

图 2-11　卡内信息的读取

2.克隆磁卡的取证

克隆磁卡的取证需按照《公安机关办理信用卡犯罪案件取证指引》进行规范操作。在具体实践中应该注意以下几点：

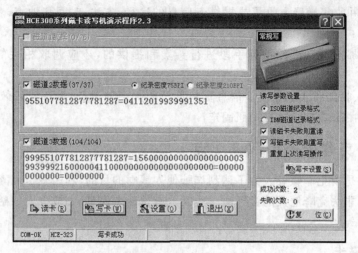

图 2-12　将信息写入卡内

（1）记录涉案卡的基本信息与数量。

① 注意卡片的外观信息、涉卡行信息及涉卡数量。

② 如果条件允许，提取计算机临时信息，包括正在运行的界面信息。

例如，利用技术提取本地计算机系统信息，利用软件提取计算机内存信息等。

· 记录涉案计算机的日志，包括操作系统日志、杀毒软件日志等。

· 提取涉卡行服务器的日志、ATM 监控视频、卡的注册信息及手机绑定信息等。

例如，运行"％SystemRoot％\system32\eventvwr. msc /s"查看本机日志信息，或者
选择"开始"→"控制面板"→"管理工具"→"事件查看器"命令查看 Windows 应用程序日
志，如图 2-13 所示。

图 2-13　事件查看器

（2）查看日志。利用 Windows 操作系统的事件查看器可以查看应用程序日志、安全
性日志和系统日志。

应用程序日志包含由应用程序或系统程序记录的事件，主要记录程序运行方面的事
件，例如，数据库程序可以在应用程序日志中记录文件错误，程序开发人员可以自行决定
监视哪些事件。如果某个应用程序出现崩溃情况，那么可以从程序事件日志中找到相应
的记录，也许会有助于解决问题。

安全性日志记录了诸如有效和无效的登录尝试等事件，以及与资源使用相关的事件，
例如创建、打开或删除文件或其他对象，系统管理员可以指定在安全性日志中记录什么事

件。默认设置下,安全性日志是关闭的,管理员可以使用组策略来启动安全性日志,或者在注册表中设置审核策略,以便当安全性日志满后使系统停止响应。

(3)提取克隆软件驱动与应用程序信息。

记录进行克隆所使用的软件信息,包括软件作者、软件的创建时间、软件的属性等以及克隆软件的应用和驱动程序。

(4)如果涉及网络环境下使用磁卡犯罪,还要提取网络环境的有关证据。一般来说,通过网络环境使用信用卡,属于信用卡的无卡使用方式,使用者通过网银或者其他网络支付平台,仅通过信用卡的账号和密码来完成金融资产的转移或支付。那么使用者既然利用了计算机互联网,其使用过的计算机上必然保留有访问对应网站的历史信息,磁盘数据中很可能有登录过的账号信息。同时,该账户访问的对应网站的服务器,必然保留有登录时客户端计算机的 IP 地址和 MAC 地址,账户明细中也会存留有所有的交易信息。更多取证细节可以参考《网络犯罪案件侦查》[①]和《计算机司法检验学》[②]等教材中的详尽论述。

2.9 涉卡案件侦查方法

本节以涉银行卡诈骗为例介绍此类多发性案件的侦查思路与方法。

2.9.1 针对磁卡的犯罪类型及犯罪手段

1. 非法制作银行卡并使用

利用技术手段窃取他人银行卡信息并非法复制。在此类案件中,犯罪嫌疑人多采取安装读卡器读取被害人银行卡信息,安装摄像头获取被害人的银行卡密码,利用计算机技术克隆被害人的银行卡并盗取卡内资金。

2. 掉包

趁被害人不备,将事先准备的卡与被害人的卡调换,从而获取卡中资金。

3. 针对读卡设备的犯罪

利用技术手段改装读卡设备,或在读卡设备周边加装附属设备,从而完成盗用合法用户卡内信息的目的。在获取卡内数据信息后,通过复制磁卡或利用互联网完成侵财的目的。

4. 非法 ATM 机

自制或非法安装 ATM 机,并通过伪造"银联"或某银行的标识,骗取被害人信任,从而在被害人贸然使用该非法 ATM 机时获得卡内信息,并完成侵财犯罪行为。

5. 损毁 ATM 机

用翘压、爆破等手段暴力损毁 ATM 机,获取机内存留现金,或用强高压、短路等方式

---

① 孙晓冬. 网络犯罪案件侦查. 中国人民公安大学出版社,2010.
② 汤艳君. 计算机司法检验学. 中国人民公安大学出版社,2010.

造成 ATM 机断电、断网,从而无法正常工作。

2.9.2 针对磁卡犯罪案件的侦查方法

1. 总体思路

(1) 从涉案伪卡的来源查。

一般涉案伪卡的来源为:犯罪嫌疑人自己申请银行卡,购买他人的银行卡,自己生产制作银行卡,盗取他人信息申请银行卡及其他渠道。

例如,犯罪嫌疑人利用网络窃取学生上网求职所提供的个人信息,再利用假身份证在被害人不知晓的情况下办理信用卡,疯狂恶意透支,给国家和个人带来巨大损失。

又如,2006 年,湖南某地,犯罪嫌疑人李某利用到香港旅游的机会购买了有关制卡与盗卡技术的书籍,又利用到美国和中国香港旅游的机会,通过网络联系了当地制卡设备的经销商,以 40 万美元购买了一套制卡设备,并将该设备隐匿于湖南某地农村准备大规模实施犯罪。最后中、美、港三方密切配合将其一举捣毁。

(2) 根据涉案磁卡的使用记录追查用卡人的行踪。

在取得有关法律支持的情况下,到银行调阅服务器查询有关磁卡使用和注册的信息,包括时间、地点、金额和联系方式等信息。

(3) 根据卡失密可能发生的环节追查。

在取得有关法律支持的情况下,到银行调阅案发银行网点的监控录像,进而获取案件的有关信息。

(4) 如果从服务器中看到用卡的数据流程和密码校验异常,那么就从数据节点上入手,在取得有关法律支持的情况下,到银行调阅案发银行计算机的有关信息,此类案件多与银行内部人员有关。

例如,2005 年,某银行收银系统发生故障,系统维护人员童某在开发商技术人员的协助下,运行指定汇编程序找出并解决了系统故障。之后童某发现该指定汇编程序可以查看用户的卡号等磁卡信息,于是他伙同他人开始盗取合法持卡人的资金。

(5) 追查用卡设备的中间环节。

在取得有关法律支持的情况下,与银行工作人员配合检查银行 ATM 机系统设备,此类案件多与银行内部人员有关。

(6) 询问被害人。

例如,在使用磁卡的过程中是否被他人偷窥,ATM 机是否发生异常等。

2. 线索的发现

涉卡案件的线索主要有以下几点:

(1) 服务器日志(卡的使用记录、涉案资金及其走向、持卡人的注册信息)。

(2) 监控录像。

(3) 其他手段获取的信息。

3. 充分利用公安网络信息

利用公安网络及社会公共网络资源进行相应的查询和检索,发现涉案线索,分析线索,进而考虑并串案。

2.9.3　典型案例分析

涉卡犯罪的类型多种多样,从技术上划分,有克隆卡、改装加装用卡设备、窃取卡内相关数据信息后通过网络转账消费等;从法律性质上划分,有信用卡诈骗、盗窃、伪造金融票证等。以下剖析一起典型的通过技术手段在 ATM 机上加装设备,完成伪造磁卡,盗窃卡内资金的案件。通过侦查过程和再现嫌疑人作案过程介绍侦查工作的思路和方法,但考虑安全性,对技术细节不做介绍。

2009 年 4 月,犯罪嫌疑人张某提供读卡器、摄像头等设备,由犯罪嫌疑人颜某安装设备的驱动程序及软件,并教会犯罪嫌疑人苏某和龚某(另案处理)使用,为信用卡诈骗准备工具。

2009 年 4 月底,该团伙来到北京,在丰台区某自动取款机处,将事先调试好的读卡器、摄像头等设备装在自动取款机上,盗取了 3 名客户的信用卡信息及密码,非法获取人民币 30 余万元。

1. 案件的侦破过程

首先,侦查人员在银行部门的配合下查看了被害人的银行账户的资金变动情况,根据银行数据库提供的信息定位犯罪嫌疑人非法取款的 ATM 机,取款时间为 2009 年 5 月1 日和2009 年 5 月 2 日,地点为北京市内的 3 个银行网点,嫌疑人每次取款均在被害人取款后约半小时进行。侦查人员通过查看相应 ATM 机的视频监控录像提取了犯罪嫌疑人非法取款的时间、款额及犯罪嫌疑人的影像信息。

通过视频图像显示,取款人为两人,年龄在 20 多岁,一个较高,身材较瘦,身着深色西服;另一个较矮,身材较胖,身着白色夹克。

侦查人员通过查看案发现场附近的社会监控信息发现,在取款后其中的矮个犯罪嫌疑人进行了手机通信,于是在电信部门的配合下调取了当时的手机通信记录,发现是手机号为 133****1496 的手机给手机号为 133****2596 的手机打电话,进一步查看两部手机的注册信息以及这两部手机频繁的通话信息,通过工作初步锁定号码为 133****1496 的手机持有人为矮个嫌疑人苏某,号码为 133****1496 的手机持有人为嫌疑人张某。

侦查人员在银行数据中心的帮助下获取了 5555**** ****1848 卡号与号码为 133*** *1496 的手机进行了绑定,发现该账号的资金近期的变化与案件相关。同时侦查人员还获取了该卡号的注册信息,进而得到了注册人的身份证信息。

侦查人员通过公安网查询到了该人的相关信息,最终锁定了犯罪嫌疑人为三人。

通过公安网查询三人在本市的入住信息,查到了三人的落脚处,及时进行了成功的抓捕。

经过案件的审查,三人交代,三人为同伙作案,嫌疑人张某负责技术,嫌疑人苏某和龚某负责取款,他们是首次在北京作案,他们还在石家庄、天津等地进行了同样的犯罪活动,累计获得非法资金 100 余万元。

2. 案件回放

在三名被告人中,25 岁的电子工程师颜某学历最高,属于"白领"一族,而其他两人只有初中文化。据颜某供述,两年前他从福建一所师范大学数学与计算机专业毕业后,先后在一些公司从事电子软件的开发工作。颜某和主犯张某是老乡。由于作案使用的读卡器等设备好多是英文的,张某看不懂,于是 2009 年 4 月张某找到颜某,求助于颜某安装读卡器的驱动程序。颜某安装调试好设备后,演示了好几遍,张某等一直学不会,于是颜某就将使用步骤写下来,让他们照着使用说明做。很快,张某等人就掌握了使用方法。

颜某称,之所以会和张某他们搅和在一起,一是碍于老乡情面,另外也是因为家里较贫困。家里供出他这样一个大学生不容易,他想找一些来钱快的方式,多挣钱回报家人。

据了解,该团伙使用的用于复制银行卡的作案工具包括针孔摄像头、读卡器、两台计算机、银行卡复制软件、多张空白银行卡、双面胶和刀子等。每次都是由苏某到银行ATM 机房间里安装,而张某等人则在外边望风。

苏某将针孔摄像头安装在 ATM 机输入密码区的上方,然后将读卡器安装在银行卡插卡口处。另一人则在旁边的其他自动存取款机上贴上"温馨提示":"因此机正在维修,暂停服务"。以此引诱取款人到已做过手脚的 ATM 机上取款。安装完成后,苏某会拿出一张真的银行卡插入机器中进行测试。测试成功后,苏某会先远离 ATM 机。此后只要有人走近银行 ATM 机取款,苏某等人就会尾随之,在一旁监视。据苏某讲,为了保证快速、安全地安装针孔摄像头、读卡器等,团伙成员都要经过培训,直到在 2 分钟内完成安装才算合格。

据供述,该团伙具有非常强的反侦查意识。每次到达一个城市作案前,张某都会发给每个人一部新手机,并严格规定不得使用原来的手机。而作案之后,手机则全部扔掉,防止被警方跟踪。

另外,为了保证万无一失,团伙成员之间订立攻守同盟,规定如果被抓住,按照事先编好的一套谎话欺骗公安人员。

例如,其中一套谎话是:该团伙成员均是第一次来北京,受雇于一个台湾的大老板,按照台湾老板的吩咐,将摄像头和读卡器安装在 ATM 机上。事后,由老板派出的马仔将设备拆下,至于如何复制出"山寨卡",如何取钱,他们则一概不知道。以此给公安机关的取证增加困难。

3. 嫌疑人的作案过程和特点

(1) 选择什么地方的 ATM 机做手脚?

一般选择人流量大、光线不太好的 ATM 机。例如靠近公交车站、过街天桥等处的,或者是小区附近的地方。

(2) 安装完设备后,什么时候拆掉?

盗取密码的针孔摄像头的电源只能维持一个小时左右。因此安装完后,有人就在ATM 机附近,或者扮成取款人在银行里边等,差不多快到一小时后就卸走设备。

(3) 什么时候复制出"山寨卡"? 什么时候取钱?

每次都是取下设备后就回到住的宾馆,张某会以最快的速度复制银行卡,然后连夜离开作案的地方,到别的城市取款。这次被抓就是太大意了,在北京复制卡,在北京取钱,因此给警方留下了破案线索。

（4）安装摄像头时不怕被人看见，或者不怕被银行安装的摄像头拍下来吗？

通常嫌疑人会进行处理，例如戴假发、帽子、眼镜等物品对自己进行伪装。而且，安装的时候有人在旁边放哨，如果有人进来取款，会通知直接作案人。

（5）一般在什么时间作案？

一般都是在银行下班后，大约晚上 7 点至 9 点之间。这个时候街上很热闹，而且又没有银行保安巡逻。

（6）储户怎么做才能不被窃走银行卡信息？

其实很简单。能够成功复制卡并取出钱，最关键的是因为得到了储户的密码。如果储户取钱时将密码区遮挡住，即便嫌疑人复制了银行卡也无法把钱取出来。

（7）嫌疑人作案会在一个城市里停留多长时间？

一般也就两三天，不能待时间太长，要打一枪换一个地方。如果长时间在一个地方作案，很快就会被发现，所以在一个城市里最多待 4 天。

（8）为什么取款不在同一个城市？

现在越来越多的事主订制了短信通知业务，嫌疑人这边一取钱，事主那边手机就接到信息，因此很快就有人报案。如果在一个城市，民警马上就能到现场。但是在另外一个城市，警方不可能通知当地警方马上去上去现场，要走一定的程序。等协调好当地警方到现场时，嫌疑人早就离开这个城市了。

（9）通常嫌疑人防止被抓还有什么准备？

除了化装进入银行安装读卡器、换新手机外，还有就是安装设备和事后取设备的不是同一个人，怕被事主记住。

4. 分析和思考

从本案的嫌疑人作案过程来看，具有组织分工严密和流窜作案等特点。嫌疑人不仅掌握了复制银行卡的技术和设备，更为重要的是，他们掌握了多数磁卡用户的使用习惯和公安机关侦查工作的程序方法，这也是他们屡屡得手的重要原因。

掌握了用户的使用习惯，使得他们方便地窃取储户的磁卡信息和密码；了解了公安机关的侦查方法，使得他们具有较强的反侦查意识。

2.10　安全用卡常识

随着信用卡的普及，用信用卡（包括借记卡）结账的人越来越多，正确、安全地使用信用卡十分必要。在使用信息卡的过程中注意以下几点。

1. 交易凭条

无论是本地还是异地用卡，均应妥善保管交易凭条，最少应该保留到下一个月对账单寄来时，核对无误后再销毁。一方面，将交易凭条与对账单进行明细比对，若发生重复扣款现象，应该及时与银行联系解决；另一方面，不要随意丢弃 POS 机和 ATM 机打印的交易凭条，避免泄露银行卡卡号和有效期等关键信息。

2. 信用卡的挂失

信用卡一旦丢失，应尽快挂失。挂失一般分为口头挂失和书面挂失。在办理挂失后，应注意挂失生效时间和账户的资金变动情况。不在发卡银行所在地发现卡片丢失的，应及时在指定网点办理挂失，同时发卡银行还可以根据用户的要求给予适当的紧急取款服务。

3. 异常交易的处理

消费时只要未成功打印 POS 单据均视为不成功交易，但不包括卡纸或缺纸的情况。当发生不成功交易时，用户可以对卡片的状态和账户余额进行查询，确认卡片状态是否正常以及不成功消费金额是否入账。对于卡片状态不正常的，应查询原因；对消费金额已入账的，可要求银行协助查询，调回不成功的消费金额。

4. 磁卡的更换

用户因旧卡磁条损毁或卡片到期向银行提出换卡后，银行会给用户换发新的银行卡。收到新卡后，要核对新旧卡的卡号是否一致，并注意使用期限。

如果是在发生遗失或被盗用的情形下换发的新卡，卡号会和旧卡完全不一样，收到新卡后应先完成开卡程序。

如果用户主动申请停卡时，请在将卡片剪断寄回前先通过电话与银行联络，确定卡片已不再使用。

如果银行卡因超过有效期而不能使用时，用户账户的债权债务关系仍保持不变；有透支的情况仍需注意还款期限和还款金额。

5. 手续费

在我国，银行卡客户在进行跨行服务时，银行会针对非本行客户收取手续费，按规定，特约商户不应向刷卡者加收手续费。如果刷卡消费时被要求加收手续费，用户有权拒绝，并可以立即向发卡银行反映。发生此类情况，记住要向商户索要加收手续费的收据或证明，并妥善保管，作为投诉证据。

6. 网络异常

网络偶然中断时将无法正常用卡。信用卡可通过人工授权处理，借记卡则一般要等到网络或系统恢复时才能正常受理。

交易在进行中失败有可能导致账户出现误差。发生这种情况不用惊慌，银行建立了相应的差错处理机制，会尽快调整有关账户，保证资金安全。

持卡人对账户交易有疑义，应及时联系发卡银行查询交易情况，在查询期间应与发卡银行保持电话或其他方式的联系。对于差错调整，应请发卡银行明确处理时间。

7. 核对用卡信息

收到对账单应及时核对账务，一旦发现不符，应电话或书面通知发卡银行，查明原因，分清责任。

在"黄金周"、"春节"等长假期间出行，大量异地使用银行卡后，用户应及时核对假日用卡情况,需要查账时可通过发卡机构客户服务中心申办查询事宜。在进行具体的账务查询时应先咨询用户的发卡银行。如果是由于银行方面的原因造成的,银行将会很快为用户调整。

　　用户还可以申请银行卡的短信提醒业务,当用户的卡内资金发生变化时,手机短信便会及时提醒用户,如果卡内资金发生异常,便可第一时间向警方报案。

8. ATM 机自动退卡

　　刷卡时被 ATM 机自动退卡的理由可能如下:用户消费的商户不是所持银行卡的特约商户;用户的卡片信息无法读取或线路不正常,此时可请商户与银行的服务中心联系;用户的消费金额可能已经超过额度;信用卡已挂失停用。

　　当商户拒绝用户刷卡消费,用户可以要求商户说明原因;若用户认为处理方式不妥,可与商户商洽;若无法沟通,可致电发卡银行的客户服务中心,作进一步协调处理。

9. 消费签名

　　消费签名是用户持卡消费的证明,具有法律效力,当发生消费纠纷时,用户可以持消费签名条要求银行或商户理赔。当用户将银行卡交给商户收银员时,请尽量让卡片保持在用户的视线范围内,并留意收银员刷卡的次数。请注意签购单是否有两份重叠,认真核对签购单上的金额以及币种是否有误。

　　签名样式尽可能与卡片背面的签名一致。

10. 谨防银行卡被"调包"

　　在商户持卡消费时需谨慎,收回时应确认是自己的银行卡。

　　银行卡应随身携带,千万不要将钱包及银行卡放置在空车上,以避免让窃贼有机可乘。

　　不要轻易相信"幸运中奖"等信息,有人利用手机短信、互联网和电话推销等方式骗取持卡人的卡号和密码,此类信息一旦透露会使您造成巨大损失。

11. 保护密码

　　任何人(包括银行人员)都无权询问用户的个人密码。领卡时,要仔细检查信封有无破损,如信封被打开过则立即要求调换。在领卡后立即修改密码。

　　不要将密码信封与银行卡放在一起,更不可随处记写密码。设置密码应选择不易被破译的数字,并且应经常更换。

12. 信用额度

　　信用卡都有一定的信用额度,拥有过高却使用不到的信用额度可能反而会给用户增加麻烦,一旦卡片遭窃,会留下安全隐患。用户可以主动要求发卡银行适度调整自己的信用额度,在有大额度需要或出境消费前,可以临时申请提高。

13. 保护网上个人资料

　　上网购物时,应先寻找并阅读该厂商的网络保密政策。如无意购买或只想试用,不要留下个人资料。

在任何时候,都不要在陌生的电子邮件和 Web 页面中透露个人的敏感信息,不要随便在网络上输入个人资料,如身份证号、银行卡卡号、有效期、密码及居住地址等;退出登录面前,确认消除输入的个人数据资料。一旦怀疑或发现自己的个人信息被盗用,应及时通知银行。

14. 银行卡的保质期

正常情况下,卡片上的磁信息一般可以保存 5 年左右,卡片本身的保质期约为 8 年。卡片的磁信息易受强电磁场的影响。卡片对环境也有要求,例如,高温会导致卡片变形,有机物(如汽油)和无机物(如硫酸)等会伤害卡片。

银行卡最好放在硬皮钱夹里,不能太贴近磁性包扣;要防止尖锐物品磨损、刮伤磁条或扭曲折坏;不要紧贴在一起存放,也不要背对背放置,避免磁条相互摩擦。

不要将卡放在微波炉、冰箱等高磁电器的范围内,也尽量不要和手机、计算机、掌上电脑等带磁物品放在一起,以免消磁"变质"。

思 考 题

1. 如何理解磁条卡中的轨道 1 和轨道 2 的只读属性?

2. 如何理解信用卡诈骗?

3. 犯罪嫌疑人利用技术手段成功克隆信用卡需要具备哪些条件?

4. 如何区别诈骗与盗窃犯罪?

5. 在办理信用卡诈骗案件的过程中,如何理解查询、冻结银行账户?

6. 在办理信用卡诈骗案件的过程中,如何处理嫌疑人的通话信息?

7. 在办理信用卡诈骗案件的过程中,如何处理嫌疑人的图像信息?

8. 在办理信用卡诈骗案件的过程中,如何捕捉与嫌疑人身份关联的信息?

9. 谈谈你对《最高人民法院、最高人民检察院关于办理妨害信用卡管理刑事案件具体应用法律若干问题的解释》的理解。

10. 谈谈你对《公安机关办理信用卡犯罪案件取证指引》的理解。

11. 谈谈你对电子证据的固定采集与展示业务操作指引的理解。

12. 如何理解恶意透支?

13. 信用卡与借记卡的主要区别是什么?

14. 如何理解信用卡的卡号、验证码、身份证号码及密码的重要性?

15. 如何理解信用卡在无卡环境下被非正常消费?

16. 通过银行交易单可以获取哪些主要信息?

17. 通过查看系统日志可以获取哪些主要信息?

18. 通过查看杀毒软件日志可以获取哪些主要信息?

19. 提取计算机内存信息的意义是什么?

第 3 章

IC 卡技术

IC(Integrated Circuit)卡是 1970 年由法国人 Roland Moreno 发明的,他第一次将可编程设置的 IC 芯片放于卡片中,使卡片具有更多功能。"IC 卡"和"磁卡"都是从技术角度起的名字,不能将其和"信用卡"、"电话卡"等从应用角度命名的卡相混淆。自 IC 卡出现以后,国际上对它有多种叫法。英文名称有 Smart Card、IC Card 等;在亚洲特别是中国香港和台湾地区,多称为"聪明卡"、"智慧卡"、"智能卡"等;在我国,一般简称为"IC 卡"。

IC 卡的外观是一块塑料或 PVC 材料,通常还印有各种图案、文字和号码,称为卡基;在卡基的固定位置上嵌装一种特定的 IC 芯片,就成为通常所说的 IC 卡。根据嵌装的芯片不同,就产生了各种类型的 IC 卡。

IC 卡芯片具有写入数据和存储数据的能力,IC 卡存储器中的内容根据需要可以有条件地供外部读取,完成供内部信息处理和判定之用。IC 卡一出现,就以其超小的体积、先进的集成电路芯片技术以及特殊的保密措施和无法被译及仿造的特点受到普遍欢迎。

与磁卡技术相比,IC 卡主要有以下几点不同:

(1) IC 卡可以存储的信息量比磁卡大得多。磁卡的存储容量最大的只有几百个字节,IC 卡的容量可以达到几千个字节,而且其存储区可以划分,允许有不同的访问级别,为信息处理和一卡多用提供了方便。

(2) 一些 IC 卡具有编程功能以便实现对存储数据的添加、删除和更改等功能。

(3) IC 卡具有较高的抗破坏性与耐用性。磁卡是由磁条来存储信息,在遇到强磁场、静电、刮伤、扭曲等情况下,存储在磁条内的信息容易丢失,另外,磁条上的信息存放时间较短,读写次数较少,修改不方便。IC 卡是由硅片来存储信息的,先进的硅片制作工艺完全可以保证智能卡的抗磁性、抗静电及各种辐射的能力;IC 卡信息的保存时间也很长,目前,IC 卡的信息保存期都在 100 年以上,而且读写方便,读写次数可达 10 万次以上。

(4) 智能卡具有很强的保密性。首先体现在芯片的结构和读取方式上,IC 卡的容量比较大,读取和写入区域可以任意选择,灵活性较大。加密的 IC 卡,其存储区的访问受逻辑电路控制,只有密码正确,才能读写,而且密码的核对次数有限,超过规定的次数,卡将被锁死。

3.1 IC 卡分类

IC 卡意为集成电路卡,即在一个塑料基片中镶嵌集成电路芯片,该集成电路芯片存储了数据,可供内部处理和外部访问,具有一定数学和逻辑运算能力,也就是说具有一定的智能,因此它又称智能卡或智慧卡。IC 卡内的半导体芯片是通过特定的工艺制造的超大规模的集成电路。在半导体芯片中包括存储器、译码电路、接口驱动电路、逻辑加密控制电路及微处理器单元。IC 卡内的电极膜片是作为半导体芯片各输入输出信号引脚与外部设备连接的导电体,实际上是一种精密的印刷电路板。

3.1.1 IC 卡的分类及存储结构

1. IC 卡分类

1) 按照芯片类型分类

IC 卡根据卡中所镶嵌的集成电路芯片的不同可以分成两大类,分别是存储器卡和CPU 卡(智能卡)。存储器卡采用存储器芯片作为卡芯,只由硬件组成,包括数据存储器和安全逻辑控制等;智能卡采用微处理器芯片作为卡芯,由硬件和软件共同组成,属于卡上单片机系统。

2) 按照卡上数据的读写方式分类

根据 IC 卡上数据的读写方式划分,有接触型 IC 卡和非接触型 IC 卡两种。

在接触型 IC 卡的表面可以看到一个方型镀金接口,共有 8 个或 6 个镀金触点,用于与读写器接触,通过电流信号完成读写。读写操作(称为刷卡)时须将 IC 卡插入读写器,读写完毕,卡片自动弹出,或人为抽出。接触型 IC 卡刷卡较慢,但可靠性高,多用于存储信息量大、读写操作复杂的场合。其结构示意图如图 3-1 所示。

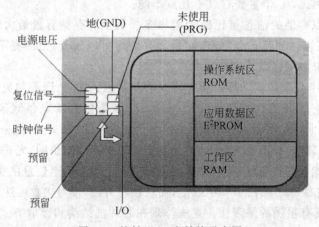

图 3-1 接触型 IC 卡结构示意图

非接触型 IC 卡具有与接触型 IC 卡同样的芯片技术和特性,两者最大的区别在于非接触型 IC 卡上设有射频信号或红外线收发器,在一定距离内可收发读写器的信号,因而和读写设备之间无机械接触。在 IC 卡的电路基础上带有射频收发及相关电路的非接触型 IC 卡被称作射频卡或 RF 卡。这种 IC 卡常用于身份验证、电子门禁等场合。卡上记录信息简单,读写要求不高,卡型变化也较大,可以制作成徽章等形式。

非接触型 IC 卡不但可以存储大量信息,具有极强的保密性能,并且抗干扰、无磨损、寿命长。因此在广泛的领域中得到应用。其结构示意图如图 3-2 所示。

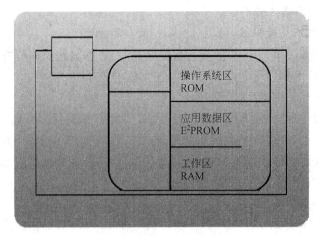

图 3-2　非接触型 IC 卡结构示意图

3）按照 IC 卡的应用领域分类

根据 IC 卡的应用领域，可以分为金融卡和非金融卡两大类。

金融卡分为金融信用卡和金融现金卡两种。金融信用卡是我国大力建设的金卡工程的主要媒体。由银行发行和管理。由于 IC 卡上记录了持卡人的主要信息，故不一定要求消费场所与银行联网，它与磁卡等仅记录少量数据的卡型相比，具有极大的灵活性和可靠性。

金融现金卡是持卡人以现金购买的电子货币，可以多次使用，自动计费，使用方便，如水电费的交费卡、煤气费卡、就餐卡和医疗卡等。在卡上金额少于一定限额时，要重新交费才可继续使用。

IC 卡在金融领域得以应用，主要是由于其优良的保密性，可以有效地防止伪造和窃用。

非金融卡主要是作为电子证件，用来记录持卡人的各方面信息，作为身份识别，如 IC 卡身份证、学生证、进门证、考勤卡、医疗证和住宿证等。由于 IC 卡可以记录大量信息，并且可以分区保存，因此可以做到一卡多用，简化验证的手续。

4）根据是否具备加密功能分类

加密存储器卡内嵌芯片，在存储区外增加了控制逻辑，在访问存储区之前需要核对密码，只有密码正确，才能进行存取操作。这类卡的信息保密性较好，使用方式与普通存储器卡相类似。

普通逻辑卡的内嵌芯片相当于普通串行 E^2PROM 存储器，有些芯片还增加了特定区域的写保护功能，这类卡信息存储方便，使用简单，价格便宜，很多场合可替代磁卡。但由于其本身不具备信息保密功能，因此，只能用于保密性要求不高的应用场合。

CPU 卡是具有 CPU 功能的 IC 卡。CPU 卡内嵌芯片相当于一个特殊类型的单片机，内部除了带有控制器、存储器和时序控制逻辑等外，还带有算法单元和操作系统，由于 CPU 卡有存储容量大、处理能力强、信息存储安全等特性，因此，广泛用于信息安全性要求特别高的场合。

5）按照数据交换格式分类

根据 IC 卡的数据交换格式，可以分为串行和并行两种。

（1）串行 IC 卡。智能卡和外界进行数据交换时，数据流按照串行方式输入输出。当前应用中大多数 IC 卡都属于串行 IC 卡类，串行 IC 卡接口简单，使用方便，国际标准化组织为之专门开发了相关标准。

（2）并行 IC 卡。与串行 IC 卡相反，并行 IC 卡的数据交换以并行方式进行，由此可以带来两方面的好处，一是数据交换速度提高，二是在现有技术条件下存储容量可以显著增加。有关厂商在这方面作出了探索，并有产品投入使用，但由于没有形成相应的国际标准，在大规模应用方面还存在一些问题。

6）各种适合实际用途的 IC 卡

（1）预付费卡（Prepayment Card）。预付费卡在出厂后，初始化前的特性与加密存储器卡类似，只是容量较小，一旦经用户初始化后，其信息的读取与普通存储卡类似，其内嵌芯片相当于一个计数器，只是该计数器只能作减法，不能作加法，当计数为零时，芯片便作废，因此它是一次性的。这种卡是专门为预付费用途设计的。

（2）混合卡。混合卡也存在多种形式，将 IC 芯片和磁卡做在同一张卡片上，将接触型和非接触型融为一体，一般都称为混合卡。

（3）光卡（Optical Card）。光卡由半导体激光材料组成，能够储存记录并再生大量信息。光卡记录格式目前有两种：Canon 型和 Delta 型。这两种形式均已被国际标准化组织接收为国际标准。光卡具有体积小、便于随身携带、数据安全可靠、容量大、抗干扰性强、不易更改、保密性好和相对价格便宜等优点。

（4）双界面卡。带串行接触型接口和非接触型接口的 CPU 卡芯片。把接触型智能卡芯片和非接触型逻辑加密芯片加上天线封装在一张卡中，构成一张双界面卡。接触型和非接触型系统的运行分别由两个独立的芯片控制，卡内有两个独立的 E^2PROM 存储器，两套系统互相独立，这实际上是将两块芯片封装在一张卡上。每个系统由一个芯片和天线构成，它具有非接触型逻辑加密卡功能和接触型 CPU 卡的功能，两个系统共用芯片内的 E^2PROM 存储器、微处理器、ROM、RAM 等资源。双界面卡一般包括 CPU 内核、ROM、RAM、E^2PROM、安全控制模块和加密（DES、3DES、RSA 算法）协处理器等部分。

2. IC 卡的存储结构

IC 卡属于芯片存储类卡，所以在讨论 IC 卡存储结构时，以 M1 卡（一种非接触 IC 卡）为例进行说明。M1 卡分为 16 个扇区，每个扇区由 4 块（块 0、块 1、块 2、块 3）组成，将 16 个扇区的 64 个块按绝对地址编号为 0～63，其存储结构如图 3-3 所示。

扇区 0 的块 0（即绝对地址 0 块）用于存放厂商代码，已经固化，不可更改。

其余各扇区的块 0、块 1 和块 2 为数据块，可用于存储数据。

卡片的电气部分由一个天线和 ASIC 组成。

卡片的天线是只有几组绕线的线圈，很适于封装到卡片中。

卡片的 ASIC（Application Specific Integrated Circuits，专用集成电路）由一个高速（106KB aud）的 RF 接口、一个控制单元和一个 8Kb 的 E^2PROM 组成。

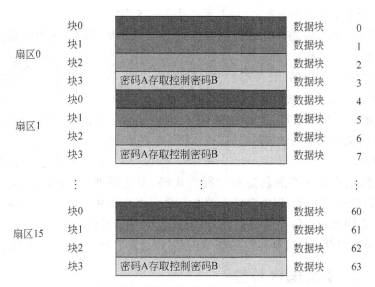

图 3-3　非接触型 IC 卡的存储结构

其工作原理是：读写器向 M1 卡发一组固定频率的电磁波,卡片内有一个 LC 串联谐振电路,其频率与读写器发射的频率相同,在电磁波的激励下,LC 谐振电路产生共振,从而使电容内有了电荷。在这个电容的另一端接有一个单向导通的电子泵,将电容内的电荷送到另一个电容内储存,当所积累的电荷达到 2V 时,此电容可作为电源为其他电路提供工作电压,将卡内数据发射出去或接收读写器的数据。

3. CPU 卡的结构

CPU 卡的结构如图 3-4 所示,其 CPU 一般为兼容于 8 位字节长单片机(如 MC68HC05、Intel 8051 等)的微处理器,其计算能力与最早的 IBM/PC 相当,它在 COS (Chip Operating System,片内操作系统)的控制下,实现卡与外界的信息传输、加密/解密和判别处理等。

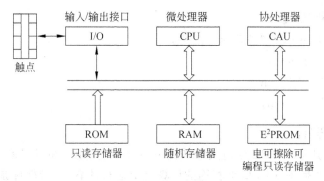

图 3-4　CPU 卡的结构示意图

E^2PROM 是用户访问的存储区,用于保存卡的各种信息、密码、密钥和应用文件等,一般大小为 1～16KB。

ROM 用于存放 CPU 卡上的操作系统(COS),系统启动时从 ROM 中读取数据,加载操作系统,管理整个卡上的数据,一般其大小为 3～16KB。

RAM 用于存放系统的中间处理结果及充当卡与读写器间信息交换的中间缓存器,一般大小为 128B～1KB。

CPU 卡通常采取 DES、RSA 等加密/解密算法提高系统的安全性能,而这些安全算法要进行大量的数学运算,8 位 CPU 将难以承担复杂的数学运算,因此许多 CPU 卡中设置了专门用于加密/解密运算的协处理器(CAU)。CPU 卡的存储区分配如图 3-5 所示。

制造区、发行区
ROM代码区
RAM
保密字区
文件区
文件分配表

图 3-5　CPU 卡的存储区分配示意图

图中制造区、发行区存放制造和发行商代码、卡的序列号等;ROM 代码区存放 COS;保密字区存放与文件操作权限相关的各种密码、密钥及相应的描述信息;文件区存放应用数据(文件);文件分配表则存储与文件对应的描述信息,如文件起始地址、长度和权限等。

3.1.2　IC 卡的电气特性

下面以接触型 IC 卡为例介绍 IC 卡的电气特性,如图 3-6 所示。

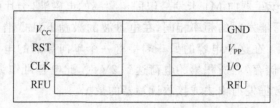

V_{CC}		GND
RST		V_{PP}
CLK		I/O
RFU		RFU

图 3-6　接触式 IC 卡的电气特性

1. IC 卡的物理特性

IC 卡中,V_{CC} 为 5V(误差 10％),SIM 卡降到 3V(为移动电话的特殊要求考虑)。当前正在研制 0.8V 和 0.8V 以下电压的芯片。

2. IC 卡的标准尺寸

IC 卡的标准尺寸如图 3-7 所示。其中,

长:85.59±0.13mm;

宽:53.975±0.055mm;

厚度:0.76±0.08mm。

3. CPU 卡软件

CPU 卡软件建立在 CPU 卡应用系统的硬件基础上,由主机软件和卡软件两部分构成。其中主机软件是在与 CPU 卡相连的计算机上运行的软件,卡软件是在 CPU 卡自身运行的软件。

1) 主机软件

主机软件用于个人计算机和工作站服务器,访问连接的 CPU 卡,对 CPU 卡进行控制操作,并把卡融入到具体的应用系统中。主机软件包括终端用户应用软件、支持将

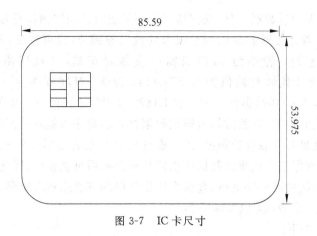

图 3-7　IC 卡尺寸

CPU 卡读写器连接到主机平台的系统软件和用户应用系统软件等。

主机软件通常用高级语言编写,如 C、C++ 、Java、Basic、COBOL、Pascal 或 Fortran 等,这些高级编程语言也是工作站和个人计算机上通常采用的语言。

2) 卡软件

卡软件是在 CPU 卡内部运行的软件,通常包括操作系统、实用软件和应用软件。卡软件由嵌入到 CPU 卡上的微处理器芯片中的汇编语言编写,或者由高级语言编写后经汇编而成。

应用软件在使用 CPU 卡的计算和数据存储功能时,觉察不到 CPU 卡的数据完整性和数据安全性特征;而系统软件则控制和实现 CPU 卡的数据完整性和数据安全性特征。

4. 常见的 IC 卡

1) ATMEL 储存卡

常见的 ATMEL 储存卡型号为 ATMEL24C01/ATMEL24C02/ATMEL24C04/ATMEL24C08/ATMEL24C16/ATMEL24C32/ATMEL24C64。ATMEL 储存卡是一种不具备加密功能的 E^2PROM 卡,ATMEL24C 为系列号,数字部分为 Kb 容量,分别为 1Kb、2Kb、4Kb、8Kb、16Kb、32Kb、64Kb。它的使用方法与 EPROM 完全相同,存储结构简单,只有读写两种操作功能,主要用于存放一些保密性要求不高的数据。ATMEL24C 系列的工作频率为 1MHz(5V)、1MHz(2.7V) 和 400kHz(1.8V);工作电压为 $5V\pm10\%$,根据要求最低可至 1.8V;I_{cc} 电流读最大为 1mA,写最大为 3mA;写/擦除次数为 100 万次;数据保持 100 年;工作温度为 $0\sim70℃$,根据要求可超过指定工作温度;通信协议符合 ISO/IEC 7816-3 同步协议,双向串行接口。ATMEL 24C 系列型号的后两位数字为该型号的最大 K 位数(1K=1024),8 位为 1 字节,最大字节存储容量的算法为 K 位数×1024÷8。例如,ATMEL24C01A 的最大存储容量字节为 1×1024÷8=128,其字节地址空间为 0~127(十六进制为 0x00~0x7F)。

2) SLE 储存卡

常见的 SEL 储存卡型号为 SEL4428/SEL4442,容量分别为 1KB/256B,所有数据除密码外,在任意情况下均可被读出,密码在核对正确后可以被读出。所有数据都可以按字节进行写保护,写保护后数据固化,任何情况下不可更改。密码出错计数器每当密码核对出错一次便减1。若计数器值为0,则整张卡的数据被锁死,只可读出,不可写入或更改,且无法继续核对密码;若不为0,则只需一次核对正确,计数器将恢复为初始值。SEL4428密码出错计数器初始值为8,SEL4442为3。温度范围为−35～80℃,至少100 000次擦写,至少10年数据保存期。SLE4428卡无须密码便可读出整张卡的数据,因此设计时要注意内容加密,以防破坏者辨识数据格式。整张卡是不分区的,密码一经核对正确便可向任一地址写入或修改数据,因此设计时要注意适当固化数据和将数据内容加密,以防无意破坏数据或非法更改数据。密码核对正确后可被读出,因此设计时程序要能防止破坏者采用非法中断程序运行,直接去读取密码的方法来窃取密码。

3) IC卡的技术参数(以SEL4442为例)

(1) 主要指标如下:

- 256B E^2PROM组织方式。
- 32b保护存储器组成方式。
- 3B用户密码,密码错误计数:3次。
- 温度范围:0～70℃。
- 至少10万次擦写。
- 至少10年数据保存期。
- 最小写/擦时间:2.5ms。
- 工作电压:5V。
- 最大供电电流:10mA。

出厂时已固化用户代码32B写保护数据区。

(2) 存储区分配。

存储区分配如图3-8所示。

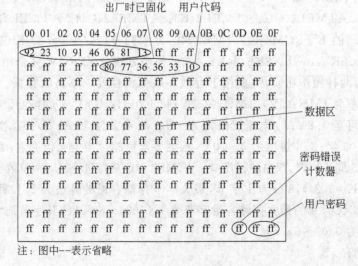

图 3-8   IC卡的存储区分配示意图

（3）保密特性。

① 写保护区（前 32B）的每一个字节可单独进行写保护，进行写保护后，内容不可再更改（即固化数据）。

② 密码核对正确前，全部数据均可读，如果有需要，可对数据进行适当加密。

③ 核对密码正确后可写入或修改。

④ 3B 的用户密码，核对正确后本身可更改，有效至卡下电为止。

⑤ 密码出错计数器初始值为 3，密码核对出错 1 次便减 1。若计数器值为 0，则卡自动锁死，数据只可读出，不可再进行更改，也无法再进行密码核对；若不为 0 时，有一次密码核对正确，即可恢复到初始值。

字节地址 0～5、6～7 在出厂前已由厂家写好，不可更改。

5. IC 卡的优点

IC 卡与磁卡比较有以下四大优点：

① 安全性高。

② IC 卡的存储容量大，便于应用，方便保管。

③ IC 卡的防磁能力强，防一定强度的静电，抗干扰能力强，可重复读写 10 万次以上，使用寿命长。

④ IC 卡的读写设备比磁卡的读写设备简单可靠，造价便宜，容易推广，维护方便。

6. CPU 卡综合特性

CPU 卡与计算机非常类似，其中的集成电路芯片相当于计算机的硬件，而 COS 芯片操作系统则相当于计算机软件 Windows，下载到芯片内部实现各种软件功能。业内通常所说的智能卡往往是带有 COS 软件的功能型智能卡，通常符合固定的行业规范（如 PBOC），软件功能固定，可存储安全数据，可加密解密。

（1）CPU 特性如下：

① 增强型 8051 内核，1 个机器周期为 4 个时钟周期。

② 符合 ISO 7816-3 的串行接口。

③ 1280B RAM（包括 256B 内部 RAM 和 1024B 外部 RAM）。

④ 中断响应安全报警。

⑤ 软件控制省电模式。

⑥ 方便灵活的代码下载。

⑦ 硬件随机数发生器。

⑧ 定时器/计数器。

（2）Flash 存储器特性如下：

① 80KB 大页的 UCM Flash（包括 1024B 的 LSM 区域）。

② UCM 擦除单位可选 256B 或 512B。

③ 用户可通过软件将 UCM 配置为如下安全属性：E^2PROM（默认）、OTPROM 和 Execute Only 三种形式。

④ 对 UCM 的访问受到安全属性的控制。

⑤ 保证 10 年以上的数据保存期。

⑥ 对所有 Flash 字节保证 25 万次的擦写周期。

⑦ 2ms 页擦除时间(典型值)。

⑧ 40μs 字节写入时间(典型值)。

(3) 安全特点如下:

① 唯一的芯片 ID 号。

② 电压传感器。

③ 频率传感器。

④ 温度传感器。

⑤ 紫外线保护。

⑥ 短时脉冲保护。

⑦ 欠压报警。

⑧ 监测到安全警报,可由用户配置中断处理或复位芯片。

(4) 使用环境如下:

① 电压 3~5V (±10%)。

② 环境温度 −25~+85 ℃。

③ 最大电流 2<6mA/30MHz;2<10mA/60MHz。

④ 支持 IDLE 模式。

⑤ 外频支持范围 1~10MHz。

⑥ 内部提供 60MHz 晶振,支持 1~16 分频。

⑦ 4kV 静电保护。

3.2 　IC 卡工作原理与读卡器

3.2.1　IC 卡系统原理

一个典型的 IC 卡系统原理图如图 3-9 所示,系统由单片机、键盘、显示和监控电路等部分组成。IC 卡采用 XICOR 公司的 X76F100Y。

1. IC 卡及卡座

X76F100 为 128×8 位的保密串行 Flash E^2PROM,其中读密码和写密码分别为 64 位。把芯片封装在一个卡片上,将卡片插入 IC 卡读写器的卡座中,读写器就可以对它进行读写,实现加密、查询、存款和取款等功能。IC 卡座有 8 个引脚,当 X76F100Y 插入时,正好同这几个引脚相连。另外还有两个固定端,其中一个固定端同卡座上的一个弹簧片相连,两个触点和簧片就相当于一个常闭开关。当卡未插入时,簧片闭合,P3.2 引脚保持低电平;当卡插入时,簧片被顶开,P3.2 引脚变为高电平。当单片机检测到 P3.2 引脚变高,通过 P1.3 引脚使 X76F100 的 RST 引脚变高,使其复位。

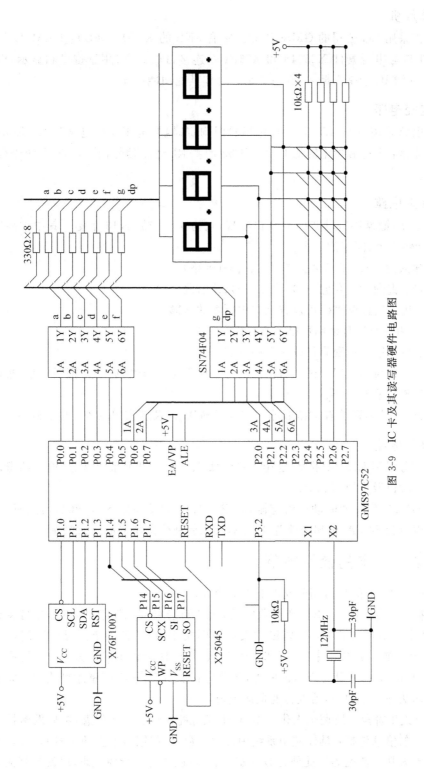

图 3-9　IC 卡及其读写器硬件电路图

2. 单片机

单片机采用 LG 公司的 GMS97C52。它有 8KB 的 ROM,256B 的 RAM,以及 32 个 I/O 口,P1 口与串行器件 X25045 和 X76F100 连接,P0、P2 用于键盘和显示,P3 口中 P3.2 用于检测 IC 卡是否插入,其余 7 个口可作其他功能扩充。

3. 监控电路

监控电路采用 X25045 芯片,它包括看门狗定时器、电压监控电路和 E^2PROM 存储器。其功能是:上电和掉电时对 GMS97C52 产生 RESET 信号;看门狗对系统进行监控,防止死机。

4. 键盘电路

为了方便,键盘接口电路用 I/O 口实现,它为 4×4 结构,16 个键。其中数字输入键 11 个、功能键 4 个、回车键 1 个。

数字输入键:0、1、2、3、4、5、6、7、8、9、←(退格)。

功能键:查询(?)、存储(+)、取款(一)、改密码(*)。

查询:用户通过读密码可以查询卡中所存的款额。

存款:用户通过写密码可以将款存入卡中。

取款:用户通过写密码可以从卡中取款。

改密码:分为修改读密码和写密码。为方便起见,令读密码和写密码一致,按此键将同时修改读密码和写密码。

回车键:8 位密码或存取款数输入完成后确认,以及新密码输入完成后确认。

5. 显示电路

显示部分采用 LED 显示器,也用 I/O 口实现。用于显示系统状态、输入的密码或所要存取的款额以及出错信息等。

由于 GMS97C52 的驱动电流有限,在 P0、P2 口加反向器 SN74F04,增加驱动能力。它的吸入电流为 64mA,输出电流为 15mA,可以保证位选所需的吸入电流。

3.2.2　IC 卡的使用规范

通常一张 IC 卡的生命期分成以下 4 个阶段。

(1) 制造阶段。由 IC 卡生产企业完成,包括制造集成电路芯片,将芯片封装到塑料卡基中,装上引出脚。卡片外可印刷图案和说明文字,对于证件卡还可以印制持卡人照片。IC 卡出厂前还需在芯片中写入生产厂商代码,以便标识不同厂家。对于远程订货的发行商客户,IC 卡中还可写入运输密码,在发行商收到后,核实解密才可使用。此举可防止其他人非法截取空白卡,给发行商造成损失。

(2) 个人化阶段。所谓个人化是指 IC 卡发行商在卡上写入信息,然后发给持卡人的过程。写入的信息包括:具体应用系统中使用的数据,如银行卡上的账号和存储余额;证件卡上持卡人基本情况等。此外为数据安全所需,还要写入行商代码,以便与其他应用系统区别,防止持卡人自行修改卡上数据。还需写入持卡人的个人用户密码,此密码由持卡人保留,每次 IC 卡读写时由用户核实,从而 IC 卡即使丢失,也不会给使用者造成损失。

(3) 使用阶段。IC 卡个人化后,持卡人可在整个应用系统中的各个终端读写器上对 IC 卡进行读写,即交费和花费卡上存款。使用时需进行身份核实,即输入用户密码。同时,应用系统还自动核实 IC 卡上的发行商代码和系统擦除和写入密码。这些密码保存在系统数据库中,只有核实正确才能对 IC 卡进行读写操作。

(4) 销毁阶段。对于卡片损坏、过期、持卡人变动等情况,应收回、销毁或另发新卡。持卡人若丢失 IC 卡,也需补发。以上情况都需核实和修改系统数据库内的数据。

3.2.3 IC 卡读卡器

IC 卡读卡器是一个含有操作系统的能够读取可编辑 IC 卡内部资料的装置。可读可写的 IC 卡包括存储卡(memory card),例如保密开机卡,以及 CPU 卡,例如移动电话的 SIM 卡(见图 3-10)。通过读卡器完成 IC 卡内信息的识别、卡内数据修改并保证数据的安全。

IC 卡读卡器必须具备表 3-1 给出的特性,方能处理智能身份证。

表 3-1 IC 卡读卡器应具备的特征

特点	标准/规定	附　注
卡界面标准	ISO 7816	阅读器必须符合 ISO 7816 的规格,这是智能身份证所采用的标准
驱动程序	PC/SC	由于智能身份证内的应用系统符合 PC/SC 规格,所以阅读器须配备支持计算机作业系统的 PC/SC 驱动程序

从接口上来看,读卡器的类型主要有并口读卡器、串口读卡器、USB 读卡器、PCMICA 卡读卡器和 IEEE 1394 读卡器。前两种读卡器由于接口速度慢或者安装不方便已经基本被淘汰了。USB 读卡器是目前市场上最流行的读卡器(见图 3-11),PCMICA 卡读卡器最主要被应用在笔记本电脑上,而 IEEE 1394 读卡器由于支持的接口还没有流行,应用还不太广泛。

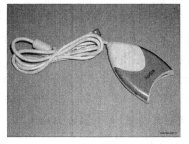

<table>
<tr><td align="center">图 3-10　手机 SIM 卡</td><td align="center">图 3-11　USB 读卡器</td></tr>
</table>

目前市场上主要的闪存或者多媒体卡为 SM 卡、CF 卡、MicroDrive 卡、MemoryStick 卡、MMC 卡和 SD 卡。

按照读取的闪存种类来分,读卡器又被分为单功能读卡器和多功能读卡器。单功能读卡器一般只能读取一种类型的闪存卡,如 CF 读卡器只能读取 CF 闪存卡,SM 读卡器只能读取 SM 闪存卡,这类读卡器的价格较低。而多功能读卡器则适用于各种闪存卡,无论是 SM 卡、CF 卡还是 MemoryStick 卡都可以读取,只是这类产品的价格稍高一点。

3.3　IC 卡的开发技术及标准

随着 IC 卡从简单的同步卡发展到异步卡,从简单的 E^2PROM 卡发展到内带微处理器的智能卡(又称 CPU 卡),人们对 IC 卡的各种要求越来越高,而卡本身所需要的各种管理工作也越来越复杂,因此就迫切地需要有一种工具来适应这一变化。内部带有微处理器的智能卡的出现,使得这种工具变成了现实。人们利用它内部的微处理器芯片,开发了应用于智能卡内部的各种各样的操作系统,也就是本节要论述的 COS。COS 的出现不仅大大地改善了智能卡的交互界面,使智能卡的管理变得容易,而且更为重要的是,使智能卡本身向着个人计算机化的方向迈出了一大步,为智能卡的发展开拓了极为广阔的道路。

3.3.1　IC 卡操作系统 COS

COS 的全称是 Chip Operating System(片内操作系统),它一般是紧紧围绕着它所服务的智能卡的特点而开发的。由于不可避免地受到了智能卡内微处理器芯片的性能及内存容量的影响,因此,COS 在很大程度上不同于通常所能见到的微机上的操作系统(例如 DOS、UNIX 等)。首先,COS 是一个专用系统而不是通用系统,一种 COS 一般都只能应用于特别的某种(或者是某些)智能卡中,不同卡内的 COS 一般是不相同的。这是因为 COS 一般都是根据某种智能卡的特点及其应用范围而特别设计开发的,尽管它们在所实际完成的功能上可能大部分都遵循着同一个国际标准。其次,与那些常见的微机上的操作系统相比较而言,COS 在本质上更加接近于监控程序,而不是一个真正意义上的操作系统,这一点至少在目前看来仍是如此。这是因为在当前阶段,COS 所需要解决的主要还是对外部的命令如何进行处理以及响应的问题,这其中一般并不涉及共享、并发的管理及处理。

COS 在设计时一般都是紧密结合智能卡内存储器分区的情况,按照国际标准(ISO/IEC 7816 系列标准)中所规定的一些功能进行设计、开发的。但是由于目前智能卡的发展速度很快,而国际标准的制定周期相对比较长,因而造成了当前智能卡的国际标准还不太完善的情况,据此,许多厂家又各自都对自己开发的 COS 作了一些扩充。就目前而言,还没有任何一家公司的 COS 产品能形成一种工业标准。因此本节主要结合现有的国际标准,重点讲述 COS 的基本原理以及基本功能,并适当地列举它们在某些产品中的实现方式。

1. COS 的主要功能

COS 的主要功能是控制智能卡和外界的信息交换,管理智能卡内的存储器,并在卡内部完成各种命令的处理。其中,与外界进行信息交换是 COS 最基本的要求。在交换过程中,COS 所遵循的信息交换协议目前包括两类:异步字符传输的 T=0 协议以及异步分组传输的 T=1 协议。这两种信息交换协议的具体内容和实现机制在 ISO/IEC 7816-3 和 ISO/IEC 7816-3A3 标准中作了规定;而 COS 所应完成的管理和控制的基本功能则是在 ISO/IEC 7816-4 标准中作出规定的。在该国际标准中,还对智能卡的数据结构以及 COS 的基本命令集作出了较为详细的说明。

2. CPU 卡的特点

CPU 卡在智能卡家族中出现的时间最晚,但最具生命力。与前述的存储器卡和逻辑加密卡相比,CPU 卡具有以下显著的优势:

(1) 提高数据安全性。CPU 卡可以采用多种方法提高安全性,因为它可以对存储在卡中的信息的存取作出限制,可以保护软件。

(2) 应用灵活性。CPU 卡可以同时用于几种不同的应用。卡与系统的互相操作是受存放在卡中和系统中的软件控制的。可以对卡中的部分软件进行修改,其方法是对卡中的非易失性存储器的一部分重新编程。

(3) 应用与交易的合法性证实。当卡连到合法的系统以实现某项应用时,通过来自用户的数据(如生物特征或 PIN 数据)或系统的数据(如加密/解密密钥),可在任何时候对持卡人或系统进行验证。

(4) 价格通过有效性予以补偿。CPU 卡的价格比磁卡高,但其原始价格可通过以下因素予以补偿:

① 发行后,CPU 卡的重构能力强,并具有同时存储几种不同应用数据的能力。

② 减少发行收入的损失(即由欺诈性的使用和欺诈性的仿制造成的损失)。

③ 独立方式实现功能的能力强,因此可减少依赖于系统的花费。而且 CPU 卡读卡器的价格也比基于投硬币的读卡器的价格便宜。

(5) 多应用能力。因为 CPU 卡中有一个智能微处理器,所以可实现一种以上的应用,即一卡多用,从而可比使用多张卡节省费用。

(6) 脱机能力。因为 CPU 卡可完成合法性检查,能存储交易的详细数据,所以不必为每一笔交易与中央计算机/数据库进行通信,提高了交易速度,降低了处理费用。

由此可见,CPU 卡非常适合对数据安全性及可靠性要求十分敏感的应用。目前,金融领域的信用卡、电信领域的 SIM 卡(移动电话身份识别卡)等已成为 CPU 卡应用的几个最大的领域。此外,由 CPU 卡支持并代表的一卡多用(多功能卡)概念越来越受到人们的重视。在我国,随着金卡工程等一系列卡基应用工程的快速实施,CPU 卡必将在其中扮演极为重要的角色。展望未来,CPU 卡的发展及应用必将深入社会生活的各个领域,人们必将不断感悟并享受到 CPU 卡带来的便利、安全、快捷的一系列优质服务。

3. 典型智能卡芯片

表 3-2 列出了几个典型的智能卡芯片。

1) 芯片的组成及逻辑图(以 CPU 卡 MC68HC05SC21 为例)

芯片的组成及逻辑图如图 3-12 所示。

芯片的 CPU 寄存器组成如图 3-13 所示。

(1) 累加器 A(8 位)用于保持操作数或运算结果。

(2) 变址寄存器 X(8 位)用于变址寻址方式,也可用作暂存寄存器。

表 3-2　典型的智能卡芯片

型　号	ROM/KB	RAM/B	E²PROM/KB	典型应用	芯片尺寸/mm
MC68HC05SC21	6	128	3	GSM 移动电话,付费电视	3.5×5.6
MC68HC05SC24	3	128	1	银行	2.8×3.7
MC68HC05SC26	6	224	1	银行,预付费 GSM	3.8×3.8
MC68HC05SC27	16	240	3	银行,付费电视,GSM	4.2×5.0
MC68HC05SC28	13	240	8	GSM,多功能卡	4.9×5.3
MC68HC05SC29	13	512	4	秘密机器(武器),健康,金融	4.8×6.2

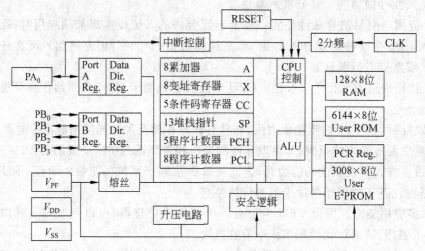

图 3-12　MC68HC05SC21 的逻辑图

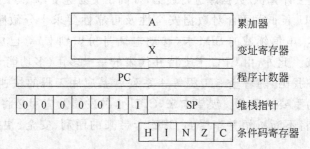

图 3-13　MC68HC05SC21 的 CPU 寄存器组成

　　(3) 堆栈指针 SP(13 位)的高 7 位为 0000011,堆栈用于保存子程序调用时的返回地址和中断处理时的机器状态,其寻址范围为 00FFH～00C0H,在 RAM 中。

　　(4) 程序计数器 PC(13 位)指出下一条将执行的指令地址。

　　(5) 条件码寄存器 CC(5 位)指出刚执行的指令的结果,对其各位说明如下:

　　① 半进位位(H):执行 ADD 或 ADC 指令时,从第 3 位到第 4 位的进位;

　　② 中断屏蔽位(I):当 I 位为 1 时,所有中断均被禁止;

③ 负(N)：当 N 为 1 时,指出最后一次算术运算、逻辑运算或数据处理的结果为负(或第 7 位为逻辑 1)；

④ 零(Z)：当 Z 为 1 时,表示最后一次算术运算、逻辑运算或数据处理的结果为 0；

⑤ 进位/借位(C)：当 C＝1 时,表示最后一次算术运算产生进位或借位。

存储器和寄存器的地址分配如图 3-14 所示。存储器地址有 13 位,为 0000H～1FFFH。访问 ROM 0 页还是 ROM 1 页由 ROMPG 位来控制,当 ROMPG ＝1 时,访问 ROM 1 页。但 ROM 1 页仅有 2304B, 其余仍按 ROM 0 页处理。执行擦除 E^2PROM 操作后,被擦除的 E^2PROM 的内容为"0"；写操作只允许字节写"1"。在 E^2PROM 中有 n 个字节被称为安全字节,允许在测试方式对它进行编程,而在用户方式只能读出。

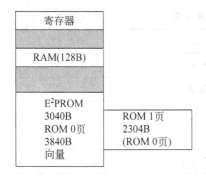

图 3-14　存储器和寄存器的地址分配

芯片有两种工作方式：测试方式和工作方式。芯片出厂前处于测试方式,对它进行测试、编程和分析都比较容易。芯片出厂时被置于用户方式,由于外界访问 MCU 受到限制,因此当芯片出问题时,要对它的运行情况进行测试和分析特别困难,需要运用软件知识以及依靠制造厂和用户之间的紧密合作才能进行分析,而且一旦设置成用户方式后就不能再回到测试方式。

2) 芯片的指令系统

MC68HC05SC 的指令系统共有 59 条指令,6 种寻址方式,指令长度可变(1～3B),数据字长度为 8b。

(1) 寻址方式有以下 6 种。

① 固有的(或隐含的)寻址方式：一字节指令,操作数地址隐含在指令码中,如 TAX 指令,其功能是将变址寄存器(X)内容传送到累加器(A),指令码为 97。

② 立即数寻址方式：二字节指令,第一字节为操作码,第二字节为 8 位立即数,如 "LDA ♯ ＄ B5"指令,其功能是将立即数 B5 送到累加器中。其中,♯表示立即数；＄表示其随后的数用十六进制表示。这条指令的指令码为 A6B5,即 A6 为操作码,B5 为立即数,这两个字节在存储器中是相邻存放的。

③ 直接寻址方式：二字节指令,第一字节为操作码,第二字节为存储器地址。因为地址只有 8 位,所以寻址的地址范围限于 00H～FFH。这两个字节在存储器中是相邻存放的。

④ 扩展寻址方式：三字节指令,第一字节为操作码,第二字节和第三字节为地址码。因为地址有 16 位,所以可以对整个存储器进行寻址。这 3 个字节在存储器中是相邻存放的。

⑤ 变址寻址方式：二字节或三字节指令(指令中分别包含一字节或二字节偏移值),访问存储器的地址＝变址寄存器的内容(X)＋偏移值。

⑥ 相对寻址方式：二字节指令,通常应用于转移指令中,转移地址＝(PC)＋偏移值。

（2）指令系统。

MC68HC05SC 的指令集如表 3-3 所示。

表 3-3　MC68HC05SC 的指令集

类型	符号	功　能
传送指令	LD	从存储器装入 A 或从存储器装入 X
	ST	将 A 的内容存入存储器或将 X 的内容存入存储器
	TXA	A 的内容传送到 X
	TAX	X 的内容传达到 A
算术运算指令	ADD	A+(M)→A,(M)表示存储器内容,下同
	ADC	A+(M)+C→A,C 为进位,在 CCR 寄存器中,下同
	SUB	A−(M)→A
	SBC	A−(M)−C→A
	CLR	0→A,或 0→X,或 0→M
	INC	A+1→A,或 X+1→X,或(M)+1→M
	DEC	A−1→A,或 X−1→X,或(M)−1→M
	COM	$\overline{A}$→A,或 $\overline{X}$→X,或(M)→M,取反码
	NEG	00−A→A,或 00−X→X,或 00−(M)→M
	MUL	A * A→X ‖ A
移位指令	ASL	算术左移
	ASR	算术右移
	LSL	逻辑左移
	LSR	逻辑右移
	ROL	循环左移
	ROR	循环右移
测试指令	TST	执行 A-00 或 X-00,根据结果置 CCR 寄存器中的 N 和 Z
	BIT	用(M)作为屏蔽位选择 A 的相应位,并根据选择结果置 N 和 Z
	CMP	A−(M),置条件码
	CPX	X−(M),置条件码
CCR 指令	SEC	进位位置 1,1→C
	CLC	进位位清除,0→C
	SEI	中断屏蔽位置 1,1→I,I 为中断屏蔽位
	CLI	中断屏蔽位清除,0→I

类型	符号	功　　能
逻辑指令	EOR	A⊕(M)→A
	OR	A∨(M)→A
	AND	A∧(M)→A
转移指令	BHI	如(C∨Z)=0,转移(大于转移)
	BHS	如 C=0,转移(大于等于转移)
	BPL	如 N=0,转移(正转移)
	BMI	如 N=1,转移(负转移)
	BEQ	如 Z=1,转移(相等转移)
	BNE	如 Z=0,转移(不等转移)
	BLS	如(C∨Z)=0,转移(小于等于转移)
	BLO	如 C=1,转移(小于转移)
	BCS	如 C=1,转移(进位位为1,转移)
	BCC	如 C=0,转移(进位位为0,转移)
	BRA	必转移(PC+d→PC)
	BRN	不转移(PC+2→PC)
	BM	I=0 转移或 I=1 转移(BMC 或 BMS),I 为中断屏蔽位
	BI	IRQ=1 转移或 IRQ=0 转移,IRQ 为中断请求线
	BHC	H=0 转移或 H=1 转移,根据 CCR 中的 H 位转移
	BSE*	根据 A,置存储器相应位,1→(Mn),Mn 表示存储器 M 对应的比特位
	BCL	根据 A,清存储器相应位,0→(Mn)
	BRC	如存储器中的某指定位为 0,转移
	BRS	如存储器中的某指定位为 1,转移
	JMP	转移
	JSR	转子程序,PC→堆栈,SP−2→SP,转移地址→PC
	BSR	转子程序,PC→堆栈,SP−2→SP,PC+d→PC
	RTS	从子程序返回地址,从堆栈送 PC,SP+2→SP
控制指令	RTI	从中断返回
	SWI	软中断
	WAIT	停止处理,并等待超时或中断
	STOP	下电,等待 Reset 或外中断
	RSP	置堆栈指针(NOP 符号表示不操作)

3）芯片的安全设计

为了保证智能卡的安全应用,芯片制造商与卡的发行商要明确各自的职责。芯片制造商在设计芯片时要考虑制造安全,卡的发行商要保证应用安全。

MCU 包含 CPU、RAM、ROM 和 E^2PROM 等,ROM 中存放操作系统及固定数据;E^2PROM 中存放密码和数据,有时还存放部分与应用有关的程序;RAM 中仅存放一些中间结果。外界对卡发布的命令需要通过操作系统才能对 CPU 起作用,而操作系统在 ROM 中,是不可能改变的,因此为安全应用提供了可靠的基础。

（1）将 RAM、ROM 和 E^2PROM 分成若干个存储区,根据安全需要可对各分区进行读保护,即在一定条件下,某些分区不允许读出,或虽允许从存储器中读出,但不能送到卡的触点上,以防被不正当窃取。对 E^2PROM 的各个分区还可分别进行写入/擦除保护。

（2）对程序的失控采取预防性保护措施,设置多重"非正常运行状态"监视手段,以使该装置在非正常情况下停机（或采取其他保护措施）。例如,MC68HC05SC27 和 MC68HC05SC28 设置 Watchdog 监视程序是否"逃逸"（runaway）,并强迫它回到正确的程序流中。

（3）在每个芯片的存储器中写入各不相同的序列号（跟踪数据）和密码;软件能对卡、持卡人和读写设备进行相互鉴别,使得任一方都不能进行伪造,甚至包括每一笔交易数据在内。

4）芯片的安全制造

在芯片的安全制造环节应注意以下 3 点:

（1）封闭的制造环境和流程,不准无关人员进入制造地区,各个工序之间严格保持独立,对产品（每个模片）进行严格的跟踪管理:或者发送给客户,或者在内部安全地销毁。其目的是防止伪造和丢失。

（2）限制接触载有客户的软件和保密规范的计算机系统和软件。每个装置可设置单独的密码。

（3）将测试合格的芯片制成器件（模块或卡）后,可运送给发行商。为保证运送过程的安全,发行商可将其自定义的密钥及算法告诉制造商,制造商按算法运算后,将结果作为"运输密钥"写入 E^2PROM 中;发行商收到卡后,按照同一算法进行验证,通过后,才允许卡进一步工作,否则卡将自锁。

运输密钥（Transport Key,TK）的定义如下:

$$TK = f(TD, CP, MP)$$

其中,TD 是跟踪数据,CP 是发行商的 PIN,MP 是制造商的 PIN。

在制造商处生成 TK,并将 TK 和 TD 写入 E^2PROM,经过最后的测试后,断开熔丝,将器件运送给发行商,其过程如图 3-15 所示。

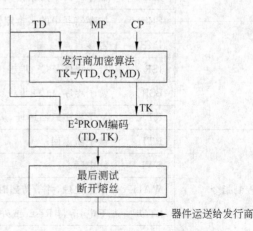

图 3-15　运输密钥的生成（在制造商处）

器件送到发行商处以后,在第一次加电时,从器件中读出 TD,送给读卡器(reader)。根据同一算法,在读卡器中得到 TK,并将 TK 送到器件,在器件内将器件的 TK 和读卡器的 TK 进行比较,如果相等,则表示通过,其过程如图 3-16 所示。仅当验证通过后,才允许对卡进行进一步的操作。

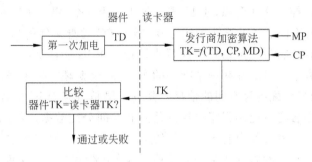

图 3-16　运输密钥的验证(在发行商处)

5) 芯片的应用安全

智能卡用户应对他们所控制的那部分系统(如固化在芯片上的软件以及系统的软件和硬件)采取适当的保密措施。软件保密战略包括从非常简单的到极为复杂的密码算法演算和鉴别过程,这些程序中有许多是个别用户的应用产品所独享和专用的,但也有一些简单的、普遍适用的、体现保密意识的软件开发手段,以下列出一些常用的开发手段。

(1) 考虑软件运行到关键部分时电源(意外和人为)中断后造成的后果。

(2) 在软件设计中加上计数功能,限制输入错误密码的次数。

(3) 在软件中加入一些程序,以保证在系统被重新设置后的特定时间里,某些特别敏感的事情(如向 E^2PROM 写入新的数据或指令)不会不受限制地发生。

(4) 降低软件的可读性。

(5) 采用以时间为基准的子程序。

(6) 通过防止从 E^2PROM 执行程序的方法,限制应用程序自我修改的能力。

(7) 在软件中加入"测试"命令,以便在无须输出任何软件内容的条件下对出现的问题进行调查。

(8) 控制在开发过程之中和之后了解软件和硬件的任何细节的途径。

4. COS 需要解决的问题

COS 必须能够解决至少 3 个问题,即文件操作、鉴别与核实、安全机制。事实上,鉴别与核实和安全机制都属于智能卡安全体系的范畴,所以,智能卡的 COS 中最重要的两方面就是文件与安全。实际上可以把从读写设备(即接口设备,IFD)发出命令到卡给出响应的一个完整过程划分为 4 个阶段,也可以说是 4 个功能模块:传送管理器(TM)、安全管理器(SM)、应用管理器(AM)和文件管理器(FM)。其中,传送管理器用于检查信息是否被正确地传送。这一部分主要和智能卡所采用的通信协议有关;安全管理器主要是对所传送的信息进行安全性检查或处理,防止非法的窃听或侵入。

智能卡 COS 具有 4 个方面的基本功能,即资源管理、通信管理、安全管理和应用管理。

1) COS 的资源管理

作为操作系统,管理 IC 卡的硬件资源和数据资源是其基本任务。IC 卡上的硬件资源包括 CPU、ROM、E²PROM 和 RAM 及通信接口,这些都由 IC 卡上的操作系统统一管理,使外部不能直接控制这些资源,使 IC 卡对外表现为一个"黑匣子",从而加强了系统的保密性能。IC 卡上的数据也以文件形式存在,但与 PC 磁盘文件的形式不同,IC 卡文件直接存放在卡上的存储器中,可以随机读写或执行。在 IC 卡存储区中,文件以层次结构来组织,不能越层存取。卡上存在一个唯一的主文件,也就是文件系统的根,其中包含系统文件控制信息及可分配内存空间的信息。其下一层是对应于 IC 卡各种不同应用的专有文件,专有文件中含有各应用程序的控制信息和空间分配数据。不同应用由各专有文件执行,各自独立。专有文件由若干元文件组成,包括用于存储应用数据的工作元文件、提供安全加密/解密功能的管理元文件以及控制程序运行的控制元文件等。

2) COS 的通信管理

智能卡通信管理的主要功能是执行智能卡的信息传送协议,接收读写器发出的指令,并对指令传递是否正确进行判断。一般可采用奇偶检、CRC 校验等方式判断传输错误。对于采用分组传输协议的系统,还可以通过分组长度变化来检出错误。

此外,智能卡能自动产生对指令的应答并发回读写器。也能为送回读写数据及应答信息自动添加传输协议所规定的附加信息。

3) COS 的安全管理

智能卡操作系统最重要的功能之一就是数据安全管理。这可以具体分为用户与智能卡的鉴别、核实功能以及对传输数据的加密与解密操作。

鉴别是指对 IC 卡本身的合法性进行验证,判定一张智能卡是不是伪造的。如采用卡上设置的读、写、擦除密码作为防伪的基本手段。而 COS 由于可以通过内部软件运行来完成密码转换,因此智能卡上实际写入的密码无法被读写器直接读取,安全性能更强。

核实是指对智能卡持有人的合法性验证。由于用户只能通过用户口令来进行核实,为防止在口令传输中被人窃听,常常利用 COS 的功能对传送口令进行加密和解密运算。

鉴别与核实可以有效地防止非法用户入侵和非法智能卡的使用。而对传输与存储数据的保密,则是通过 COS 对数据进行加密与解密的功能来实现的。

由于传输数据进行了加密,智能卡读写时,通信线上传输的不是存储数据而是其密文,这就有效地保证了数据通信的安全性。

4) COS 的应用管理

智能卡 COS 的应用管理功能是对读写器发来的命令进行判断、译码和处理。智能卡的各种应用以专有文件形式存储在卡上,各专有文件则是由智能卡的指令系统中的指令排列而成的。

COS 的基本指令集具有国际标准,即 ISO/IEC 7816-4 国际标准。标准中给出了基本命令集。但是由于智能卡操作系统还处于发展初期,所以并不要求各生产厂家严格执行这一标准。因此目前常见的几种智能卡操作系统的命令各不相同,而且它们之间大多数互不兼容。但各系统所提供的指令类型大致可分为以下几种。

（1）数据管理类，如文件创建、读出、写入、删除和关闭等。

（2）通信控制类，信息管理、协议实现和响应获取等。

（3）安全控制类，如内部认证、外部认证、数据校验、加密和解密命令等。例如，德国 G&D 公司的 STARCOS 智能卡具有 28 条指令；美国 Motorola 公司的 MC68HC05SC 系列智能卡的指令集中有指令 50 多条。

由于有了 CPU 和卡上操作系统，智能卡进行具体处理时，读写器与智能卡之间通过"命令-响应对"的方式进行控制。即，读写器发出操作命令，智能卡接收命令，COS 对信号加以解释，完成命令的解密与校验。然后调用相应程序来进行数据处理，产生应答信息，加密后送给读写器。在这里，COS 除了负责命令的解释执行之外，还负责各应用文件的安全管理。

在这里需要注意的是，智能卡中的"文件"概念与通常所说的"文件"是有区别的。尽管智能卡中的文件内存储的也是数据单元或记录，但它们都是与智能卡的具体应用直接相关的。

一般而言，一个具体的应用必然要对应智能卡中的一个文件，因此，智能卡中的文件不存在通常所谓的文件共享的情况。而且，这种文件不仅在逻辑上必须是完整的，在物理组织上也都是连续的。此外，智能卡中的文件尽管也可以拥有文件名（file name），但对文件的标识依靠的是与卡中文件一一对应的文件标识符（file identifier），而不是文件名。智能卡中的文件名是允许重复的，它在本质上只是文件的一种助记符，并不能完全代表某个文件。

5. COS 的硬件资源管理

硬件资源管理的目的就是由 COS 统一组织、协调、指挥这些硬件的运行，为高层应用提供相应的程序接口，使高层应用编程更容易，实现更简单、可靠。它类似于 PC 上的 BIOS（基本输入输出接口）功能，但比它的管理层次更高。智能卡的硬件资源如表 3-4 所示。下面重点介绍用户存储器的组织管理。

表 3-4　智能卡的硬件资源

硬件资源	说　　明	主 要 功 能
MPU	微处理器	系统的中央运算、处理、管理
CAU	加密运算协处理器	执行有关加密、解密运算
ROM	只读存储器	存储操作系统程序
RAM	随机存储器	临时工作数据的暂存
E²PROM	电可擦除可编程只读存储器	应用程序、数据的存储
I/O	通信接口	通信传输
SL	安全逻辑	内部资源的硬件保护

1）用户存储器的数据结构

按 ISO/IEC 7816 标准，用户存储器的数据结构有线性固定结构（linear fixed）、线性可变结构（linear variable）、环形结构（cyclic）和透明结构（transparent）4 种。用户可以根据应用数据的特点、更新速率等因素，决定选用哪种数据结构。

（1）线性固定结构：典型结构如定长度记录，其中每一记录的存储位置均由一个唯一的记录号标识，可以随机读写。按有关 ISO/IEC 标准，记录号的范围为 1～253。

（2）线性可变结构：如可变长度记录，其中每一记录的存储位置均由一个唯一的记录号标识，可以随机读写。按有关 ISO/IEC 标准，记录号的范围为 1～254。

（3）环形结构：这种结构类似首尾连起来的定长度记录，不允许随机写。其中记录以某一固定顺序存放，因为记录数量有限，若超过限制数量，则新写入的数据将覆盖旧的数据。

（4）透明结构：二进制数据使用这种数据结构时，一般由用户寻址和管理该数据，操作系统只负责存储空间的分配。这种结构适用于声音、图像等超文本（hyper text）信息的存储。

2）用户存储器的文件组织形式

按 ISO/IEC 7816 标准的规定，CPU 卡中的数据在用户存储器中以树形文件结构的形式组织存放。文件分成 3 种层次级别：一是主文件（Master File，MF），形成文件系统的根，类似于 DOS 中的根目录；二是专用文件（Dedicated File，DF），在主文件下，类似于 DOS 中的目录；三是子专有文件（Child-DF，CDF），是在 DF 之下的专有文件，类似于 DOS 中的子目录。当然，DF 之下还可以有 DF，这主要依赖于用户存储器的大小。此外，还有元文件（Elementary File，EF），主要存储实际应用数据和相应的系统管理信息，元文件可以存在于任何一个文件层次上。CPU 卡文件组织的树形结构如图 3-17 所示。

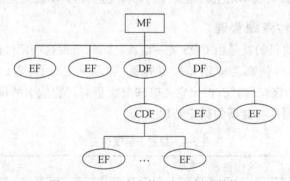

图 3-17　CPU 卡文件组织的树形结构

在 CPU 卡的文件结构中，主文件只能有一个并且随操作系统一起生成，用户无法控制；在文件存取过程中，不能越层存取，若想读写子专有文件下的元文件，必须经过其高层文件层次；某一专有文件的大小在申请生成时预定且不可修改，也有的操作系统可以在使用中动态地修改该专有文件的大小，当然其前提是有足够的存储空间。

3）文件类型及其特性

CPU 卡操作系统的文件有 3 种层次级别。每一层次级别的文件还分为不同的种类，具有不同的用途。

（1）主文件。

系统中必须存在唯一一个主文件，主文件组成 CPU 卡文件系统的根。主文件中含有系统文件控制信息及可分配的存储空间，其下可以建立各种文件。

虽然系统允许在根下直接生成各种应用文件，但最佳的文件组织方法是每一种应用均分配一个专有文件，在相应应用的专有文件下再具体组织安排各种应用数据。这样做的优点是，不同应用之间的相互干扰小，便于应用设计，安全性更高等，有利于一卡多用。主文件一般用来存储不同应用之间的共享数据，如卡序列号、持卡人数据等信息。

在初始化时，主文件还可以被赋予一些安全特性，如禁止使用操作系统的某些命令等。这样做的目的是在从 IC 卡生产到最终应用的环节过多时的安全管理，便于跨部门甚至跨行业一卡多用的安全实施。

CPU 卡一旦插入读写设备，主文件就立即被激活直到卡被拔出。在卡的生存期内，主文件不能被删除。

（2）专有文件。

专有文件含有文件控制信息及可分配的存储空间，其下可以建立各种文件。

一个专有文件将被用来存储某一应用的所有数据。每一应用的应用顺序均由该专有文件的状态机控制，使不同应用之间具有较强的独立性并且更安全。

专有文件在用户存储器中占据着一块静态存储区，一旦专有文件建立，其存储区的大小就不能变动，但在该专有文件下的元文件则可以重新分配存储区的大小，也可以被删除。专有文件下还可以再建立专有文件。此时，较高层的专有文件称为父专有文件（Parent-DF），较低层的称为子专有文件（Child-DF）。

父专有文件无论在逻辑上（操作系统管理），还是在物理上（用户存储器）均相互隔离。不同的专有文件均可使用主文件下的公共资源。父专有文件的建立一般分成两个步骤：先逻辑创建，即在操作系统中作一个创建登记；再物理创建，实际分配一定数量的用户存储器。分步创建的优点是可以独立于时间和存储器位置生成具体应用。某一具体的父专有文件不能在其他专有文件或主文件中删除，该父专有文件的删除条件在其应用控制文件（ACF）中定义，只有满足该条件时才删除。该父专有文件被删除之后，其下的子专有文件和元文件也同时被删除，释放的存储器块可由其他父专有文件使用。

子专有文件可以是某一子应用，子专有文件可有其自己的应用控制文件。某一具体的子专有文件不能在其他专有文件或主文件中删除。该子专有文件的删除条件在应用控制文件中定义，只有满足该条件时才可删除。该子专有文件被删除之后，其下的专有文件（若还有）和元文件也同时被删除，释放的存储器块可由其他子专有文件使用。

（3）元文件。

含有实际应用数据或文件控制信息，其下不可建立任何文件。

元文件分为 3 类：第一类存储实际的应用数据，称为工作元文件；第二类存储相应的系统管理信息，称为系统管理元文件；在 ISO/IEC 7816 标准中还定义有一种公共元文件。

工作元文件（Working Elementary File，WEF）主要用于存储应用数据，若条件满足则可被读、写、删除等，它可以存在于任何文件结构中，可以是任何一种文件结构，具有内部数据校验（如校验和）措施。

系统管理元文件（System Management EF，SMEF）采取内部保密文件（Internal Secret Files，ISF）和应用控制文件（Application Control Files，ACF）两种形式。内部保密文件主要用于存储系统或应用保密数据，如加密密钥、个人密码等，可被输入、修改或覆盖,但不可读,不能部分删除。ISF采用线性可变文件结构,可以存于任何文件层次。应用控制文件主要用于存储应用状态机应用顺序控制数据,不能删除,每一文件层次必须有一个ACF。ACF也采用线性可变文件结构。

公共元文件(Public EF,PEF)主要用于存储系统或应用的公共数据,可以无条件存取。

(4)文件属性。

每一种文件均具有相应属性(attributs),CPU卡的文件属性一般有4种:文件名(file name)/文件标识(file identifer)、安全状态(security status)、操作模式(operation mode)和注释(notation)。

① 文件名/文件标识。

每一文件可以通过其文件名或文件标识来寻址。按ISO/IEC 7816标准,文件类型不同,文件标识的编码也不相同。正确识别、寻址一个文件需要一个从主文件或当前专有文件到该文件的完整的标识路径。从主文件开始的路径称为绝对路径(absolute path),可以唯一确定某一文件,这一点和DOS中的有关概念十分相似。

在ISO/IEC 7816标准中规定,每一文件均由一个长度为2B的文件标识参考确定,但在专有文件中也可以使用文件名来标识该文件,主要是为了便于应用设计人员设计该卡,特别是将父专有文件以文件名来标识,更容易区分、理解一卡多用。此外,在某一张卡上文件名一定要能唯一确定某一文件。其实,以名字命名该文件时,操作系统同时在内部也自动给它分配一个标识,并通过标识来管理该文件。

不同文件类型的标识具有不同的编码。按ISO/IEC 7816标准,文件标识的第一个字节为文件限定符(file qualifier),主要用于区别文件类型(如主文件、专有文件等);第二个字节为文件索引(file index)。其中规定:

- 主文件的标识确定为3F00H(十六进制)。
- 父专有文件在标准中没有作具体规定。一般的操作系统中,文件名最长为8B的字符串(第一个字节不能为20H),若文件名不足8B,操作系统将在其后以20H补足剩余字节,所有父专有文件的名字不能相同。
- 子专有文件的文件标识为2B长。同一父专有文件下的子专有文件的标识不能相同,但不同父专有文件下的子专有文件的标识则可以相同。
- 元文件的文件标识为2B长。其中第一个字节为文件限定符,第二个字节为文件索引,在ISO/IEC 7816中都没有作明确规定,其目的是为整个系统设计留有选择的余地。一般文件限定符可以根据情况自定,当然最好不要与标准冲突。文件索引也可自定,一种典型的编码格式见表3-5。

表 3-5 一种元文件的典型编码

b7 b6 b5 b4 b3 b2 b1 b0 定义			
b7	b6		文件类型
0	0		WEF
0	1		ACF
1	0		ISF
1	1		无用
b5	b4		文件层次
0	0		MF
0	1		Parent-DF
1	0		Child-DF
1	1		无用
b3	b2	b1 b0	文件索引号
0000~1111			1~15

② 安全状态。

主要用于定义不同命令在不同状态下(由某一应用的状态机决定)对该文件的存取权限。

③ 操作模式。

用于定义文件的静态存取特性。主要的特性有:可删除性(erasable);读/写特性(R/W);存取特性(access);一次写入、多次读出特性(WORM);只读特性(RO);只写特性(WO);可计算性(compute),即定义该文件是否可被某些命令存取执行。

④ 注释。

含有某一文件的简短的说明信息,如版本号等。

在 ISO/IEC 7816 标准中,对诸如文件属性等的定义十分简单,很不具体,其目的就是给系统设计人员留有充分的发挥空间。当具体设计某一智能卡的应用系统时,必须按智能卡供应商的技术说明书操作。

6. 通信传输管理功能

智能卡必须与相应的读写设备(IFD)通信。从这个角度来讲,智能卡操作系统的作用就是从读写设备(IFD)接收命令、执行命令,并将结果返回读写设备(IFD)。所以,通信传输管理功能模块在操作系统中具有十分重要的作用。通信传输管理功能模块主要实现以下几种功能:

(1) 实现某一通信协议的数据链路层的传输管理功能。

(2) 实现 ISO/IEC 7816 标准规定的 ATR(复位响应)等功能。

(3) 为操作系统中的其他功能模块提供相应的接口。

按 ISO/IEC 7816 标准,IC 卡和读写设备之间的通信协议有多种,一般一种特定的卡只支持某一种通信协议。下面以符合 ISO/IEC 7816-3 标准的 T=1 块传输协议的 CPU 卡为例,介绍通信传输管理功能(支持其他通信协议的卡的通信传输管理功能与此相似)。

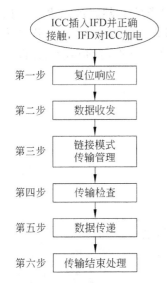

图 3-18　通信传输管理功能模块的执行步骤

ICC 上电之后,IFD 将向 ICC 发送命令数据,在这样一次典型的通信过程中,通信传输管理功能模块主要从事 6 个步骤的具体工作,如图 3-18 所示。

IFD 和 ICC 之间的通信由 IFD 启动,IFD 还负责给卡供电。通信为半双工方式(half duplex),即同时只能有一方在传输信息。

第一步,复位响应(Answer To Reset,ATR)。在 ICC 正确插入 IFD 之后,通信传输管理功能模块将向 IFD 发送一个复位响应(ATR)信息。ATR 中含有卡标识数据,如 I/O 缓冲区的大小、通信速率转换因子(conversions factor)等信息。该信息通知 IFD 该 ICC 的操作特性,以便 IFD 正确选择相应的操作参数与 ICC 进行通信。ICC 每次硬复位(卡插入 IFD)都将发送一个 ATR 给 IFD。

第二步,数据收发。具体监控、执行传输协议,收发数据。

第三步,链接模式传输管理。因为 T＝1 协议传输完整的信息,其大小可能超过 I/O 缓冲区的大小。为避免出现传输问题,通信传输管理功能模块将一个完整的信息分块传输。

第四步,传输检查。通过检查某一字节的奇偶校验位、某一块的校验和或长度,发现传输错误并通知 IFD。在这种情况下,IFD 将重发错误数据。反之,若 IFD 通知 ICC 数据发送出错,ICC 将执行数据重发操作。

第五步,数据传递。若经过上面步骤后数据正确接收,通信传输管理功能模块将接收数据传递给下一功能模块(如安全控制管理模块)作进一步处理,反之亦然。

第六步,传输结束处理。若正确传输后无任何其他动作,通信传输管理功能模块将MPU 置于相应的节电方式(如睡眠方式,sleep mode)以节省功耗。

反之,ICC 向 IFD 发送有关数据信息,也将执行以上若干类似步骤的操作。

7. 应用控制管理功能

为适应 CPU 卡的应用,特别是对安全性要求较高的应用,在 CPU 卡的操作系统中还提供了应用控制管理功能模块。在以上对用户存储器的文件组织方式的描述中曾经提到每一文件层次(如 MF、DF 等)均有一个应用控制文件,在该文件中就定义了应用控制管理数据。

应用控制管理功能模块主要具有两个功能:一是提供对某一应用(处于某一文件层次)的顺序流程控制;二是提供在不同的应用顺序状态下的命令执行权限。这两个功能虽然可以分开讨论,但在具体实施时却密不可分。

1) 应用顺序流程控制

应用顺序流程控制定义了某一应用的顺序流程,即状态机。例如,有一个较简单的应用分 4 步执行,同时该应用具有 3 个状态。启动该应用需满足条件 1,然后进入状态 1,执行相应操作;若在状态 1 下的操作满足了条件 2,则进入状态 2 并执行相应操作;若在状态 2 下的操作满足了条件 3,则进入状态 3 并执行相应操作。那么,此应用的流程如图 3-19 所示。

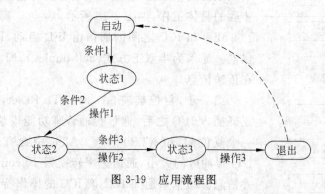

图 3-19　应用流程图

可见,所谓应用顺序流程控制,就是定义某一应用的具体执行过程及相应条件。一旦确定了应用流程,某一应用就必须而且只能按其要求执行,如在图 3-19 中不可以从状态 1

直接跳跃到状态 3 去执行某一操作。

2）命令执行权限

为进一步提高应用的安全性，在应用顺序流程中还定义了在某一应用的不同状态下对命令的执行权限。如一个数据文件，在该文件建立时定义了其存取特性（如可读写但不能删除），通过在该应用的顺序流程中定义读、写命令还可以进一步限制对该文件的存取。扩展上面的例子，假设在该应用中有一个数据文件存储了重要数据，该文件的属性定义为可读写，但根据应用需求，读写操作只能在状态 3 执行，状态 2 只能进行读操作，这就可以通过禁止在状态 2 执行写命令而允许读命令，在状态 3 同时允许执行读、写命令的方法实现，如图 3-20 所示。

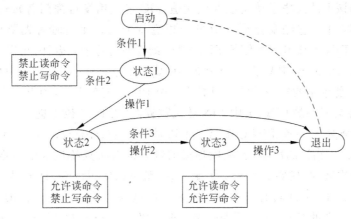

图 3-20　命令权限限制示意图

至此，从应用顺序控制的角度可以认为，在建立某一文件时定义的属性为该文件的静态属性，而结合具体应用定义的命令执行权限则为该文件的动态属性。由此可见，利用这种机制对数据文件的存取进行限期安全又灵活。

8. 安全控制管理功能

安全控制管理就是对 CPU 卡中的静态、动态数据进行安全控制及管理。它可以具体分为两种功能：一是安全传输控制，即对传输数据的安全保护；二是对内部静态安全数据（如加密密钥、各种认证授权操作等）的控制管理。

1）安全传输控制

为防止有关信息（命令、数据）在 IFD 和 ICC 之间的传输过程中被恶意截取、篡改，提高动态传输信息的安全性和可靠性，在 CPU 卡的操作系统中提供了安全传输控制机制。其主要原理为：或者通过将传输的信息加密，使非法截取的信息无实际应用意义；或者将待传输的信息（或部分信息）进行加密，并将该加密信息附加在传输的明文之后再进行传输，使恶意篡改信息变为不可能；还可以将以上两种方法共同使用，既可防止对传输信息的非法截取，又可防止对传输信息的非法篡改。

在 CPU 卡的操作系统中，一般具有 4 种信息传输方式：明文传输方式（plaintext transmit mode）、认证传输方式（authentic transmit mode）、加密传输方式（encipher transmit mode）和混合传输方式（mixed transmit mode）。

其中,明文传输方式对传输的信息不作任何处理,其他 3 种信息传输方式则分别实现 3 种安全控制传输机制。

在具体应用中,设计人员可以根据不同的应用对安全性的特殊要求灵活采用不同的信息传输方式。因为并非所有的信息都需要安全传输(将增加时间和空间开销),所以大多数的 CPU 卡操作系统均可对每一次传输设定一种传输方式。例如,可以一次传输采用认证传输方式,而下一次采用明文传输方式,再下一次则采用混合传输方式,十分灵活。

IC 卡应用中存在的两种认证授权过程如下:

(1)个人识别号(Personal Identification Number,PIN):PIN 是 IC 卡中的保密数据。PIN 的主要用途是保证只有合法持卡人才能使用该卡或该卡中的某一项或几项功能,以防止拾到该卡的人恶意使用或非法伪造。IC 卡应用发行部门将每一张 IC 卡均初始化为一个 PIN 并将它经安全渠道分发给相应持卡人。使用时首先要求持卡人输入 PIN,若输入的 PIN 和该卡中存储的 PIN 相同,则证明此持卡人合法,可以使用该卡。

一般较简单的 IC 卡中只有一个 PIN,在较复杂的卡(如 CPU 卡)中可以存在几个 PIN,例如,多功能卡中的每一功能就可具有一个 PIN。简单 IC 卡中 PIN 的位数较小(如 4 位二进制),在较复杂的 CPU 卡中 PIN 的位数较大(如 1~8 位十进制)。为进一步提高使用 PIN 的安全性,每一个 PIN 还配有一个错误计数器(error counter),该计数器用于记录并限制 PIN 输入错误的次数,若一次连续的输入错误次数超过卡中规定次数,则卡自锁;而在该限制次数内,只要 PIN 输入正确一次,就可以使用该卡,且错误计数器复位,即下一次使用输入 PIN 时还具有卡中规定的最大的试探次数。一旦卡自锁,简单的 IC 卡就不可再用,而复杂的 CPU 卡还可通过个人解锁码(Personal Unblocking Code,PUC)将卡打开。一般,一个 PUC 只用于一个 PIN,并且也可以有错误计数器。若合法持卡人忘记 PIN 而将卡锁住,则使用 PUC 将卡打开时还可以输入一个新的 PIN。

(2)安全认证:IC 卡和应用终端之间的认证授权的用途就是相互确认合法性,目的在于防止伪造应用终端及相应的 IC 卡。它一般有 3 种认证方式。

* 内部认证(internal authentication):应用终端验证 IC 卡的合法性。
* 外部认证(external authentication):IC 卡验证应用终端的合法性。
* 相互认证(mutual authentication):IC 卡和应用终端相互验证合法性。

由以上论述可见,在对安全性要求较高的应用(如金融应用)中,只有综合使用 PIN 和安全认证才能提供较为完善的安全保护。而在一般的 IC 卡的应用中,可以根据具体情况优化选择各种安全措施,以达到实现较高性价比的目的。

2)对内部静态保密数据的安全管理

内部静态保密数据主要指存储于 IC 卡内部的 PIN、PUC、加密密钥和解密密钥等重要数据。称其为内部是因为它们在应用周期(并非整个生存周期)中一旦建立就不会在 IC 卡外出现,而只能在卡的内部使用。这样做的目的是进一步提高 IC 卡的安全性。在 CPU 卡操作系统中,专门提供 ISF 元文件存储这些保密数据。一般每一文件层次(每一应用和某一 DF)均有一个 ISF 元文件存储相应层次(相应应用)的有关保密数据。

不同种类的保密数据(如 PIN 和加密密钥)具有不同的属性及应用特性。内部静态安全数据管理的主要功能是:当某一应用需要某一保密数据时检查其合法性和可获得性等,并具体执行相应的操作。

9. CPU 卡操作系统的信息结构

按 ISO/IEC 7816 的有关标准定义,一个应用协议数据单元(APDU)或者含有命令信息(command message),或者含有响应信息(response message),可以从 IFD 传输到 ICC,反之亦然。其中,APDU 可以理解为 IFD 和 ICC 之间一次通信传输的最小信息单位,如某一命令等。CPU 卡操作系统的信息结构如图 3-21 所示。

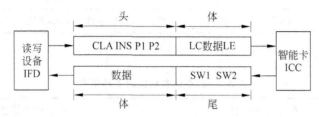

图 3-21　CPU 卡操作系统的信息结构

按 ISO/IEC 7816 的有关标准,信息结构有两种:命令信息结构和响应信息结构。

命令信息结构由两部分组成:4B 的命令头(Header),是命令信息的必备部分;紧接命令头为一个长度可变的数据体(Body),可选。命令信息结构如图 3-22 所示。

Header(命令头)				Body(数据体)		
CLA	INS	P1	P2	LC字段	Data字段	LE字段

图 3-22　命令信息结构

命令信息结构的字段含义如表 3-6 所示。

表 3-6　命令信息结构的字段含义

字　　段	长　　度	含　　义
CLA	1B	指令类别
INS	1B	指令码
P1	1B	指令参数 1
P2	1B	指令参数 2
LC 字段	可变,≤3B	数据字段的长度
Data 字段	可变,其长度由 LC 字段给出	数据
LE 字段	可变,≥3B	预计响应数据的最大长度

不同的命令,其信息结构也不相同,一般有以下 4 种结构。

结构 1:没有 LC、LE 及 Data 字段,既没有随命令一起发送的数据,也没有响应数据。

CLA	INA	P1	P2

结构 2:LE 字段为空,即没有响应数据。

| CLA | INS | P1 | P2 | LC 字段 | Data 字段 |

结构 3：LC 字段为空，即没有数据字段。

| CLA | INA | P1 | P2 | LE 字段 |

结构 4：所有字段均存在。

| CLA | INA | P1 | P2 | LC 字段 | Data 字段 | LE 字段 |

上述 4 种结构可总结为表 3-7。

表 3-7　命令信息结构的 4 种情况

情况	命令数据信息	响应数据信息
1	无	无
2	有	无
3	无	有
4	有	有

10. 智能卡操作系统命令

1）面向数据管理的命令

主要命令如下：

(1) 创建文件命令(create file command)；

(2) 关闭文件命令(close file command)；

(3) 读二进制数据命令(read binary command)；

(4) 写二进制数据命令(write binary command)；

(5) 删除二进制数据命令(erase binary command)；

(6) 读记录命令(read record command)；

(7) 写记录命令(write record command)；

(8) 删除记录命令(erase record command)；

(9) 选择文件命令(select file command)等。

2）面向通信传输的命令

在 ISO/IEC 7816 标准中还特别定义了两个面向通信传输的命令：

(1) 获取响应命令(get response command)；

(2) 包装命令(envelope command)。

在 ISO/IEC 7816 标准的命令说明中指出，当不能用已知协议传输命令或响应数据信息时，可以使用这两个命令进行有关信息的传输。这两个命令均由 IFD 初始启动，获取响应命令用于从 ICC 到 IFD 方向信息的传输，包装命令用于从 IFD 到 ICC 方向信息的传输。

3）面向安全控制管理的命令

主要命令如下：

（1）内部认证命令（internal authenticate command）；

（2）外部认证命令（external authenticate command）；

（3）相互认证命令（mutual authenticate command）；

（4）生成随机数命令（create random number command）；

（5）PIN 校验命令（PIN verify command）。

安全数据控制管理命令主要用于密钥、PIN 和 PUC 等安全数据的生成、删除和状态查询等，在不同操作系统的具体实现上差别很大。

ISO/IEC 7816 标准定义的部分命令见表 3-8。

表 3-8　智能卡操作系统的部分命令

命　　令	指令码（INS）	说　　明	命　　令	指令码（INS）	说　　明
Erase Binary	0E	删除二进制数据命令	Read Record(s)	B2	读记录命令
Verify	20	PIN 校验命令	Get Response	C0	获取响应命令
External Authenticate	82	外部认证命令	Envelope	C2	包装命令
Internal Authenticate	88	内部认证命令	Write Binary	D0	写二进制数据命令
Select File	A4	文件选择命令	Write Record	D2	写记录命令
Read Binary	B0	读二进制数据命令			

11. 针对智能卡安全的威胁

在众多智能卡安全问题中，有下列基本安全问题需要解决：

（1）智能卡和接口设备之间的信息流可以被截取和分析，从而可被复制或插入假信号。

（2）模拟智能卡（或伪造智能卡）与接口设备之间的交换信息，使接口设备无法判断是合法的还是模拟的智能卡。

（3）在交易中更换智能卡，在授权过程中使用的是合法的智能卡，而在交易数据写入之前更换成另一张卡，从而将交易数据写入替代卡中。

（4）修改信用卡中控制余额更新的日期。信用卡使用时需要输入当天日期，以供系统判断是否是当天第一次使用，即是否应将有效余额项更新为最高授权余额（即允许一天内支取的最大金额）。如果修改控制余额更新的日期（上一次使用的日期），并将它提前，则输入当天日期后，接口设备会误认为是当天第一次取款，于是将有效余额更新为最高授权余额，因此利用窃来的卡可取得最高授权的金额。其危害性还在于（在银行提出新的黑名单之前）可重复多次作弊。

（5）商店雇员的作弊行为。接口设备写入卡中的数据不正确，或雇员私下将一笔交易写成两笔交易。因此，应禁止接口设备被借用、私自拆卸或改装。

对上述针对智能卡安全的威胁，从硬件、软件两个方面提出了多种安全措施，其中由软件方式实现的安全措施主要有以下两项：

（1）加密技术，即重要数据加密后传送。

（2）认证技术，即对持卡人、卡和接口设备的合法性的相互认证。

3.3.2　IC 卡操作

下面以 LSE4442 逻辑加密卡为例，介绍 IC 卡的操作。

1. 系统组成

系统主界面如图 3-23 所示。系统主界面分 5 个功能区，分别说明如下。

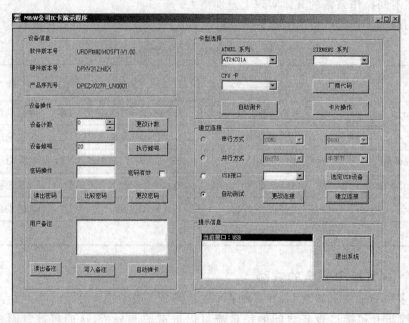

图 3-23　系统主界面

1）设备信息提示

可显示用户软件版本号、硬件版本号和产品序列号。

2）设备操作

密码操作：可设置密码、更改密码、读出密码和比较密码。

设备计数：读写器发卡时可做计数之用。

设备蜂鸣：可按设置时间要求执行鸣叫。

E^2PROM 读写：可向 E^2PROM 中写入有关设备的一些备注信息。

自动弹卡：自弹式读写器可执行弹卡操作。

3）卡片选择

卡片选择分手动选择卡型和自动检测卡型两种。卡片选择完成以后，单击"卡片操作"按钮，进入相应的储存卡或 CPU 卡操作界面，实现各自的功能操作。

4）建立连接

初次运行系统时，系统按自动测试方式建立连接，并将成功连接的参数保存在系统文件中。下一次运行时系统将自动按保存的参数建立连接。也可以指定 USB 接口建立连接。

5）提示信息

给出与用户操作和系统状态有关的信息。

2. 卡片读写操作

在软件支持下的卡片读写操作示意图如图 3-24 所示。在核对密码后即可在用户区进行写卡操作。

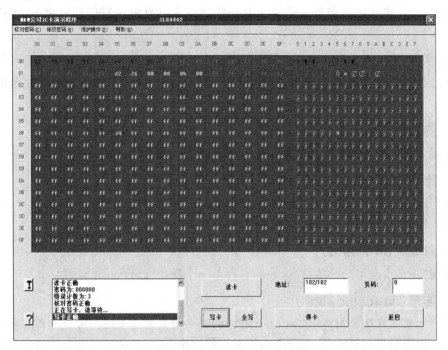

图 3-24　卡片读写操作

3.4　IC 卡标准 JR/T 0025—2004 简介

JR/T 0025—2004 电子钱包/电子存折卡片规范包括以下主要内容：

（1）机电接口、逻辑接口和传输协议。用于卡和终端间的信息交换。本部分参照并采用了 ISO 7816 第 1 至第 3 部分并与 EMV 4.1 支付系统集成电路卡规范的第 1 部分等同。

（2）数据元和命令集。定义了金融应用中所使用的一般数据元、命令集和对终端响应的基本要求。金融应用中所需的专用命令在 JR/T 0025.1—2004 的第 2 部分应用规范中定义。

（3）应用选择。定义了卡和终端完成应用选择的处理过程，并规定了与卡中此过程相关的数据文件的逻辑结构。此部分与 EMV 4.1 支付系统集成电路卡规范的第 1 部分等同。

（4）安全机制。定义了金融应用中有关安全的总体要求、加密算法和安全机制。

3.4.1　名词解释

1. 块（block）

包含两个或三个域（头域、信息域和尾域）的字符组。

2. 冷复位（cold reset）

当 IC 卡的电源电压和其他信号从静止状态中复苏且申请复位信号时 IC 卡产生的复位。

3. 热复位（warm reset）

在时钟（CLK）和电源电压（V_{cc}）处于激活状态的前提下，IC 卡收到复位信号时产生的复位。

4. 接口设备（interface device）

终端上插入 IC 卡的部分，包括其中的机械和电气部分。

5. 终端（terminal）

为完成金融交易而在交易点安装的设备，用于同 IC 卡的连接。它包括接口设备，也可包括其他部件和接口，例如与主机通信的接口。

6. 命令（command）

终端向 IC 卡发出的一条信息，该信息启动一个操作或请求一个应答。

7. 连接（concatenation）

两个元素的连接是指将第二个元素附加到第一个元素的末尾。每个元素的字节在结果串中的排列顺序与其从 IC 卡发送到终端的顺序相同，即高位字节先送。每个字节中的位按照从最高位到最低位的顺序排列。一组元素或对象可以通过最前面两个相连的方式连接成一个新元素，即第一个与第二个相连，再与第三个相连，依次类推。

8. 触点（contact）

在集成电路卡和外部接口设备之间保持电流连续性的导电元件。

9. 响应（response）

IC 卡处理完收到的命令报文后，返回给终端的报文。

10. 凸印（embossing）

使字符从卡的正面显著地凸起。

11. 头域（prologue field）

块的第一部分，包括节点地址（AD）、协议控制字节（PCB）和长度（LEN）。

12. 尾域（epilogue field）

块的最后一部分，包括错误校验代码（EDC）位。

13. 金融交易（financial transaction）

由于持卡者和商户之间的商品或服务交换行为而在持卡者、发卡机构、商户和收单行之间产生的信息交换、资金清算和结算行为。

14. 功能（function）

由一个或多个命令实现的处理过程，其操作结果用于完成全部或部分交易。

15. 保护时间（guardtime）

同一方向发送的前一个字符奇偶校验位下降沿和后一个字符起始位下降沿之间的最小时间。

16. 哈希函数（hash function）

将位串映射为定长位串的函数，它满足以下两个条件：对于一个给定的输出，不可能推导出与之相对应的输入数据；对于一个给定的输入，不可能推导出第二个能得出相同输出的输入数据。另外，如果要求哈希函数具备防冲突功能，则还应满足以下条件：不可能找到任意两个不同的输入，得出相同的输出数据。

17. 哈希结果（hash result）

哈希函数的输出位串。

18. 静止状态（inactive）

当 IC 卡上的电源电压（V_{cc}）和其他信号相对于地的电压值小于或等于 0.4V 时，则称电源电压和这些信号处于静止状态。

19. 集成电路（Integrated Circuit，IC）

设计用于完成处理和/或存储功能的电子器件。

20. 集成电路卡（IC 卡，Integrated Circuit Card）

内部封装一个或多个集成电路的 ID-1 型卡（如 ISO 7810、ISO 7811 第 1 部分至第 5 部分、ISO 7812 和 ISO 7813 中描述的）。

21. 报文（message）

由终端向卡或卡向终端发出的不含传输控制字符的字节串。

22. 报文鉴别代码（message authentication code）

对交易数据及其相关参数进行运算后产生的代码。主要用于验证报文的完整性。

23. 半字节（nibble）

一个字节的高 4 位或低 4 位。

24. 明文（plaintext）

没有加密的信息。

25. 密文（ciphertext）

通过密码系统产生的不可理解的文字或信号。

26. 密钥（key）

控制加密转换操作的符号序列。

27. 数字签名（digital signature）

一种非对称加密数据变换，它使得接收方能够验证数据的原始性和完整性，保护发送和接收的数据不被第三方伪造；同时对于发送方来说，还可用以防止接收方的伪造。

28. 加密算法（cryptographic algorithm）

为了隐藏或揭露信息内容而变换数据的算法。

29. 认证机构（certification authority）

利用公开密钥和其他相关数据为所有者提供可靠校验的第三方机构。

30. 对称加密技术（symmetric cryptographic technique）

发送方和接收方使用相同保密密钥进行数据变换的加密技术。在不掌握保密密钥的情况下，不可能推导出发送方或接收方的数据变换。

31. 非对称加密技术（asymmetric cryptographic technique）

采用两种相关变换进行加密的技术，一种是公开变换（由公共密钥定义），另一种是私有变换（由私有密钥定义）。这两种变换具有以下属性，即私有变换不能通过给定的公开变换导出。

32. 私有密钥（private key）

一个实体的非对称密钥对中仅供实体自身使用的密钥。在数字签名模式中，私有密钥用于签名功能。

33. 公共密钥（public key）

一个实体的非对称密钥对中可以公开的密钥。在数字签名模式中，公共密钥用于验证功能。

34. 公开密钥认证（public key certification）

由认证机构签发的一个实体的公共密钥信息，具有不可伪造性。

35. 保密密钥（secret key）

对称加密技术中仅供指定实体所用的密钥。

36. 数据完整性（data integrity）

数据不受未经许可的方法变更或破坏的属性。

37. 状态 H（state H）

高电平状态。根据 IC 卡中的逻辑约定，可以是逻辑 1 或逻辑 0。

38. 状态 L（state L）

低电平状态。根据 IC 卡中的逻辑约定，可以是逻辑 1 或逻辑 0。

39. T=0 协议

面向字符的异步半双工传输协议。

40. T=1 协议

面向块的异步半双工传输协议。

41. 类型 ABC(class ABC)

卡片和终端支持的供电电压值类型。有 3 种可以支持的供电电压类型,分别为:类型 A,5.0V;类型 B,3.0V;类型 C,1.8V。卡片和终端可以支持其中的一种,也可以支持连续的两种或两种以上的供电电压,如 AB、ABC。

3.4.2　符号与缩写

JR/T 0025—2004 使用的符号及缩写如表 3-9 所示。

表　3-9

符号及缩写	含　义
AAC	应用认证密码(Application Authentication Cryptogram)
AAR	应用授权参考(Application Authorization Referral)
AC	应用密码(Application Cryptogram)
ACK	确认(Acknowledgment)
ADF	应用数据文件(Application Definition File)
AEF	应用基本文件(Application Elementary File)
AFL	应用文件位置(Application File Locator)
AID	应用标识符(Application Identifier)
An	字母数字型(Alphanumeric)
Ans	字母数字及特殊字符型(Alphanumeric Special)
APDU	应用协议数据单元(Application Protocol Data Unit)
ARPC	授权响应密码(Authorization Response Cryptogram)
ARQC	授权请求密码(Authorization Request Cryptogram)
ASN	抽象语法表示(Abstract Syntax Notation)
ATC	应用交易序号(Application Transaction Counter)
ATR	复位应答(Answer to Reset)
B	二进制(Binary)
BER	基本编码规则(Basic Encoding Rules)
BGT	块保护时间(Block Guard Time)
BWI	块等待时间整数(Block Waiting Time Integer)
BWT	块等待时间(Block Waiting Time)

符号及缩写	含　义
C-APDU	命令 APDU(Command APDU)
CBC	加密数据块链(Cipher Block Chaining)
CIN	输入电容(Input Capacitance)
CLA	命令报文的类别字节(Class Byte of the Command Message)
CLK	时钟(Clock)
Cn	压缩数字(Compressed Numeric)
C-TPDU	命令 TPDU(Command TPDU)
CWI	字符等待时间整数(Character Waiting Time Integer)
CWT	字符等待时间(Character Waiting Time)
DAD	目标节点地址(Destination Node Address)
DDF	目录数据文件(Directory Definition File)
DEA	数据加密算法(Data Encryption Algorithm),JR/T 0025.1—2004 中的 DEA 算法就是指 DES 算法
DES	数据加密标准(Data Encryption Standard)
DF	专用文件(Dedicated File)
DIR	目录(Directory)
EDC	错误检测代码(Error Detection Code)
EF	基本文件(Elementary File)
EMV	Europay,Mastercard,VISA
Etu	基本时间单元(Elementary Time Unit)
F	频率(Frequency)
FCI	文件控制信息(File Control Information)
FIPS	联邦信息处理标准(Federal Information Processing Standard)
GND	地(Ground)
Hex.	十六进制数(Hexadecimal)
HHMM	时、分(Hours,Minutes)
HHMMSS	时、分、秒(Hours,Minutes,Seconds)
I-block	信息块(Information Block)
IC	集成电路(Integrated Circuit)
ICC	集成电路卡(Integrated Circuit Card)
IEC	国际电工委员会(International Electrotechnical Commission)

符号及缩写	含　义
IFD	接口设备(Interface Device)
IFS	信息域大小(Information Field Size)
IFSC	IC 卡信息域大小(Information Field Size for the ICC)
IFSD	终端信息域大小(Information Field Size for the Terminal)
IIH	高电平输入电流(High Level Input Current)
IIL	低电平输入电流(Low Level Input Current)
INF	信息域(Information Field)
INS	命令报文的指令字节(Instruction Byte of Command Message)
I/O	输入/输出(Input/Output)
IOH	高电平输出电流(High Level Output Current)
IOL	低电平输出电流(Low Level Output Current)
ISO	国际标准化组织(International Organization for-Standardization)
KM	主控密钥(Master Key)
KS	过程密钥(Session Key)
Lc	终端发出的命令数据的实际长度(Exact Length of Data Sent by the TAL in a Case 3 or 4 Command)
Lcm	最小公倍数(Least Common Multiple)
Le	响应数据的最大期望长度(Maximum Length of Data Expected by the TAL in Response to a Case 2 or 4 Command)
LEN	长度(Length)
Licc	IC 卡回送的可用数据的实际长度(Exact Length of Data Available in the ICC to be Returned in Response to the Case 2 or 4 Command Received by the ICC)
Lr	响应数据域的长度(Length of Response Data Field)
LRC	纵向冗余校验(Longitudinal Redundancy Check)
M	必备型(Mandatory)
MAC	报文鉴别代码(Message Authentication Code)
MF	主控文件(Master File)
N	数字型(Numeric)
NAD	节点地址(Node Address)
NAK	否定的确认(Negative Acknowledgment)
NCA	认证机构公开密钥模数长度(Length of the Certification Authority Public Key Modulus)
NI	发卡方公开密钥模数长度(Length of the Issuer Public Key Modulus)

符号及缩写	含　义
NIC	IC 卡公开密钥模数长度(Length of the ICC Public Key Modulus)
O	可选型(Optional)
P1	参数 1(Parameter 1)
P2	参数 2(Parameter 2)
P3	参数 3(Parameter 3)
PAN	主账号(Primary Account Number)
PCA	验证机构公开密钥(Certification Authority Public Key)
PCB	协议控制字节(Protocol Control Byte)
PI	发卡方公开密钥(Issuer Public Key)
PIC	IC 卡公开密钥(ICC Public Key)
PIN	个人密码(Personal Identification Number)
PIX	专用应用标识符扩展码(Proprietary Application Identifier Extension)
PSA	支付系统应用(Payment System Application)
PSE	支付系统环境(Payment System Environment)
PTS	协议类型选择(Protocol Type Selection)
R-APDU	响应 APDU(Response APDU)
RFU	保留为将来使用(Reserved for Future Use)
RID	已注册的应用提供者标识(Registered Application Provider Identifier)
RSA	一种非对称加密算法(Rivest,Shamir,Adleman)
RST	复位(Reset)
R-TPDU	响应 TPDU(Response TPDU)
SAD	源节点地址(Source Node Address)
SAM	安全存取模块(Secure Access Module)
SCA	验证机构私有密钥(Certification Authority Private Key)
SI	发卡方私有密钥(Issuer Private Key)
SIC	IC 卡私有密钥(ICC Private Key)
SFI	短文件标识符(Short File Identifier)
SHA	安全哈希算法(Secure Hash Algorithm)
SW1	状态码 1(Status Word One)
SW2	状态码 2(Status Word Two)
TAL	终端应用层(Terminal Application Layer)

符号及缩写	含　义
TC	交易认证(Transaction Certificate)
TCK	校验字符(Check Character)
tF	信号幅度从 90％下降到 10％的时间(Fall Time Between 90％ and 10％ of Signal Amplitude)
TLV	标签、长度、值(Tag,Length,Value)
TPDU	传输协议数据单元(Transport Protocol Data Unit)
tR	信号幅度从 10％上升到 90％的时间(Rise Time Between 10％ and 90％ of Signal Amplitude)
TTL	终端传输层(Terminal Transport Layer)
TVR	终端校验结果(Terminal Verification Results)
V_{CC}	V_{CC} 触点上的测量电压(Voltage Measured on V_{CC} Contact)
V_{CC}	电源电压(Supply Voltage)
V_{IH}	高电平输入电压(High Level Input Voltage)
V_{IL}	低电平输入电压(Low Level Input Voltage)
V_{OH}	高电平输出电压(High Level Output Voltage)
V_{OL}	低电平输出电压(Low Level Output Voltage)
V_{PP}	V_{PP} 触点上的测量电压(Programming Voltage Measured on V_{PP} Contact)
V_{PP}	编程电压(Programming Voltage)
WI	等待时间整数(Waiting Time Integer)
CCYYMMDD	年、月、日(Year, Month, Day)
0-9 A-F	十六进制数字
[]	可选部分
$A:=B$	A 被赋予 B 值
$A=B$	A 等于 B
$A\equiv B \bmod n$	整数 A 与 B 之差模 n,即存在一个整数 d,使得 $(A-B)=dn$
$A \bmod n$	A 模 n
$\mathrm{Abs}(n)$	n 的绝对值
$Y:=\mathrm{ALG}(K)[X]$	用保密密钥 K,通过 64 位块加密方法,对 64 位数据块 X 进行加密
$X:=\mathrm{ALG}^{-1}(K)[Y]$	用保密密钥 K,通过 64 位块加密方法,对 64 位数据块 Y 进行解密
$Y:=\mathrm{Sign}(SK)[X]$	用私有密钥 SK,通过使用非对称可逆算法,对数据块 X 进行签名
$X=\mathrm{Recover}(PK)[Y]$	用公开密钥 SK,通过使用非对称可逆算法,对电子签名数据块 Y 进行恢复
$C:=(A\parallel B)$	将 m 位块 B 链接到 n 位块 A 后,定义为: $C=2mA+B$

符号及缩写	含　义
$H := \text{Hash}[MSG]$	用 80 位的哈希函数对报文 MSG 进行哈希运算
$\text{Lcm}(a,b)$	两个整数 a 和 b 的最小公倍数
$\lvert n \rvert$	整数 n 的位长
$(X \lvert n)$	整数 X 和整数 n（$n = pq$，p 和 q 为素数）的 Jacobi 值，有如下定义：$J := (X(p-1)/2 \bmod p)(X(q-1)/2 \bmod q)$。如果 $J=1$ 或 $J=(pq-p-q+1)$，则 $(X\lvert n)=1$；否则 $(X\lvert n)=-1$。注：整数 X 的 Jacobi 值在没有 n 素数因子时也可计算
Xx	任意值

3.4.3　机电特性

1. 物理特性

除本节的特殊规定外，IC 卡应满足 ISO/IEC 7816-1 中规定的物理特性。同时 IC 卡应该满足 ISO/IEC 7816-1 定义的其他特性，如紫外线、X 射线、触点的表面断面、机械强度、电磁特性和抗静电特性等的要求，并能在上述条件下正确地运行。

1）模块高度

IC 模块表面的最高点不应高于卡表面平面 0.10mm。

IC 模块表面的最低点不应低于卡表面平面 0.10mm。

2）触点的尺寸和位置

触点的尺寸和位置必须如图 3-25 所示。

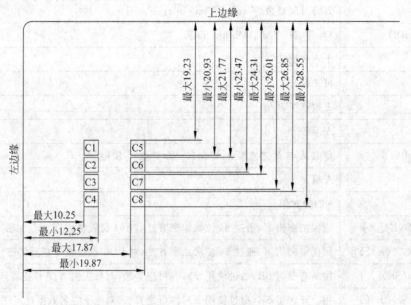

注：所有的尺寸均以毫米为单位。

图 3-25　触点的尺寸和位置

区域 C1、C2、C3、C5 和 C7 表面必须用导电层完全覆盖,构成 IC 卡的基本触点。区域 C4、C6、C8 和 ISO/IEC 7816-2 附录 B 所定义的区域 Z1 到 Z8 可以选择导电表面,但强烈建议 Z1 到 Z8 区域无导电表面。如果区域 C6 和 Z1 到 Z8 有导电表面,则它们必须和集成电路(IC)、相互之间以及其他触点区域在电路上隔离。同时,任何两个导电区域之间除了通过 IC 都不能导通。基本触点必须如图 3-25 所示分配。

触点相对于凸字和/或磁条的位置如图 3-26 所示。

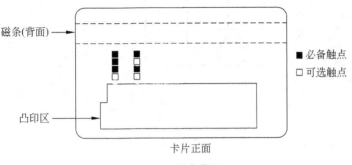

图 3-26　触点位置

3) 触点的分配

IC 卡上触点的分配遵循 ISO/IEC 7816-2 的规定,如表 3-10 所示。

表 3-10　IC 卡触点的分配

触点	分　　配	触点	分　　配
C1	电源电压(V_{CC})	C5	接地(GND)
C2	复位信号(RST)	C6	未使用
C3	时钟信号(CLK)	C7	输入/输出(I/O)

C4 和 C8 未使用,可以不作实际设置。

2. 接口设备

(1) 用于插入 IC 卡的接口设备应具备接收 IC 卡的能力,并具有以下特性:

① 物理特性满足 ISO/IEC 7816-1 的规定。

② 正面触点位置应满足 ISO/IEC 7816-2 中的规定(见图 3-26)。

③ 凸印应满足 ISO/IEC 7811-1 和 ISO/IEC 7811-3 的规定。

(2) 接口设备的触点分布必须保证如图 3-27 所示的 IC 卡插入后,所有触点都可以正确导通。除了用于导通 IC 卡的 C1 到 C8 的触点之外,接口设备不应该有其他触点。

定位的导轨和夹板(如果使用)不应损坏 IC 卡,尤其不能损坏卡上磁条、签名条、凸印和全息标志等区域。作为一个基本原则,持卡人应在任何时候都能将 IC 卡插入或拔出。因而接口设备上插入 IC 卡位置处,应该配有一种机械设备,从而使得持卡人能够在设备发生故障(如掉电)时取回 IC 卡。

(3) 任何一个接口设备触点对相应的 IC 卡触点所施加的压力应在 0.2~0.6N 之间。

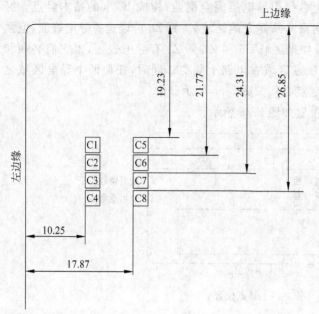

注：所有尺寸均以毫米为单位。所有触点1.7mm×2.0mm。

图 3-27　接口设备的触点分布

（4）接口设备触点的分配如表 3-11 所示。

表 3-11　接口设备触点的分配

触点	分　配	触点	分　配
C1	电源电压(V_{CC})	C5	地(GND)
C2	复位信号(RST)	C6	不使用
C3	时钟信号(CLK)	C7	输入/输出(I/O)

C4 和 C8 不使用,在物理上可以不存在。

3. 输入/输出（I/O）

该触点作为输出端(发送模式)向 IC 卡传送数据,作为输入端(接收模式)从 IC 卡接收数据。在操作过程中,终端和 IC 卡不能同时处于发送模式,若万一发生此情况,I/O 触点的状态(电平)将处于不确定状态,但不应损坏终端。

当终端和 IC 卡都处于接收模式时,触点必须处于高电平状态。除非 V_{CC} 加电并稳定在允许的范围内,终端不应将 I/O 置于高电平状态。

在任何情况下,均应将流入或流出 I/O 触点的电流限定在±15mA 以内。

3.4.4　卡片操作过程

1. 正常操作

1）操作步骤

卡的操作过程包括以下步骤:

（1）将 IC 卡插入接口设备,使二者的触点相接并激活。

（2）将 IC 卡复位,同时在终端和 IC 卡之间建立通信联系。

（3）进行交易处理操作。

（4）释放触点并从接口设备中取出 IC 卡。

2）IC 卡插入与触点激活顺序

在 IC 卡插入接口设备但触点还没有物理接触时,终端应确保其所有触点处于低电平状态。如果 IC 卡在接口设备中位于正确位置时,其触点激活过程如图 3-28 所示。

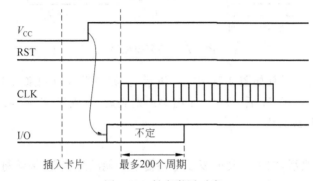

图 3-28　触点激活时序

（1）终端应在整个激活时序中保持 RST 为低电平状态。

（2）触点物理接触后,应在 I/O 或 CLK 激活之前给 V_{CC} 加电。

（3）终端确认 V_{CC} 稳定在规定的范围内后,将 I/O 置于接收模式并提供合适、稳定的时钟。终端将其 I/O 置于接收模式可以在时钟启动之前,最迟也不得超过时钟启动后的 200 个时钟周期。根据设计,终端可以给 V_{CC} 一个足够的等待时间使之稳定,待稳定后再通过测量或其他方式来检查它的状态。终端将其 I/O 置为接收模式后,其 I/O 状态取决于 IC 卡上 I/O 的状态。

3）IC 卡复位

IC 卡利用激活的低复位信号,采用异步方式进行应答。

（1）冷复位。

在触点激活后,终端将发出一个冷复位信号,并从 IC 卡获得一个复位应答信号(见图 3-29),过程如下:

① 终端在 T_0 时启动 CLK。

② 在 T_0 后的最多 200 个时钟周期内,IC 卡将其 I/O 置为接收模式。由于终端也要在同样时间内将其 I/O 置为接收模式,因此 IC 卡上的 I/O 应确保在 T_0 后最迟不超过 200 个时钟周期内置为高电平。

③ 终端应从 T_0 开始保持 RST 端为低电平状态 40 000～45 000 个时钟周期,在 T_1 将 RST 端置为高电平状态。

④ IC 卡上 I/O 的复位应答将在 T_1 后的 400～40 000 个时钟周期(如图 3-29 中的 t_1 所示)内开始。

⑤ 终端必须在 T_1 之后 380 个时钟周期之内打开一个接收窗口且不能在 T_1 之后

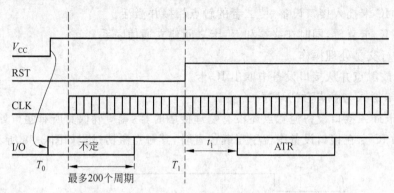

图 3-29　冷复位顺序

42 000 个时钟周期内关闭(如图 3-29 中 T_1 所示)。如果没有收到来自 IC 卡的复位应答信息,终端必须在不早于 T_1 后 42 001 个时钟周期之后、不晚于 T_1 后 42 000 个时钟周期加 50ms 之前启动释放时序。

(2) 热复位。

在冷复位过程之后,如果收到的复位应答信号不能满足规定,终端将启动一个热复位并从 IC 卡获得复位应答(见图 3-30)。过程如下:

① 热复位将从 T'_0 开始,此时终端将 RST 置为低电平状态。

② 在整个热复位顺序中,终端将保持 V_{CC} 和 CLK 的稳定。

③ 在 T'_0 后的不超过 200 个时钟周期内,IC 卡和终端将其 I/O 置为接收模式。因此其 I/O 应在 T_0 后最迟不超过 200 个时钟周期内置为高电平状态。

④ 终端应从 T'_0 开始保持 RST 端为低电平状态 40 000～45 000 个时钟周期内,在 T'_1 将 RST 端置为高电平状态。

⑤ IC 卡上 I/O 的复位应答将在 T'_1 后的 400～40 000 个时钟周期(如图 3-30 中的 t'_1 所示)内开始。

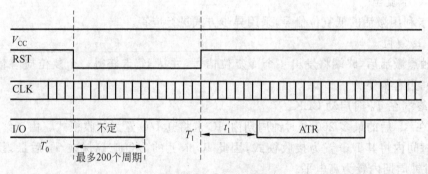

图 3-30　热复位顺序

⑥ 终端必须在 T'_1 之后 380 个时钟周期之内打开一个接收窗口且不能在 T'_1 之后 42 000 个时钟周期内关闭(如图 3-30 中 T'_1 所示)。如果没有收到来自 IC 卡的复位应答信息,终端必须在不早于 T'_1 后 42 001 个时钟周期之后、不晚于 T'_1 后 42 000 个时钟周期加 50ms 之前启动释放时序。

（3）触点释放时序。

作为 IC 卡操作的最后一步，根据交易的正常或异常结束（包括在 IC 卡操作过程中将卡从接口设备中拔出），终端将把接口设备触点置为静止状态（见图 3-31）。过程如下：

① 终端将通过把 RST 置为低电平状态来启动释放时序。

② 在置 RST 为低电平状态之后且 V_{cc} 断电之前，终端将 CLK 和 I/O 设定为低电平状态。

③ 在置 RST、CLK 和 I/O 为低电平状态之后且卡片触点与接口设备触点物理分离之前，终端将切断 V_{cc} 电源，此时的 V_{cc} 应小于或等于 0.4V。

④ 释放过程必须在 100ms 内完成。这一时间段从 RST 置于低电平状态开始到 V_{cc} 达到或低于 0.4V 为止。

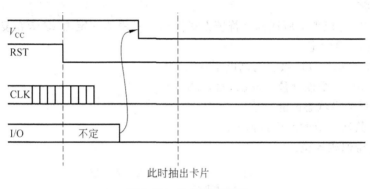

图 3-31　触点释放时序

（4）交易过程的异常结束。

在交易过程中，如果 IC 卡以 1m/s 的速度过早地从终端中拔出，终端应能感觉到 IC 卡相对于接口设备触点的移动，并在相对位移达到 1mm 之前，将接口设备的所有触点置为静止状态。在这种情况下，IC 卡的电气或机械特性应不受损坏。对于滑触式结构的接口设备，终端有可能感觉到 IC 卡触点与接口设备触点之间的相对位移。此处不对能否感知到相对运动作强制性要求，但在 IC 卡和接口设备的触点脱离之前应能够将其置为静止状态。

3.4.5　字符的物理传送

在卡片操作过程中，数据通过 I/O 在终端和 IC 卡之间以异步半双工方式进行双向传送。终端向 IC 卡提供一个用作数据交换的时序控制时钟信号。数据位和字符的交换机制在下面描述，这种交换机制适用于复位应答。

1. 位持续时间

在 I/O 上使用的位持续时间被定义为一个基本时间单元（etu），在复位应答期间，I/O 上 etu 和 CLK 频率（f）之间呈线性关系。

复位应答期间的位持续时间称为初始 etu，由下列方程给出：

$$初始\ etu = \frac{372}{f}\ 秒$$

式中 f 的单位是赫兹。

复位应答后(参数 F 和 D 的确定,参见 5.4 节)的位持续时间称为当前 etu,由下列方程给出:

$$当前\ etu = \frac{F}{Df} 秒$$

式中 f 的单位是赫兹。

JR/T 0025.1—2004 描述的基本复位应答仅支持 $F=372$ 和 $D=1$。这样初始 etu 和当前 etu 相同且均等于 $\frac{372}{f}$。除非另外说明,以后所提到的 etu 均为当前 etu。

在卡的整个交易过程中,f 的值应在 $1\sim5MHz$ 之间。

2. 字符帧

数据在 I/O 上以如下所述的字符帧方式传输。采用的约定由 IC 卡在复位应答时发送的初始字符(TS)确定。

字符传送之前,I/O 应被置为高电平状态。

一个字符由 10 个连续位组成(见图 3-32):

(1) 1 个低电平状态的起始位。

(2) 组成数据字节的 8 个数据位。

(3) 一个奇偶校验位。

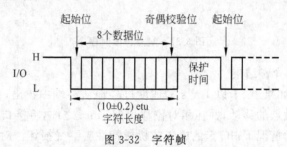

图 3-32　字符帧

起始位由接收端通过对 I/O 周期采样测得,采样时间应小于 0.2etu。

一个字符中的逻辑'1'位的数目必须是偶数,8 个数据位和奇偶校验位自身均作为校验计算位,但起始位不作校验计算。

起始时刻固定地从最后一个检测到的高电平状态到第一个检测到的低电平状态的中间算起,起始位应在 0.7etu 之前被验证是否存在,后续各位应在 $(n+0.5\pm0.2)$etu(n 为各位的次序号)间隔内接收到,起始位的次序号为 1。

在一个字符内,从起始位的下降沿到第 n 位的下降沿之间的时间是 $(n\pm0.2)$etu。

两个连续字符起始位下降沿之间的保护时间等于字符持续时间 (10 ± 0.2)etu 加上一个保护时间。在保护时间内,IC 卡与终端都应处于接收模式(即 I/O 为高电平状态)。当 T=0 时,如果 IC 卡或终端作为接收方对刚收到的字符检测出奇偶错误,则 I/O 将被设置为低电平状态,以向发送方表明出现错误。

在终端的传输层(TTL),数据总是采用高位先送方式在 I/O 上传送。一个字节中位的传送顺序(即低位先送还是高位先送)由复位应答回送的 TS 字符确定。

3.4.6　字符定义

1. TS（初始字符）

TS 有两个功能：向终端提供一个便于位同步的已知位模式，并指定解释后续字符的逻辑约定。

使用反向逻辑约定时，I/O 的低电平状态等效于逻辑"1"，并且该数据字节的最高位在起始位之后首先发送。

使用正向逻辑约定时，I/O 的高电平状态等效于逻辑"1"，并且该数据字节的最低位在起始位之后首先发送，第 1 个半字节 LHHL 用于位同步。

基本响应：IC 卡将回送的 TS 设为以下两个值之一：

| (H) LHHLLLLLLH | 反向约定，值为'3F' |
| (H) LHHLHHHLLH | 正向约定，值为'3B' |

冷复位和热复位的约定可能不同。

终端要求：终端应能够同时支持反向和正向约定，并接收 IC 卡回送的值为'3B'或'3F'的 TS，但应拒绝接收返回包含其他 TS 值的 ATR 的 ICC。强烈推荐使用'3B'作为 IC 卡的回送值，因为在以后的版本中可能不再支持'3F'。

2. T0（格式字符）

T0 由两部分组成，高半字节（b5～b8）表示后续字符 TA1 到 TD1 是否存在，b5～b8 位设置成逻辑"1"表明 TA1 到 TD1 存在；相应地，低半字节（b1～b4）表明可选历史字符的数目（0～15）（见表 3-12）。

表 3-12　T0 的基本响应代码

	b8	b7	b6	b5	b4	b3	b2	b1
T=0	0	1	1	0	×	×	×	×
T=1	1	1	1	0	×	×	×	×

基本响应：当选择 T=0 时，IC 卡应回送 T0='6×'，表示字符 TB1 和 TC1 存在；当选择 T=1 时，IC 卡应回送 T0='E×'，表示字符 TB1 到 TD1 存在。'×'的值表示要回送的可选历史字符的数目。

终端要求：在 T0 回送值正确且包含了所需的接口字符（TA1 到 TD1）和历史字符时，终端不应拒绝 IC 卡回送任何值。

3. TA1 到 TC3（接口字符）

在复位应答后的终端和 IC 卡信息交换期间，TA1 到 TC3 表示传输控制参数 F、D、I、P、N、IFSC、BWI 及 CWI 的值。这些参数用于 ISO/IEC 7816-3 中定义的 T=1 协议。TA1 到 TC1 和 TB2 传送的信息将用于后续数据交换且与所使用的协议类型无关。

4. TA1

TA1 传送 FI 和 DI 的值，其中：

高半字 FI 用于确定 F 的值，F 为时钟速率转换因子。FI 用于修改复位应答之后终端所提供的时钟频率。

低半字 DI 用于确定 D 的值,D 为比特速率调节因子。DI 用于调整复位应答之后所使用的位持续时间。

ATR 后位持续时间(当前 etu)的计算方法见 3.4.5 节。

在复位应答期间使用的默认值 FI=1 和 DI=1 分别表示 $F=372$ 和 $D=1$。

基本响应:如果 IC 卡不回送 TA1 值,则在整个后续信息交换过程中继续使用默认值 $F=372$ 和 $D=1$。

终端要求:如果 ATR 中存在 TA1(T0 的 b5 设为'1')且 TA2 的 b5='0'(具体模式和参数由接口字符定义),则:如果 TA1 的值在'11'到'13'之间,终端必须接收 ATR,且必须立即采用指明的 F 和 D 值($F=372, D=1, 2, 4$);如果 TA1 的值不在'11'到'13'之间,终端必须拒绝 ATR,除非它可以支持并立即采用指明的条件。

如果 ATR 中返回 TA1(T0 的 b5 设为'1')且 TA2 没有返回(协商模式),终端必须接收 ATR 且继续在后续信息交换过程中使用默认值 $D=1$ 和 $F=372$,除非它支持使用协商参数的特殊方法。

如果 ATR 中没有返回 TA1,则后续交换中使用默认值 $D=1$ 和 $F=372$。

5. TB1

TB1 传送 PI1 和 II 值,其中:

PI1 在 b1～b5 位中定义,用于确定 IC 卡所需的编程电压 P 值。PI1=0 表示 IC 卡不使用 V_{PP}。

II 在 b6 和 b7 位中定义,用于确定 IC 卡所需的最大编程电流 I 值。PI1=0 表示不使用此参数。

b8 位不使用,并设置为逻辑'0'。

基本响应:IC 卡将回送 TB1='00',表示 IC 卡不使用 V_{PP}。

终端要求:在冷复位应答中,终端只能接收 TB1='00'的 ATR。在热复位应答中,终端必须能够接收 TB1 为任何值的 ATR(只要 T0 的 b6 置为'1')或不包括 TB1 的 ATR(如果 T0 的 b6 设为'0');此时终端必须当作 TB1='00',继续后续操作。终端不提供编程电压 V_{PP}。终端可以保持 V_{PP} 为静止状态。

字符 TB1 的基本响应代码如表 3-13 所示。

表 3-13　TB1 的基本响应代码

b8	b7	b6	b5	b4	b3	b2	b1
0	0	0	0	0	0	0	0

6. TC1

TC1 传送 N 值,N 用于表示增加到最小持续时间的额外保护时间,此处的最小持续时间表示从终端发送到 IC 卡的、作为后续信息交换的两个连续字符的起始位下降沿之间的时间。N 在 TC1 的 b1～b8 位为二进制编码,其值作为额外保护时间表示增加的 etu 数目,其值可在 0～255 之间任选。$N=255$ 具有特殊含义,表示在使用 T=0 协议时,两个连续字符的起始位下降沿之间的最小延迟时间可减少到 12 个 etu。TC1 只适用于终端向 IC 卡发送的两个连续字符间的时段,而不适用于 IC 卡向终端发送字符的情况,也不适用于两个反方向发送字符的情况。

如果 TC1 值在'00'~'FE'之间,增加到字符间最小持续时间的额外保护时间为 0~254 个 etu。对于后续传输,额外保护时间为 12~266 个 etu。

如果 TC1='FF',则后续传输的字符间最小持续时间在使用 T=0 协议时为 12 个 etu,使用 T=1 协议时为 11 个 etu。

基本响应:IC 卡应回送'00'~'FF'之间的 TC1 值。

终端要求:如果 T0 的 b7 位为'0',终端不应拒绝不回送 TC1 的 IC 卡,但如果终端接受了这样的 IC 卡,应能够继续卡片操作过程,就像回送了 TC1='00'一样。

字符 TC1 的基本响应代码如表 3-14 所示。

表 3-14　TC1 的基本响应代码

b8	b7	b6	b5	b4	b3	b2	b1
×	×	×	×	×	×	×	×

推荐:将 TC1 设置为 IC 卡可接受的最小值。TC1 取值过大将导致终端与 IC 卡之间的通信缓慢,这样将延长交易时间。

7. TD1

TD1 表示是否还要发送更多的接口字节以及后续传输所使用的协议类型,其中:

高半字节用于表示字符 TA2 到 TD2 是否存在,这些位(b5~b8)设置为逻辑'1'状态时,分别表示 TA2 到 TD2 字符的存在。

低半字节用于表示后续信息交换所使用的协议类型。

基本响应:当选用 T=0 协议时,IC 卡不回送 TD1,并且 T=0 协议作为后续传输类型的默认值;当选用 T=1 协议时,IC 卡将回送 TD1='81',表示 TD2 存在,且后续传输协议类型为 T=1 协议。

终端要求:如果回送值正确且包含了所需的接口字符 TA2 到 TD2,终端不应拒绝这样的 IC 卡,即:其所回送的 TD1 的高半字节为任意值且低半字节的值为'0'或'1'。终端应拒绝 IC 卡回送其他的 TD1 值。

字符 TD1 的基本响应代码如表 3-15 所示。

表 3-15　字符 TD1 的基本响应代码(T=1)

b8	b7	b6	b5	b4	b3	b2	b1
1	0	0	0	0	0	0	1

8. TA2

TA2 的存在与否表示 IC 卡是以特定模式还是以交互模式工作。

当提供 TA2 时,TA2 传输有关特殊模式操作的信息:

b8 表明 ICC 是否有能力改变它的操作模式。如果 b8 置 1,表明具有这样的能力;而如果 b8 置 0,则表明不具有这样的能力。

b7 和 b6 是 RFU(设置为 00)。

b5 表明在复位应答后是按接口字节提供的传输参数进行,还是按终端默认的传输参数进行。如果 b5 置 0,则按照接口字节定义的传输参数进行;如果 b5 置 1,则按照终端默认的传输参数进行。

基本响应:IC 卡将不回送 TA2,TA2 不存在表示以交互模式工作。

终端要求:TA2 最低位表明的协议类型正是 ATR 中第一次表明的协议类型,如果在复位应答期间 TA2 的 b5=0,且终端能够支持 IC 卡返回的接口参数所指明的确切条件,终端应该接受包含 TA2 的 ATR,并立即使用这些条件;否则,终端应拒绝接受含有 TA2 的 ATR。

9. TB2

TB2 传送 PI2,PI2 用于确定 IC 卡所需的编程电压 P 的值,当 PI2 出现时,它将取代 TB1 中回送的 PI1 的值。

基本响应:IC 卡不应回送 TB2。

终端要求:终端应该拒绝包含 TB2 的 ATR。

10. TC2

TC2 专用于 T=0 协议,并传送工作等待时间整数(WI),WI 用来确定由 IC 卡发送的任意一个字符起始位下降沿与 IC 卡或终端发送的前一个字符起始位下降沿之间的最大时间间隔。工作等待时间为 960×D×WI。

基本响应:IC 卡不回送 TC2,且后续通信中使用默认值 WI=10。

终端要求:终端必须拒绝包含 TC2='00'的 ATR,接收包含 TC2='0A'的 ATR。

拒绝 TC2 为其他任何值的 ATR,除非它可以支持。

11. TD2

TD2 表示是否还要发送更多的接口字节以及后续传输所使用的协议类型,其中:

高半字节用于表示字符 TA3 到 TD3 是否存在,这些位(b5~b8)设置为逻辑'1'状态时,分别表示 TA3 到 TD3 字符的存在。

低半字节用于表示后续信息交换所使用的协议类型,当选用 T=1 协议类型时,该低半字节值为'1'。

基本响应:当选用 T=0 协议时,IC 卡不回送 TD2,并且 T=0 协议作为后续传输类型的默认值;当选用 T=1 协议时,IC 卡将回送 TD2='31',表示 TA3 和 TB3 存在,且后续传输协议类型为 T=1。

终端要求:如果回送值正确且包含了所需的接口字符 TA3 到 TD3,终端不应拒绝这样的 IC 卡,即:其所回送 TD2 的高半字节为任意值且低半字节的值为'1'或'E'(如果 TD1 的低半字节为'0')。终端应拒绝 IC 卡回送其他的 TD2 值。

字符 TD2 的基本响应代码如表 3-16 所示。

表 3-16　7TD2 的基本响应代码(T=1)

b8	b7	b6	b5	b4	b3	b2	b1
0	0	1	1	0	0	0	1

12. TA3

TA3(如果 TD2 中指明 T＝1)回送 IC 卡的信息域大小整数(IFSI),IFSI 决定了 IFSC,并指明了卡片可接收的块信息区域的最大长度(INF)。TA3 以字节形式表示 IFSC 的长度,其取值范围从'01'到'FE'。'00'和'FF'保留为将来使用。

基本响应:如果选用 T＝1 协议,表明初始 IFSC 在 16～254B 范围内,则 IC 卡应回送'10'到'FE'之间的 TA3 值。

终端要求:如果 TD2 的 b5 位为'0',终端不应拒绝不回送 TA3 的 IC 卡,但如果终端接受了这样的 IC 卡,则应令 TA3＝'20'来继续卡片操作过程。终端应拒绝那些回送的 TA3 值在'00'到'0F'之间或为'FF'的 IC 卡。

字符 TA3 的基本响应代码如表 3-17 所示。

表 3-17　TA3 的基本响应代码(T＝1)

b8	b7	b6	b5	b4	b3	b2	b1
×	×	×	×	×	×	×	×

注:'00'到'0F'和'FF'不被允许。

13. TB3

TB3(如果 TD2 中指明 T＝1)表明了用来计算 CWT 和 BWT 的 CWI 和 BWI 值,TB3 由两部分组成。低半字节(b1～b4)用于表明 CWI 值,而高半字节(b5～b8)用于表明 BWI 值。

基本响应:在选用 T＝1 协议的前提下,IC 卡应回送这样的 TB3:高半字节取值为'0'到'5',低半字节取值为'0'到'4'。即,CWI 的值在 0～5 之间,BWI 的值在 0～4 之间。字符 TB3 的基本响应代码如表 3-18 所示。

表 3-18　TB3 的基本响应代码(T＝1)

b8	b7	b6	b5	b4	b3	b2	b1
0	×	×	×	0	y	y	y

注:×××取值范围为 000～100,yyy 取值范围为 000～101。

终端要求:终端应拒绝以下的 ATR:不包含 TB3,包含 BWI 大于 4 和/或 CWI 大于 5 的 TB3,或包含使 $2^{CWI} \leqslant (N+1)$ 的 TB3。终端应接受包含其他 TB3 值的 ATR。N 为 TC1 中指定的额外保护时间。若 TC1＝255,N 的值必须置为 -1。当 T＝1 时,由于 CWI 所规定的最大值是 5,TC1 的值应在'00'与'1E'之间或等于'FF',以避免 TC1 与 TB3 之间的矛盾。

14. TC3

TC3 指明了所用的块错误检测代码的类型,所用代码类型用 b1 位表示,b2～b8 位不使用。

基本响应:IC 卡不应回送那些将纵向冗余校验(LRC)作为错误代码来标明的 TC3。

终端要求:终端必须能够接收包括 TC3＝'00'的 ATR,而拒绝 TC3 为其他任何值的 ATR。

15. TCK（校验字符）

TCK 具有一个检验复位应答期间所发送数据完整性的值。TCK 的值应使从 T0 到包括 TCK 在内的所有字节进行异或运算的结果为 0。

基本响应：在使用 T＝0 协议时，IC 卡不回送 TCK。而在其他情况下，IC 卡应回送 TCK。

终端要求：当 TCK 正确返回时，终端必须能校验它。如果仅选择 T＝0 协议，终端必须能够接收不包含 TCK 的 ATR。其他情况下，终端必须拒绝不包含 TCK 或 TCK 不正确的 ATR。

3.4.7　传输协议

这里定义了两种协议：字符传输协议（T＝0）和块传输协议（T＝1）。IC 卡支持 T＝0 协议或 T＝1 协议，但推荐使用 T＝0 协议。TD1 规定了后续传输中采用的传输协议（T＝0 或 T＝1），如果 TD1 在 ATR 中不存在，则假定 T＝0。由于没有 PTS 过程，在复位应答之后，由 IC 卡指明的协议将立即被采用。

协议根据以下层次模型定义。

（1）物理层，定义了位交换，是两个协议的公共部分。

（2）数据链路层，包含以下定义：

- 字符帧，定义了字符交换，是两种协议的公共部分。
- T＝0，定义了 T＝0 时的字符交换。
- 对 T＝0 的检错与纠错。
- T＝1，定义了 T＝1 时的块交换。
- 对 T＝1 的检错与纠错。

（3）传输层，定义了针对每个协议的面向应用的报文传输。

（4）应用层，根据相同的应用协议，定义报文交换的内容。

1. 物理层

T＝0 与 T＝1 协议均使用了物理层和字符帧。

2. 数据链路层

描述了传输协议 T＝0 和 T＝1 的时段分配、特殊选择与错误处理。

3. 字符帧

字符帧适用于 IC 卡与终端之间的所有报文交换。

4. 命令头

命令均由终端应用层（TAL）发出，它包括一个由 5 个字节组成的命令头，每个命令头由 5 个连续字节 CLA、INS、P1、P2 和 P3 组成，各字节内容如下。

CLA：命令类别。

INS：指令代码。

P1 和 P2：附加参数。

根据不同的 INS,P3 指明发送给 IC 卡的命令的字节长度或期待 IC 卡响应的最大数据长度。

对于 T＝0,这些字节和通过命令发送的数据一起构成命令传输协议数据单元(C-TPDU)。

TTL 传送 5 个字节的命令头给 IC 卡并等待一个过程字节。

5. 命令处理

IC 卡收到命令头以后向 TTL 回传过程字节或状态字节(SW1 或 SW2)。TTL 和 IC 卡在二者之间的命令和数据交换的任何时刻都必须知道数据流的方向和 I/O 线路由谁驱动。

6. 过程字节

过程字节向 TTL 表明它必须执行的动作。其编码与 TTL 动作的对应关系如表 3-19 所示,在任何情况下,完成指定的动作后,TTL 必须等待下一个过程字节或状态字节。

表 3-19　终端对过程字节的响应

过程字节值	动　　作
与 INS 字节值相同	所有余下的数据由 TTL 传送或者 TTL 准备接收所有来自 IC 卡的数据
与 INS 字节值的补码($\overline{INS}$)相同	下一个数据字节由 TTL 传送或者 TTL 准备接收来自 IC 卡的下一个数据字节
'60'	TTL 提供额外工作等待时间
'61'	TTL 必须等待另一个过程字节,然后再以最大长度'××'向 IC 卡发送取应答(GET RESPONSE)命令头,其中'××'是第二个过程字节的值
'6C'	TTL 必须等待另一个过程字节,然后再以最大长度'××'向 IC 卡立即重发命令头,其中'××'是第二个过程字节的值

7. 状态字节

状态字节向 TTL 表明 IC 卡对命令的处理已经完成。状态字节的意义与处理的命令有关。表 3-20 显示了 TTL 必须采取的动作和第一个状态字节的对应关系。

表 3-20　终端对 SW1 的响应

第一个状态字节的值	动　　作
'6×'或 '9×'(除了 '60'、'61'和'6C')——状态字节 SW1	TTL 必须等待另一个状态字节(状态字节 SW2)

接收到第二个状态字节后,TTL 必须在应答 APDU(R-APDU)中向 TAL 回送状态字节,然后等待下一个 C-APDU。

8. C-APDU 的传输

采用 T=0 协议时,只包含送向 IC 卡的命令数据或只包含 IC 卡响应数据的 C-APDU,可直接映射到 C-TPDU。无数据且不要求回送数据的 C-APDU,以及要求 IC 卡接收/发送数据的 C-APDU 将通过 T=0 的 C-TPDU 传输规则进行传输。

9. 块传输协议 T=1

T=1 协议在 TAL 和 IC 卡之间传送的命令、R-APDU 和传输控制信息(例如确认信息)块。

以下定义了数据链路层的块帧结构、协议的特殊选项和协议操作(包括错误处理)。

1) 块帧结构

T=1 协议下,无须逐个字符校验。块的结构如下(参见表 3-21):

表 3-21　块帧结构

头域			数据域	尾域
节点地址(NAD)	协议控制字节(PCB)	长度(LEN)	APDU 或控制信息(INF)	错误校验码(EDC)
1B	1B	1B	0~254B	1B

2) 协议控制字节

PCB 表明了传输块类型,有以下 3 种类型。

(1) 传送 APDU 的信息块(I 块)。

(2) 用于传送确认(ACK 或者 NAK)的接收就绪块(R 块)。

(3) 用于交换控制信息的管理模块(S 块)。

PCB 的编码取决于其类型,见表 3-22 至表 3-24 所作的定义。

表 3-22　I 块的 PCB 编码

b8	0	b6	链接(多个数据)
b7	序列号	b5~b1	保留为将来使用(RFU)

表 3-23　R 块的 PCB 编码

b8	1
b7	0
b6	0
b5	序列号
b4~b1	0 为容错 1 为 EDC 或校验出错 2 为其他错误 其他值保留为将来使用

表 3-24　S 块的 PCB 编码

b8	1
b7	1
b6	0 为请求 1 为应答
b5~b1	0 为再同步请求 1 为信息域大小请求 2 为放弃请求 3 为 BWT 扩展请求 4 为 V_{PP} 错误 其他值保留为将来使用

3.4.8　命令

1. 命令 APDU 格式

命令 APDU 由 4 字节长的必备头后跟一个可变长的条件体组成,见图 3-33。

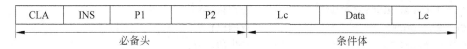

| CLA | INS | P1 | P2 | Lc | Data | Le |

必备头　　　　　　　　　　条件体

图 3-33　命令 APDU 结构

命令 APDU 中发送的数据字节数用 Lc(命令数据域的长度)表示。

响应 APDU 中期望返回的数据字节数用 Le(期望数据长度)表示。当 Le 存在且值为 0 时,表示需要最大字节数(256B)。在命令报文需要时,Le 始终被设为'00'。

命令 APDU 报文的内容见表 3-25。

表 3-25　命令 APDU 的内容

代码	描　述	长度
CLA	命令类别	1
INS	指令代码	1
P1	指令参数 1	1
P2	指令参数 2	1
Lc	命令数据域中存在的字节数	0 或 1
Data	命令发送的数据位串(=Lc)	可变
Le	响应数据域中期望的最大数据字节数	0 或 1

2. 响应 APDU 格式

响应 APDU 格式由一个变长的条件体和后随两字节长的必备尾组成,见图 3-34。

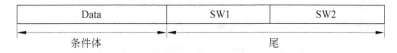

| Data | SW1 | SW2 |

条件体　　　　　　　　　尾

图 3-34　响应 APDU 的结构

响应 APDU 报文的内容见表 3-26。

表 3-26　响应 APDU 的内容

代码	描　述	长度
Data	响应中接收的数据位串(=Lr)	变长
SW1	命令处理状态	1
SW2	命令处理限定	1

当使用 T=1 协议时,对于所有 Le='00'的命令,状态码 SW1 SW2='90 00'或'61 La'均表示命令的成功执行。

3. 命令介绍

规范中描述了以下的命令-响应 APDU：

APPLICATION UNBLOCK   （应用解锁）

CARD BLOCK   （卡片锁定）

EXTERNAL AUTHENTICATION   （外部认证）

GET RESPONSE   （取响应）

GET CHALLENGE   （产生随机数）

INTERNAL AUTHENTICATION   （内部认证）

PIN CHANGE/UNBLOCK   （个人密码修改/解锁）

READ BINARY   （读二进制）

READ RECORD   （读记录）

SELECT   （选择）

UPDATE BINARY   （修改二进制）

UPDATE RECORD   （修改记录）

VERIFY   （校验）

执行上述命令所需的附加信息在《中国金融集成电路(IC)卡规范》第 2 部分"应用规范"中提供。

1) APPLICATION BLOCK 命令

（1）定义和范围。

APPLICATION BLOCK 命令使当前选择的应用失效。

当 APPLICATION BLOCK 命令成功地完成应用临时锁定后，用 SELECT 命令选择已临时锁定的应用，将回送状态码"不支持此功能"（SW1 SW2＝'6A81'）。同时回送 FCI（对于 T＝0 卡片，需要用 GET RESPONSE 命令取回）。

当 APPLICATION BLOCK 命令成功完成应用永久锁定后，此后执行所有命令，卡片将回送状态码"应用永久锁定"（SW1 SW2＝'9303'）。对其他命令的影响根据不同应用而有所不同。

（2）命令报文。

APPLICATION BLOCK 命令报文编码见表 3-27。

表 3-27　APPLICATION BLOCK 命令报文

代码	值
CLA	'84'
INS	'1E'
P1	'00'，其他值保留为将来使用
P2	'00'或'01'
Lc	数据字节数
Data	报文鉴别代码（MAC）数据元；根据 JR/T 0025.1—2004 的规定进行编码
Le	不存在

P2 ＝ '00'：此命令执行成功后可锁定应用，但该应用可以用 APPLICATION UNBLOCK 命令解锁。

P2＝'01'：此命令执行成功后将永久锁定应用。

（3）响应报文状态码。

无论应用是否已经失效，此命令执行成功的状态码是'9000'。

IC 卡可能回送的警告状态码如表 3-28 所示。

表 3-28　APPLICATION BLOCK 警告状态

SW1	SW2	含　义	SW1	SW2	含　义
'62'	'00'	无信息提供	'6A'	'81'	不支持此功能
'62'	'81'	回送数据可能出错	'90'	'03'	应用永久锁定
'62'	'83'	选择文件无效			

IC 卡可能回送的错误状态码如表 3-29 所示。

表 3-29　APPLICATION BLOCK 错误状态

SW1	SW2	含　义	SW1	SW2	含　义
'64'	'00'	状态标志位未变	'69'	'88'	安全报文数据项不正确
'65'	'81'	内存失败	'6A'	'86'	参数 P1、P2 不正确
'67'	'00'	Lc 长度错误	'6A'	'88'	未找到引用数据
'69'	'82'	不满足安全状态	'6D'	'UU'	INS 不支持或错误
'69'	'84'	引用数据无效	'6E'	'OO'	CLA 不支持或错误
'69'	'87'	安全报文数据项丢失			

2）APPLICATION UNBLOCK 命令

（1）定义和范围。

APPLICATION UNBLOCK 命令用于恢复当前应用。

当 APPLICATION UNBLOCK 命令成功地完成后，由 APPLICATION BLOCK 命令产生的对应用命令响应的限制将被取消。

（2）命令报文。

APPLICATION UNBLOCK 命令报文编码见表 3-30。

表 3-30　APPLICATION UNBLOCK 命令报文

代码	值
CLA	'84'
INS	'18'
P1	'00'，其他值保留为将来使用
P2	'00'，其他值保留为将来使用
Lc	数据字节数
Data	报文鉴别代码（MAC）数据元；根据 JR/T 0025.1—2004 的规定进行编码
Le	不存在

（3）响应报文状态码。

响应报文状态码见表 3-31。

表 3-31　响应报文状态码

SW1	SW2	含　义	SW1	SW2	含　义
'64'	'00'	标志状态位未变	'69'	'88'	安全报文数据项不正确
'65'	'81'	内存失败	'6A'	'82'	文件未找到
'67'	'00'	Lc 错误	'6A'	'86'	P1、P2 错误
'69'	'82'	不满足安全状态	'6D'	'00'	INS 不支持或错误
'69'	'84'	未取随机数	'6E'	'00'	CLA 不支持或错误
'69'	'85'	使用条件不满足	'93'	'03'	应用已被永久锁定
'69'	'87'	安全报文数据项丢失			

当应用被临时锁定时，此命令执行成功的状态码是'9000'。

当应用未被临时锁定，此命令执行返回的状态码是使用条件不满足（SW1 SW2＝'6985'）。

3）CARD BLOCK 命令

CARD BLOCK 命令使卡中所有应用永久失效。

当 CARD BLOCK 命令成功地完成后，所有后续的命令都将回送状态码"不支持此功能"（SW1 SW2＝'6A81'），且不执行任何其他操作。CARD BLOCK 命令报文编码见表 3-32。

表 3-32　CARD BLOCK 命令报文

代码	值
CLA	'84'
INS	'16'
P1	'00'，其他值保留为将来使用
P2	'00'，其他值保留为将来使用
Lc	数据字节数
Data	报文鉴别代码（MAC）数据元；根据 JR/T 0025.1—2004 的规定进行编码
Le	不存在

4）EXTERNAL AUTHENTICATION 命令

EXTERNAL AUTHENTICATION 命令要求 IC 卡中的应用验证密码。其报文编码见表 3-33。

5）GET CHALLENGE 命令

GET CHALLENGE 命令请求一个用于安全相关过程（例如安全报文）的随机数。

GET CHALLENGE 命令报文编码见表 3-34。

表 3-33 EXTERNAL AUTHENTICATION 命令报文

代码	值	代码	值
CLA	'00'	Lc	8～16
INS	'82'	Data	发卡方认证数据
P1	'00'	Le	不存在
P2	'00'		

表 3-34 GET CHALLENGE 命令报文

代码	值	代码	值
CLA	'00'	Lc	不存在
INS	'84'	Data	不存在
P1	'00'	Le	'04'或'08'
P2	'00'		

6) GET RESPONSE 命令

该指令只用于 T=0 协议卡片。当 APDU 不能用现有协议传输时,GET RESPONSE 命令提供了一种从卡片向接口设备传送 APDU(或 APDU 的一部分)的传输方法。GET RESPONSE 命令报文编码见表 3-35。

表 3-35 GET RESPONSE 命令报文

代码	值	代码	值
CLA	'00'	Lc	不存在
INS	'C0'	Data	不存在
P1	'00'	Le	响应的期望数据最大长度
P2	'00'		

7) INTERNAL AUTHENTICATION 命令

INTERNAL AUTHENTICATION 命令提供了利用接口设备发来的随机数和自身存储的相关密钥进行数据认证的功能。INTERNAL AUTHENTICATION 命令报文编码见表 3-36。

表 3-36 INTERNAL AUTHENTICATION 命令报文

代码	值	代码	值
CLA	'00'	Lc	认证数据的长度
INS	'88'	Data	认证数据
P1	'00'	Le	'00'
P2	'00'		

INTERNAL AUTHENTICATION 命令的参数 P1 为'00'时的含义是无信息。P1 的值可事先得到,也可以在数据域中提供。

8) PIN UNBLOCK 命令

PIN UNBLOCK 命令为发卡方提供了解锁个人密码的功能。PIN UNBLOCK 命令报文编码见表 3-37。

表 3-37　PIN UNBLOCK 命令报文

代码	值
CLA	'84';根据 JR/T 0025.1—2004 的规定进行编码
INS	'24'
P1	'00'
P2	'00'
Lc	数据字节数
Data	加密的个人密码数据元和报文鉴别代码(MAC)数据元;根据 JR/T 0025.1—2004 的规定进行编码
Le	不存在

P2='00'表示解锁个人密码。此时应重置尝试计数器,但不更改个人密码。当 P2='00'时,Lc应包括 MAC 数据元的长度。

9) READ BINARY 命令

READ BINARY 命令用于读取二进制文件的内容(或部分内容)。READ BINARY 命令报文编码见表 3-38。

表 3-38　READ BINARY 命令报文

代码	值	代码	值
CLA	'00'或'04'	Lc	不存在(CLA='04'时除外)
INS	'B0'	Data	不存在(CLA='04'时,应包括 MAC)
P1		Le	'00'
P2	从文件中读取的第一个字节的偏移地址		

10) READ RECORD 命令

READ RECORD 命令用于读取记录文件的内容。READ RECORD 命令报文编码见表 3-39。

11) SELECT 命令

SELECT 命令通过文件名或 AID 来选择 IC 卡中的 PSE、DDF 或 ADF。命令执行成功后,PSE、DDF 或 ADF 的路径被设定。应用到 AEF 的后续命令将采用 SFI 方式联系到所选定的 PSE、DDF 或 ADF。从 IC 卡的响应报文应由回送 FCI 组成。SELECT 命令报文编码见表 3-40。

表 3-39　READ RECORD 命令报文

代码	值	代码	值
CLA	'00'或'04'	Lc	不存在(CLA='04'时除外)
INS	'B2'	Data	不存在(CLA='04'时除外)
P1	记录的个数	Le	'00'
P2	引用控制参数		

表 3-40　SELECT 命令报文

代码	值	代码	值
CLA	'00'	Lc	'05'～'10'
INS	'A4'	Data	文件名
P1	引用控制参数	Le	'00'
P2	'00'第　个或仅有　一个'02'下一个		

SELECT 命令引用的控制参数见表 3-41。

表 3-41　SELECT 命令引用控制参数

b8	b7	b6	b5	b4	b3	b2	b1	含义
0	0	0	0	0				
					1			通过文件名选择
						0	0	

3.4.9　目录结构实例

图 3-35 是仅有单层目录的单应用卡。在此例中,MF(文件标识符为'3F00',ISO 7816-4
中规定)可以看作卡中唯一的 DDF。按分配给第一层
DDF 的支付应用名称的规定,MF 被分配一个唯一的支
付应用名,并且 MF 的 FCI 中应包括 SFI。即使只有一个
应用,目录结构也必须符合 JR/T 0025.1—2004 的规定。

在这个实例中,"DIR A"文件既可以是 ISO DIR 文
件,也可以不是,但它要符合 JR/T 0025.1—2004 的规
定,包括具有取值范围为 1～10 的 SFI。ISO 定义的 DIR
文件的标识为'2F00',有可能它的 SFI 取值不在此范围内。

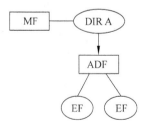

图 3-35　单层目录的单应用卡

图 3-36 给出了一个单层目录结构的多应用卡。在此例中,主控文件(MF)不支持符
合 JR/T 0025.1—2004 的应用,并且不限制此处 MF 的功能。注意,目录中没有全部的
ADF 入口地址(ADF2～ADF5),其中 ADF5 不包含在内,只有"知道"卡中存在 ADF5 的
终端才能对其进行选择。

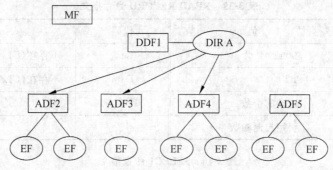

图 3-36 单层目录的多应用卡

图 3-37 是 3 层目录结构的多应用卡。第一层目录(DIR A)具有进入两个 ADF (ADF3 和 ADF4)和一个 DDF(DDF2)的入口地址。第二层目录(DIR B)具有进入两个 ADF(ADF21 和 ADF22)和一个 DDF(DDF6)的入口地址。DDF5 不能由根目录进入,它仅可以由"知道"卡中存在 ADF5 的终端对其进行选择。JR/T 0025.1—2004 未规定终端发现 ADF5 的方法。但 DIR C 可以符合 JR/T 0025.1—2004 的规定,所以进入 DDF5 (DIR C)的方法符合 JR/T 0025.1—2004 的规定。如果由终端寻找 DDF5 的存在,终端可以进入 ADF(例如 ADF51、ADF52 和 ADF53)。DIR D 与 DDF6 相连,是目录的第三层,它下面包括 4 个文件,可以是 ADF 或多个 DDF。

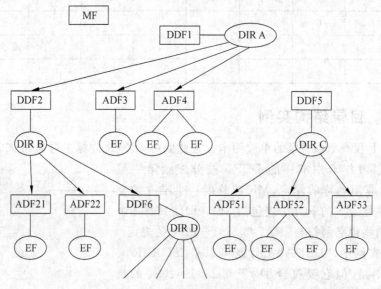

图 3-37 三层目录的多应用卡

3.4.10 安全机制

为了独立地管理一张卡上不同应用间的安全问题,每一个应用应该放在一个单独的 ADF 中。即在应用之间应该设计一道"防火墙"以防止跨过应用进行非法访问。另外,每一个应用也不应该与个人化要求和卡中共存的其他应用规则发生冲突。

用于一种特定功能(如扣款)的加密/解密密钥不能被任何其他功能所使用,包括保存在 IC 卡中的密钥和用来产生、派生和传输这些密钥的密钥。

如果应用要求使用 SAM,其对终端、发卡方和私有 SAM 的安全要求请参阅《中国金融集成电路(IC)卡规范》第 2 部分"应用规范"中的有关规定。

1. 密钥和个人密码的存放

IC 卡应该能够保证用于 RSA 算法的非对称私有密钥或用于 DES 算法的对称加密密钥在没有授权的情况下不会被泄露出来。

如果使用个人密码,则应保证其在 IC 卡中的安全存放,且在任何情况下都不会被泄露。

安全报文传送的目的是保证数据的可靠性、完整性和对发送方的认证。数据完整性和对发送方的认证通过使用 MAC 来实现。数据的可靠性通过对数据域的加密来得到保证。

2. 安全报文传送格式

当 CLA 字节的第二个半字节等于十六进制数字'4'时,表明对发送方命令数据要采用安全报文传送。卡中的 FCI 表明某个命令的数据域的数据是否需要加密传输,是否应该以加密的方式处理。安全报文传送格式见表 3-42。

表 3-42　安全报文传送格式

b4	b3	b2	b1	说　　明
0	0	×	×	不需要安全报文
0	1	×	×	需要安全报文

MAC 是使用命令的所有元素(包括命令头)产生的。一条命令的完整性,包括命令数据域(如果存在)中的数据元,通过安全报文传送得以保证。

MAC 是命令数据域中的最后一个数据元。MAC 的长度规定为 4B。MAC DEA 密钥的原始密钥用于产生 MAC 过程密钥。

3. MAC 的计算

按照如下的方式使用单重或三重 DEA 加密方式产生 MAC。

第一步,取 8B 的十六进制数字'0'作为初始变量。

第二步,按照顺序将以下数据连接在一起形成数据块:CLA、INS、P1、P2、Lc,所有在《中国金融集成电路(IC)卡规范》第 2 部分"应用规范"中定义的数据,在命令的数据域中(如果存在)包含明文或加密的数据(例如,如果要更改个人密码,加密后的个人密码数据块放在命令数据域中传输)。

第三步,将该数据块分成 8B 为单位的数据块,标号为 D1、D2、D3、D4 等。最后的数据块有可能是 1～8B。

第四步,如果最后的数据块长度是 8B,则在其后加上十六进制数字'80 00 00 00 00 00

00 00',转到第五步。如果最后的数据块长度不足 8B,则在其后加上十六进制数字'80',如果达到 8B,则转入第五步;否则在其后加入十六进制数字'0'直到长度达到 8B。

第五步,对这些数据块使用 MAC 过程密钥进行加密。如果安全报文传送支持单长度的 MAC DEA 密钥,则依照图 3-38 的方式使用 MAC 过程密钥来产生 MAC(根据在第二步中产生的数据块长度的不同,有可能在计算中会多于或少于 4 步)。

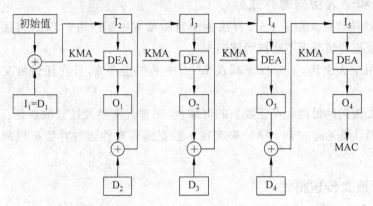

I为输入;D为数据块;
O为输出;+为异或运算;
DEA为数据加密算法(加密模式);KMA为MAC过程密钥A。

图 3-38　单长度 DEA 密钥的 MAC 算法

如果安全报文传送的处理支持双长度 MAC DEA 密钥,则使用 MAC 过程密钥 A 和 B(MAC 的产生如图 3-39 所示),根据第二步产生的数据块的长度,计算过程有可能多于或少于 4 步。

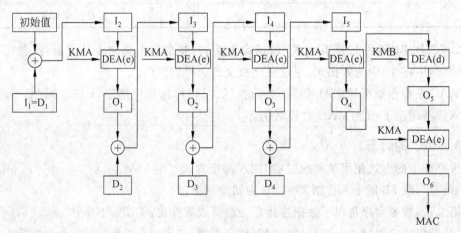

I为输入;D为数据块;
O为输出;+为异或运算;
DEA(e)为数据加密算法(加密模式);KMA为MAC过程密钥A;
DEA(d)为数据加密算法(解密模式);KMB为MAC过程密钥B。

图 3-39　双长度 DEA Key 的 MAC 算法

第六步,最终得到从计算结果左侧取得的 4B 的 MAC。

为保证命令中明文数据的保密性,可以将数据加密。所使用的数据加密技术应被命令发送方和当前卡中被选择的应用所了解。

4.数据加密密钥的计算

数据加密过程密钥的产生过程是从卡中的数据加密 DEA 密钥开始的。

第一步,用 LD 表示明文数据的长度,在明文数据前加上 LD 产生新的数据块。

第二步,将第一步中生成的数据块分解成 8B 数据块,标号为 D1、D2、D3、D4 等。最后一个数据块长度有可能不足 8 位。

第三步,如果最后(或唯一)的数据块长度等于 8B,转入第四步;如果不足 8B,在右边添加十六进制数字'80',如果长度已达 8B,转入第四步;否则,在其右边添加 1B 十六进制数字'0'直到长度达到 8B。

第四步,对每一个数据块进行加密。

如果采用单长度数据加密 DEA 密钥,数据块的加密如图 3-40 所示(使用数据加密过程密钥 A 进行加密)。

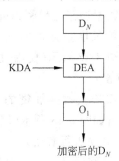

DEA 为数据加密算法(加密模式);D 为数据块;
KDA 为数据加密过程密钥A;
O 为输出。

图 3-40　单长度 DEA 密钥的数据加密

如果采用双长度数据加密 DEA 密钥,则数据块的加密如图 3-41 所示(使用数据加密过程密钥 A 和 B 来进行加密)。

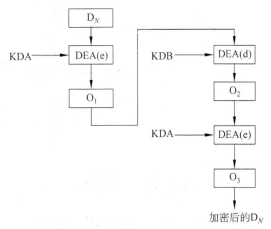

DEA(e)为数据加密算法(加密模式);D 为数据块;
DEA(d)为数据加密算法(解密模式);KDA 为数据加密过程密钥A;
O 为输出;KDB 为数据加密过程密钥B。

图 3-41　使用双长度 DEA 密钥的数据加密

第五步,计算结束后,所有加密后的数据块依照原顺序连接在一起(加密后的 D1、加密后的 D2……),并将结果数据块插入到命令数据域中。

5. 数据解密计算

卡片接收到命令之后,需要将包含在命令中的加密数据进行解密。数据解密的技术如下:

第一步,将命令数据域中的数据块分解成8B 长的数据块,标号为 D1、D2、D3、D4 等。每个数据块使用数据加密过程密钥进行解密。

如果采用单长度数据加密的 DEA 密钥,数据块解密如图 3-42 所示(使用数据加密过程密钥 A 进行解密)。

如果采用双长度数据加密的 DEA 密钥,则数据块的解密如图 3-43 所示(使用数据加密过程密钥 A 和 B 来进行解密)。

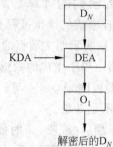

DEA为数据加密算法(解密模式);D为数据块;
KDA为数据加密过程密钥A;
O为输出。

图 3-42　使用单长度 DEA 密钥的数据解密

第二步,计算结束后,所有解密后的数据块依照顺序(解密后的 D1、解密后的 D2……)链接在一起。数据块由 LD、明文数据和填充字符(如果在加密过程中增加了填充字符)组成。

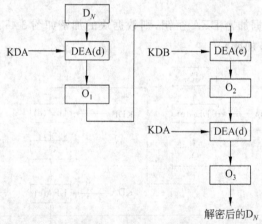

DEA(e)为数据加密算法(加密模式);D为数据块;
DEA(d)为数据加密算法(解密模式);KDA为数据加密过程密钥A;
O为输出;KDB为数据加密过程密钥B。

图 3-43　使用双长度 DEA 密钥的数据解密

第三步,因为 LD 表示明文数据的长度,因此,它被用来恢复明文数据。

6. 过程密钥的产生

MAC 和数据加密过程密钥的产生如下所述。

1) 基于单长度 DEA 密钥的过程密钥

第一步,卡片/发卡方决定是使用 MAC DEA 密钥 A 还是数据加密 DEA 密钥 A 来进行所选择的算法处理(以后统称为 Key A)。

第二步,用 Key A 与预先决定的变量(如当前的交易序号)作异或运算产生过程密钥 A。在作异或运算前,数据(例如交易序号)如果少于 8B,则在其右边用十六进制数字'0'填满。

2）基于双长度 DEA 密钥的过程密钥

第一步,卡片/发卡方决定是使用 MAC DEA 密钥 A 和 B 还是数据加密 DEA 密钥 A 和 B 来进行所选择的算法处理(以后统称为 Key A 和 Key B)。

第二步,用 Key A 与预先决定的变量(如当前的交易序号)作异或运算产生过程密钥 A。在作异或运算前,数据(例如交易序号)如果少于 8B,则在其右边用十六进制数字'0'填满。

用 Key B 与第二步中产生的过程密钥 A 所用数据的非作异或运算得到过程密钥 B。非运算是以位为单位的,把值为'1'的位转换为'0',将值为'0'的位转换为'1'。在作异或运算前,数据如果少于 8B,则在其右边用十六进制数字'0'填满。

7. 对称算法（DES）

安全报文允许使用 64 位块加密算法,该算法在 ISO 8731-1、ISO 8732 和 ISO/IEC 10116 中定义。以下定义的单 DES 加密和 3-DES 加密版本都可以用在加密运算和 MAC 机制中。

DES 加密是指使用双长度(16B)密钥 $K=(\text{KL}\,||\,\text{KR})$ 将 8B 明文数据块加密成密文数据块,如下所示:

$$Y=\text{DES}(\text{KL})[\text{DES}^{-1}(\text{KR})[\text{DES}(\text{KL})[X]]]$$

解密的方式如下:

$$X=\text{DES}^{-1}(\text{KL})[\text{DES}(\text{KR})[\text{DES}^{-1}(\text{KL})[Y]]]$$

3.5　安全技术与缺陷

3.5.1　IC 卡芯片的安全特性

1. 表面印刷防伪

IC 卡作为一种重要的信息媒体,表面的防伪处理作为整个系统发行管理的重要环节需加以认真考虑。对卡体表面的技术处理主要是彩色图案印刷。IC 卡的表面图案印刷大都采用平版胶印工艺。由于胶印工艺在塑料表面印刷的特点,不仅使卡具有艺术鉴赏性和收藏性,更重要的是大大提高了制作的精密性、特殊性和复杂性,增大了伪造的难度和风险。一些简单的单色图案、文字或防伪油墨的印刷也采用丝网印刷。此外,也可采用一些特殊标志,如荧光安全图像印刷、加印变色标记、激光雕刻签名及图像、微线条技术、复杂的全息图像标记、微型边框及安全背景结构等。IC 卡片在印刷作业过程中,可以通过底纹印刷、微缩印刷、彩虹印刷、隐相印刷、萤光印刷、凹版印刷、雷射全像、序号打印、红外线印刷和特殊签名条印刷等特殊处理来防止伪造或变造。

2. IC 卡内部工艺

（1）压条法：微处理器保持原样，功能随机分布在许多层内，ROM 尽可能隐藏到较低层。

（2）不规则总线：不一定按顺序排列，不同层有不同顺序。

（3）不规则编址：存储器排列不一定与逻辑地址顺序相同。

（4）伪部件和伪功能。

（5）活动组件或连线跨过最后金属层或钝化层，分析就必然被破坏。

3.5.2 IC 卡检测功能防攻击

针对智能卡的硬件攻击方法有很多，按照攻击行为有无入侵智能卡硬件可以分为两大类：主动攻击和被动攻击。

1. 主动攻击

针对智能卡常见的主动攻击行为有硬件分解、电磁干扰和永续变异等，它们的一个共同特点就是使用一定的工具，如蚀刻工具、光学显微镜、探针台、激光切割机、扫描电子显微镜和聚焦离子束等，对智能卡的完整性均会造成不同程度的破坏。按照攻击的时机不同，主动攻击又可以分为两类：一类是静态情况下获取卡内存储体内的数据和代码；另一类是动态运行情况下，攻破或者绕过智能卡的安全机制以获取敏感信息。

2. 被动攻击

与主动攻击不同，利用被动攻击摄取智能卡信息时就没有那么直接和精确了，但是它对智能卡的影响是可逆的。而且，被动攻击的种类不仅仅局限在硬件攻击一个方面，而是广泛地存在于对通信、接口和 COS 等多个方面的攻击之中。

最基本的被动攻击方法就是观测法。观测法是基于程序或者密码算法在执行过程中的信息泄露模型而来的，如图 3-44 所示。

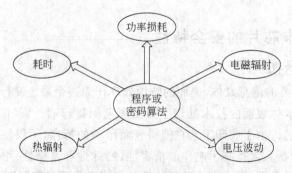

图 3-44　信息泄露模型

观测的对象可以是一定时间段内电能的消耗、电压的起伏，也可以是电磁辐射强度的变化等信息，进而分析它们与时间的函数，找出其中的规律。根据观测对象和角度的不同，大致可以分为以下几种攻击类型。

1）功率分析

1998 年 6 月，Kocher 等三人提出了功率分析的攻击方法，即根据已知操作确定的功率值，直接分析密码算法运行时所记录到的功率数据。常见的有简单功率分析（SPA）和差分攻击（DSA）。通过分析功率消耗信号得到处理器正在处理数据的汉明重量信息，利用这些信息可以构造出数据中的等价关系，进而有可能破译出密码。

2）电磁辐射分析

作为电子设备，计算机的组件在操作时常常会产生电磁辐射。攻击者如果可以检测到电磁辐射并且找到它们与底层计算和数据之间的关系，就可能获得与这些计算和数据有关的相当多的信息。同功率分析相似，电磁辐射辐射攻击（EMA）也可以分成两大类：简单电磁辐射分析（SEMA）和差分电磁辐射分析（DEMA）。

3）耗时信息分析

由于性能优化、分支和条件语句、RAM 缓存的命中率或者处理器指令执行时间的不固定等诸多原因，对于不同的输入，一个加密系统所耗费的时间会有略微的不同。耗时信息攻击就是基于对加密系统基本运算单元操作时间的测量而进行的。这可能会导致与密钥相关的信息的泄露。例如，通过精心测量完成私钥导入操作所需的时间，攻击者可以找到 Diffie-Hell-man 密钥交换协议中指定的参数或者 RSA 算法中的密钥因子，进而破译其他的密码系统。

3. 安全防御

1）硬件的安全防御

对硬件主动的击攻虽然具有准确、高效的优点，但是会对智能卡硬件造成不可逆转的损伤。这样就会很容易被智能卡中存在的安全传感器所发现。当然智能卡也可以采用软件的方法来检测，例如运行一个周期性自检的程序。被动攻击虽然不会对硬件造成不可逆转的影响，但是它对特定的敏感信息的影响是不精确的。例如使用聚焦离子束照射的方法可以在瞬间将卡上存储的数据变成全 0 或者是全 1，但是同时也很可能将存储器上特定位置的数据改变为 0 或者 1。

2）软件安全防御

（1）数据冗余。

为防止硬件攻击行为修改智能卡存储体上的静态数据和程序代码，可以在存储数据及程序代码的时候增加一定长度的冗余数据，用来保证数据的完整性。一种简单的方法就是在每组数据的后面增加循环冗余码。如果对于数据完整性有着更加严格的要求，可以采用一个简单的哈希函数计算出每组数据的杂凑值。

通过数据冗余，还可以有效地防止主动攻击对智能卡内关键数据的修改（例如安全位、指令下载控制位等），并且由于数据冗余仅仅是对数据存储格式的变化，这种措施可以在不影响卡内原有程序结构的情况下提高智能卡的安全性。

（2）控制冗余。

针对对静态数据或者关键代码的篡改，可以通过数据冗余的方法进行有效的防御。但是，在程序的动态执行过程中，数据冗余策略就无能为力了，因此还必须增加程序执行时的控制冗余。控制冗余的主要思想就是在包含关键代码的函数中添加多重控制，以最大程度地保证程序执行时处于完全安全、可信的环境之中。例如，设置多个状态位，在程序的执行过程中不断检查这些状态位的状态，如果有一个发生了改变，程序马上退出执行。

（3）执行冗余。

不同于主动攻击，智能卡被动攻击利用了卡内程序（密码算法）在执行过程中的信息泄露模型，不会对智能卡产生任何不可逆的破坏，因此针对智能卡的被动攻击也必须从智能卡的信息泄露模型着手。

软件防御的具体方法都是针对智能卡硬件安全的具体薄弱环节，采用数据冗余、控制冗余或者执行冗余的方法，有针对性地进行安全加固。

3.5.3　智能卡在使用中的安全问题

对 IC 卡及设备的干扰、破坏，如弯折、腐蚀、静电、辐射、尘污、温度、湿度和磁场等因素，可以对 IC 卡及设备产生重大影响，严重影响系统信息的持久性和准确性。

（1）使用用户丢失或被窃的 IC 卡，冒充合法用户进入应用系统，获得非法利益。

（2）用伪造的卡或空白卡非法复制数据，进入应用系统。

（3）使用系统外的 IC 卡读写设备，对合法卡上的数据进行修改。如增加存款数额，改变操作级别等。

（4）在 IC 卡交易过程中，用正常卡完成身份认证后，中途变换 IC 卡，从而使卡上存储的数据与系统中不一致。

（5）在 IC 卡读写操作中，对接口设备与 IC 卡通信时所交换的信息流进行截听和修改，甚至插入非法信息，以获取非法利益，或破坏系统。

3.5.4　安全措施

IC 卡安全防护的首要任务是防止对 IC 卡本身的攻击，这种防范措施在 IC 卡制作和个人化过程中就已经开始了。在 IC 卡制作和卡片表面印刷过程中都采用了十分复杂的防伪技术，以增加非法伪造的难度。对厂商代码有严格保密方法，对 IC 芯片加特殊保护层，可防止对存储内容用电磁技术直接分析。在 IC 卡发行和个人化过程中，发行商密码，擦除密码应由系统产生，而不能为操作人员所握，防止系统内部人员犯罪。

在 IC 卡使用过程中，要防止被非法持有人冒用。故在 IC 卡读写前要验证持卡人身份，即进行个人身份鉴别。IC 卡上提供了用户密码（总密码），在个人化时由用户输入，系统中不保存。在使用时，要求用户自己输入，以确认用户身份。如果连续几次输入有误，IC 卡将自行锁定，不能再使用。这一措施可有效地防止非法持卡人用多次试探方法破译密码。在一些新型 IC 卡上还采用了生物鉴别技术，如使用持卡人指纹识别、视网膜识别等，即使用户密码泄露，其他人也无法使用该用户的 IC 卡。

对于丢失后挂失的 IC 卡和因特殊原因作废的 IC 卡，应在系统数据库中设立所谓的黑名单，记录这些卡的发行号。在有人重新使用时，系统将报警，并将卡收回。

IC 卡使用中，也要对读写器的合法性进行鉴别。这可以通过分区密码式擦除来实现，如果系统不能提供正确的密码，IC 卡内容不能读出和修改。防止了使用非法读写设备来窃取卡上数据。

对于 IC 卡内部存储的数据可以采用区域保护技术,即将 IC 卡分为若干个存储区,每区设定不同的访问条件,如果访问符合本区条件,才允许访问,否则锁定。例如,自由访问区内允许随意读、写和修改,保护数据区内的读、擦、写受密码保护;而保密区内存放的密码则根本不允许读、写和修改。对此区进行此类操作被视为非法入侵,即锁定系统。这种方法可以有效地防止非法入侵者用读写器逐一探查存储器内容。

对 IC 卡数据安全威胁最大的不在数据静态存储时,而在对 IC 卡正常的读写过程中。因为用户密码和系统密码在核实时都必须通过读写器接口送入 IC 卡。因此用各种技术手段,在读写过程中窃取通信数据,从而了解存储分区情况和系统密码就十分可能。例如,在一个合法 IC 卡输入读写器完成用户认证后,读写过程中则换上其他 IC 卡,从而回避了验证过程,非法读出或写入数据。针对这种情况可在读写器上加专门机构加以解决。即每当换卡后,都要求重新核实用户身份。而对于采用仪器窃听通信内容,包括核实密码过程的入侵方式,则只有通过对输入输出信息采用加密技术才能有效保护。这可以利用智能 IC 卡(即 CPU 卡)的数据处理能力,在传输中运行加密、解密算法程序来解决。

总之,卡片应用系统是一种用量大、使用人数多、涉及领域广的应用系统,因此对安全性要求很高。作为开发者,在设计系统时,必须对信息安全加以周密考虑,并且采取有效措施。IC 卡具有巨大的存储容量和智能处理能力,实现各种安全措施十分方便有效,安全性能大大优于磁卡和光电卡,这也正是 IC 卡应用系统的主要优势。

3.6　非接触式 IC 卡

RFID 是 Radio Frequency Identification 的缩写,即射频识别。RFID 卡常称为感应式电子晶片或近接卡、感应卡、非接触卡、电子标签和电子条码等。

非接触式 IC 卡又称射频卡,由 IC 芯片和感应天线组成,封装在一个标准的 PVC 卡片内,芯片及天线无任何外露部分。卡片在一定距离范围(通常为 5～10mm)靠近读写器表面,通过无线电波的传递来完成数据的读写操作。

3.6.1　非接触式 IC 卡的组成、特点及工作原理

1. 非接触式 IC 卡的组成

非接触式 IC 卡与读卡器之间通过无线电波来完成读写操作。二者之间的通信频率为 13.56MHz。非接触式 IC 卡本身是无源卡,当读写器对卡进行读写操作时,读写器发出的信号由两部分叠加组成:一部分是电源信号,该信号由卡接收后,与本身的 L/C 产生一个瞬间能量来供给芯片工作;另一部分则是指令和数据信号,指导芯片完成数据的读取、修改和储存等,并返回信号给读写器,完成一次读写操作。非接触式 IC 卡由专用智能模块和天线组成,并配有与 PC 的通信接口、打印口和 I/O 口等,以便应用于不同的领域。

2. 非接触式智能卡内部分区

非接触式智能卡内部分为两部分:系统区(CDF)用户区(ADF)。

系统区：由卡片制造商和系统开发商及发卡机构使用。

用户区：用于存放持卡人的有关数据信息。

3. 非接触式 IC 卡的特点

与接触式 IC 卡相比较，非接触式卡具有以下优点：

（1）可靠性高。

非接触式 IC 卡与读写器之间无机械接触，避免了由于接触读写而产生的各种故障，例如，由于粗暴插卡、非卡外物插入、灰尘或油污导致接触不良造成的故障。此外，非接触式 IC 卡表面无裸露芯片，无须担心芯片脱落、静电击穿、弯曲损坏等问题，既便于卡片印刷，又提高了卡片的使用可靠性。

（2）操作方便。

由于非接触通信，读写器在 10cm 范围内就可以对卡片进行操作，所以不必插拔卡，非常方便用户使用。非接触式 IC 卡使用时没有方向性，卡片可以在任意方向掠过读写器表面，即可完成操作，这大大提高了每次使用的速度。

（3）防冲突。

非接触式 IC 卡中有快速防冲突机制，能防止卡片之间出现数据干扰，因此，读写器可以"同时"处理多张非接触式 IC 卡。这提高了应用的并行性，无形中提高了系统工作速度。

（4）可以适合多种应用。

非接触式 IC 卡的序列号是唯一的，制造厂家在产品出厂前已将此序列号固化，不可再更改。非接触式 IC 卡与读写器之间采用双向验证机制，即读写器验证 IC 卡的合法性，同时 IC 卡也验证读写器的合法性。

非接触式 IC 卡在处理前要与读写器之间进行 3 次相互认证，而且在通信过程中所有的数据都加密。此外，卡中各个扇区都有自己的操作密码和访问条件。

（5）加密性能好。

非接触式 IC 卡由 IC 芯片和感应天线组成，并完全密封在一个标准 PVC 卡片中，无外露部分。在非接触式 IC 卡的读写过程中，通常由非接触型 IC 卡与读写器之间通过无线电波来完成读写操作。

卡内信号由两部分组成：一种是电源信号，该信号由卡接收后，与其本身的 L/C 产生谐振，产生一个瞬间能量来供给芯片工作；另一种是组合数据信号，指挥芯片完成数据、修改、存储等，并返回给读写器。由于非接触式 IC 卡所形成的读写系统，无论是硬件结构还是操作过程都得到了很大的简化，同时借助于先进的管理软件，可脱机操作，使数据读写过程更为简单。

一套完整的 RFID 系统由 Reader（阅读器）与 Transponder（传送器）两部分组成，其动作原理为由阅读器发射一特定频率之无限电波能量给传感器，用于驱动传感器电路将内部的 ID 码送出，此时阅读器便接收此 ID 码。传感器的特殊在于免用电池，免接触，免刷卡，故不怕脏污，且晶片密码为世界唯一，无法复制，安全性高，长寿命。

RFID 的应用非常广泛，目前典型应用有动物晶片、汽车晶片防盗器、门禁管制、停车场管制、生产线自动化和物料管理。RFID 标签有两种：有源标签和无源标签。

3.6.2　非接触式 IC 卡的天线

非接触式 IC 卡的天线是影响读卡性能的一个决定性因素，天线直接影响到读卡系统的稳定性。非接触 IC 卡的天线如图 3-45 所示。

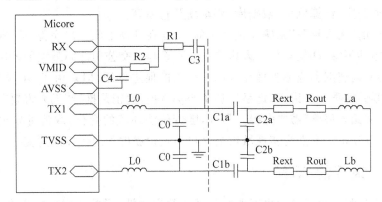

图 3-45　天线模块电路

- RF 控制电路通过天线获取能量。
- 频率为 125kHz 或者 13.56MHz。
- 微处理器型卡 5～8mW、普通存储卡 1～1.5mW。
- 低频最大距离 1m，高频 20cm。
- 低频数据传输速率低，高频可大于 100kb/s。

3.7　IC 卡的应用

IC 卡技术已经很成熟了，且已经在很多领域取得了广泛的应用。下面举例说明 IC 卡的应用情况。

3.7.1　数字度量表

智能水表（见图 3-46）具有自动收水费功能，用户将水费交给管理部门，管理部门将购水量写入 IC 卡中，用户将 IC 卡中的信息输入智能水表，智能水表即自动开阀供水。在用户用水过程中，智能水表中的微电脑自动核减用水量，所购水量用尽，智能水表自动关阀断水，用户需重新购水方能再次开阀供水。

IC 卡还能记录表的运行情况，在管理机或管理软件下将表的总用水量、总购水量、开关阀状态等信息进行管理。智能水表可以提高管理效率，有效防止欠费，避免上门抄表，实现节约用水。

图 3-46　数字式自来水表

3.7.2　门禁和公交系统

门禁系统的作用在于管理人群进出管制区域,限制未授权人员进出特定区域,并使已授权者在进出上更便捷。系统可用感应卡、指纹和密码等作为授权识别,通过控制机编程,记录进出人员的时间日期,并可配合警报及闭路电视系统以实现最佳管理。门禁系统适用于各类办公室、计算机室、数据库、停车场及仓库等。

城市公交的"无人售票"系统经过多年的运作,在管理上已日趋完善,但新的课题又呈现出来——零钞不够,这是实行无人售票以来乘客与公交公司之间最大的矛盾。"无人售票"对车辆的承运速度和业务管理无疑起了很大的促进作用,但是由于"不设找赎",对身上没有足够零钞的乘客来讲,肯定是增加了经济负担,这正是推行"无人售票"之后乘客最大意见之处。"无人售票"需要完善。另外,随着经济环境的变化,取消月票也势在必行。非接触式 IC 卡技术的推出为实现城市公交自动收费提供了现代技术的支持。

3.7.3　银行的 ATM

银行从自身利益和用户的角度考虑其系统的安全性,通常考虑传输安全、用户安全、卡片安全、终端安全、服务器安全等因素,其中从卡片安全的角度就是进行系统升级改造,将安全性不高的磁卡更换为安全有充分保证的智能 IC 卡。

由于磁卡可以较容易地被犯罪分子利用技术手段进行复制,造成银行和储户的利益受到损害。智能 IC 卡的制作需要的因素很多,如芯片的操作系统(COS 系统)、密钥、密码、算法、数字证书、认证等。理论上技术复制智能卡是不可能的,所以银行的 ATM 机升级支持智能卡成为今后的大趋势。

3.7.4　固定电话(IC 卡电话)

1. 电话磁卡

电话磁卡在 2.5.1 节中已作过介绍,此处不再赘述。

2. 电话 IC 卡

磁卡是一种带磁性的卡片,保管得不好(如接近强磁场)容易使磁性消失。后来问世的电话卡内封装有一个或多个集成电路(IC),利用集成电路的作用完成通话和收费。相应的电话机称作 IC 卡电话机,和磁卡电话机一样,也是面向公众服务的。IC 卡也是一种代替现金支付电话费用的有价卡片,外形和大小与磁卡相似,只是稍厚些。IC 卡电话机在性能上优于磁卡电话机。例如,这种电话机可以不用外接电源;用户插入 IC 卡时,不用将它全部插入(磁卡要全部插入),因此不会出现电话卡退不出来的"吃卡"现象。

磁卡电话机和 IC 卡电话机都是借助于电话卡的作用才能使用的电话机,因此电话机在结构和原理上与传统的电话设备有所差异。它由两部分组成,一部分是普通的电话机,另一部分是计费和收费装置。用普通电话机打电话,采用的是记账收费,而磁卡电话机的收费则是对每次通话进行一次结算,因此,非常适用于流动人员使用。IC 卡电话机的收费及结算方法与磁卡电话机相似,所不同的是利用电信息代替了磁信息。磁卡电话机通过磁卡读写器读出记录在磁卡上的磁信息,IC 卡电话机则是通过另一种读写器读出记录在 IC 卡上的电信息。

3.7.5　GSM 移动电话(SIM 卡电话)

SIM 是 Subscriber Identity Model(客户识别模块)的缩写。SIM 卡也称为智能卡或客户身份识别卡,GSM 数字移动电话机必须装上此卡方能使用。它在一个计算机芯片上存储了数字移动电话客户的信息和加密的密钥等内容,可供 GSM 网络对客户身份进行鉴别,并对客户通话时的语音信息进行 SIM 卡的识别,完全防止了并机和通话被窃听的行为。并且 SIM 卡的制作是严格按照 GSM 国际标准和规范来完成的,从而可靠地保障了客户的正常通信。SIM 卡在 GSM 系统中的应用,使卡和手机分离,SIM 卡唯一标识一个客户。一张 SIM 卡可以插入任何一部 GSM 手机中使用,而使用手机所产生的通信费则记录在该 SIM 卡所唯一标识的客户账上。SIM 卡容量有 8KB、16KB、32KB、64KB,其中 16KB 以上的 SIM 卡统称为多功能 STK 卡。

1. SIM 卡的存储容量

一般 SIM 卡的 IC 芯片中有 8KB 的存储容量,用于储存以下信息:

(1) 100 组电话号码及其对应的姓名。

(2) 15 组短信息(short message)。

(3) 5 组以上最近拨出的号码。

(4) 4 位 SIM 卡密码(PIN)。

2. SIM 卡卡号的含义

SIM 卡上有 20 位数码。前面 6 位(898600)是中国的代号;第 7 位是业务接入号,在 135、136、137、138、139 中分别为 5、6、7、8、9;第 8 位是 SIM 卡的功能位,一般为 0,预付费 SIM 卡为 1;第 9、10 位是各省的编码;第 11、12 位是年份;第 13 位是供应商代码;第 14～19 位是用户识别码;第 20 位是校验位。

3. SIM 卡的密码

SIM 卡的密码(PIN 码)保存在 SIM 卡中,其出厂值为 1234 或 0000。激活 PIN 码后,每次开机要输入 PIN 码才能登录网络。PUK 码是用来解 PIN 码的万能钥匙,共 8 位。用户是不知道 PUK 码的,只有到营业厅由工作人员操作。当 PIN 码输错 3 次后,SIM 卡会自动上锁,此时只有通过输入 PUK 码才能解锁。PUK 码共有 10 次输入机会。输错 10 次后,SIM 卡会自动启动自毁程序,使 SIM 卡失效。此时,只有重新到营业厅换卡。

SIM 卡有两个 PIN 码:PIN1 码和 PIN2 码。通常讲的 PIN 码就是指 PIN1 码,它用来保护 SIM 卡的安全,是属于 SIM 卡的密码。PIN2 码也是 SIM 卡的密码,但它与网络的计费(如储值卡的扣费等)和 SIM 卡内部资料的修改有关。所以 PIN2 码是保密的,普通用户无法用上 PIN2 码。不过,即使 PIN2 码锁住,也不会影响正常通话。也就是说,PIN1 码才是属于手机用户的密码。

在设置固定号码拨号和通话费率(需要网络支持)时需要 PIN2 码。每张 SIM 卡的初始 PIN2 码都是不一样的。如果 3 次错误地输入 PIN2 码，PIN2 码会被锁定，这时同样需要到营业厅去解锁。如果在不知道密码的情况下自己解锁，PIN2 码也会永久锁定。PIN2 码被永久锁定后，SIM 卡可以正常拨号，但与 PIN2 码有关的功能再也无法使用。

以上各种码的默认状态都是不激活。

SIM 卡存储的数据可分为 4 类：第一类是固定存放的数据。这类数据在移动电话机被出售之前由 SIM 卡中心写入，包括国际移动用户识别号（IMSI）、鉴权密钥（KI）、鉴权和加密算法等。第二类是暂时存放的有关网络的数据，如位置区域识别码（LAI）、移动用户暂时识别码（TMSI）、禁止接入的公共电话网代码等。第三类是相关的业务代码，如个人识别码（PIN）、解锁码（PUK）、计费费率等。第四类是电话号码簿，是手机用户随时输入的电话号码。用户全部资料几乎都存储在 SIM 卡内，因此 SIM 卡又称为用户资料识别卡。

SIM 卡最重要的功能是进行鉴权和加密。当用户移动到新的区域拨打或接听电话时，交换机都要对用户进行鉴权，以确定是否为合法用户。这时，SIM 卡和交换机同时利用鉴权算法，对鉴权密钥和 8 位随机数字进行计算，计算结果相同的，SIM 卡被承认，否则，SIM 卡被拒绝，用户无法进行呼叫。SIM 卡还可利用加密算法对话音进行加密，防止窃听。

3.7.6 火车票优待发售证明

学生证上有 IC 识别卡，同时可以作为火车票优待发售证明，其形状如一张不干胶的白纸，粘贴在学生证内。学生证上的 IC 识别卡是一种具有身份识别功能的无线卡，卡上记录正规院校的学校代码、没有工资收入的学生或研究生的身份信息（如学号）以及学生返家的家庭居住地信息。当学生回家或返校时，铁路售票工作人员通过专用读卡器（一种非接触式读卡器）读取学生证上的 IC 识别卡内的有关信息。每名学生每年可买四次从院校所在地到家或从家至院校所在地的硬座车半价客票、加快票和空调票等。

3.7.7 社会保障卡

社会保障卡是由医疗保险经办机构为参保人就医、购药而办理的用于验明身份，记录、储存个人账户资金及使用情况的电子信息卡片。参保人持本人社会保障卡，可在本市任何一家定点医疗机构就医或定点零售药店购药。

社会保障卡一般采用条码卡、磁条卡和 IC 卡。条码卡是最简单的一种卡片，成本低，但是要求有很强大的计算机网络做支持，客户化工作量大；磁条卡客户化工作量与条码卡比简单得多，但它对计算机网络要求与条码卡是一样的；IC 卡也称为智能卡或集成电路卡，目前分三种类型。

3.7.8 医疗保险卡

医疗保险卡简称医保卡，是医疗保险个人账户专用卡，以个人身份证号码为识别码，储存个人身份证号码、姓名、性别以及账户金的拨付和消费情况等详细资料。医保卡是中国银行多功能借计卡的一种。

3.7.9　中国金融 IC 卡

金融 IC 卡(电子钱包)是一种能给持卡人带来方便的"互通卡",具有 Visa 统一标识。持有 7 家商业银行中任何一家发行的金融 IC 卡,都能在任何一家特约商户提供的唯一一台 POS 机上进行刷卡消费。与传统的银行卡相比,金融 IC 卡最大的优势是可以实现脱机管理,用这种卡消费时,不必每一次都和发卡行的主机相联。因为其具有的"电子钱包"和"电子存折"两种功能,可以创造出快捷、方便的结算小环境。而且,金融 IC 卡特别适合目前正在兴起的电子商务所要求的电子支付手段的要求,用金融 IC 卡进行支付结算,不仅快捷方便,而且对防范风险可以起到技术保障作用。

3.7.10　非接触式门禁卡

目前,非接触式 IC 智能射频卡(内建 MCU、ASIC 等)的主流产品主要采用 Phlips 公司的 MIFARE 技术,已被定为国际标准(ISO/IEC 14443 IYPEA)。欧洲一些较大的 IC 卡制造商、IC 卡读写器制造商和 IC 卡软件设计公司等也都以 MIFARE 技术为标准。

以 Philips 公司的 S50 为例,卡片上内建 8Kb E^2PROM 存储容量并划分为 16 个扇区,每个扇区又划分为 4 个数据存储块,每个扇区可以采用多种方式的密码管理。卡片制造时具有唯一的序列号,没有重复相同的两张 MIFARE 卡片。序列号存在第 0 扇区的第 0 块。IC 卡数字模块主要包括 ATR 模块、AntiCollision 模块、Select Application 模块、AuthentiCation & Access Control 模块、Control & Arithmetic Unit(控制及算术运算单

元)、RAM/ROM 单元、Crypto Unit(数据加密单元)和 E^2PROM Interface/E^2PROM Memory。其认证过程如图 3-47 所示。

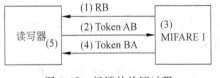

图 3-47　门锁的认证过程

(1) 由 MIFARE 1 卡片向读写器发送一个随机数据 RB。

(2) 读写器收到 RB 后向 MIFARE 1 卡片发送一个令牌数据 Token AB,其中包含了读写器发出的一个随机数据 RA。

(3) MIFARE 1 卡片收到 Token AB 后,对 Token AB 的加密部分进行解密,并校验步骤(1)中 MIFARE 1 卡片发出的 RB 是否与步骤(2)中接收到的 Token AB 中的 RB 一致。

(4) 如果步骤(3)校验是正确的,则 MIFARE 1 卡片向读写器发送令牌 Token BA 给读写器。

(5) 读写器收到令牌 Token BA 后,读写器将对令牌 Token BA 中的 RB 进行解密;并校验步骤(2)中读写器发出的 RA 是否与步骤(4)中接收到的 Token BA 中的 RA 一致。

如果上述的每一次校验结果都为"真",都能够正确通过验证,则整个认证过程成功。读写器将对卡上的这个扇区进行 Read/Write 等操作。每个块中的数据可以加密,其算法为 DES 和 RAS,这样就提高了数据的安全性。

3.8 常见案件分析

3.8.1 台湾省伪造国际信用卡集团案

1. 案情简介

2003年11月14日,台北警方破获一起国际伪卡集团案,逮捕集团主犯丘某铭,并搜出三百多张伪造信用卡和相应制卡设备。

警方经过两个多月布线侦查,趁嫌犯在领取伪卡包裹时将其逮捕,当场搜出三百多张伪造信用卡的半成品,涉及伪造信用卡信息大都来自美国、英国和澳大利亚等地的被害人资料。

警方查出,该犯罪集团为扩大市场,提升伪卡仿真程度,与香港的不法集团勾结,通过快捷邮递等其他多种途径,先取得卡号相关资料及伪卡半成品,在台湾完成加工后回销海外,交由国际犯罪嫌疑人在欧洲或东南亚各处盗刷购买高价电子产品或金饰品。

2. 案件侦破要点

此类国际伪卡集团案件侦破的基础,在于全面了解银行发行信用卡的流程与使用以及开卡信息明细类别。而破案的关键在于:查找若干被害人的个人信息的泄露渠道,即被害人的信用卡的应用范围是否存在交集,此交集往往就是犯罪嫌疑人实施伪造信用卡资料的来源。本案中,嫌疑人集中获得持卡人资料的途径之一便是"快捷邮递",被害人在正常使用该快递服务时,无意中透露了个人的真实身份信息与信用卡资料,由此为嫌疑人带来可乘之机。

3.8.2 中国银联沈阳分公司协助公安部门侦破"6·23"案件

1. 案情简介

2003年6月,沈阳市公安局经侦支队接到某银行沈阳分行报案,称该行几位持卡人的银行卡账户余额非正常减少,怀疑有人获取了银行数据资料,伪造假卡盗取他人资金。经侦支队随即通报了沈阳分公司和人民银行沈阳分行。

经侦支队干警对代理机具、代理行前置系统、交换中心、发卡行前置系统和维护服务商等各个可能出现问题的环节进行了全面分析。经过各方共同努力,案件只用了20多天便告破,犯罪嫌疑人叶某被公安机关抓捕归案。

犯罪嫌疑人叶某原为北京一家软件公司的软件工程师,2001年在沈阳为某银行沈阳分行POS前置机进行应用程序开发时,利用工作之便,获取某个时间段通过该行前置的8万多张各家银行的银行卡交易数据,由于当时该行的POS主密钥为明文存放,作为软件开发调试人员的叶某获得了该密钥。在沈阳工作结束后,叶某将这些数据带回北京自己的家,利用专业特长,制造出一批假卡,在北京开始盗取他人资金。

案件告破后,人民银行沈阳分行、中国银联沈阳分公司、市政府金融办、公安局和全市各入网成员银行召开会议,通报了案情,要求各成员银行加强内控制度建设和检查,加强对跨行交易数据的安全管理。

2. 案件侦破要点

本案中的关键环节为：卡→密码→密钥→专业技术人员。

3.8.3 改造读卡器,窃取持卡人资料案

1. 案情简介

据《羊城晚报》报道,犯罪分子在自动提款机(ATM)上使用精密的集成电路和无线发射装置,配合铁夹,可轻易获取储户的银行卡和密码。近日,这种新型的银行卡无线盗码器在广东省佛山市禅城区某 ATM 机上被发现,幸亏事主及时发现,避免了损失。

2005 年 4 月 1 日,据警方介绍,张女士 1 月 21 日晚 7 时许准备提款回家乡过春节。当她把借记卡插进某银行的 ATM 机内输入密码后,发现屏幕显示出“此卡被银行保管”字样。之后的操作无法继续,借记卡也取不出来了。

张女士仔细查看 ATM 机,发现键盘的颜色似乎比她上午在此取钱时看上去要白一些,键盘边缘有的地方也裂开了,便用手试着去揭。一揭便发现“键盘”底下还有一个键盘。“键盘”的背面是一个制作精细的集成电路板,还配有小液晶屏幕,上面的数字赫然显示着自己的银行卡密码。张女士马上报警。

佛山市公安局禅城分局城南街派出所民警到场后又叫来银行工作人员。经银行工作人员仔细检查,还在柜员机的入卡口内取出一条长达 20 多厘米的黑色铁夹,张女士的银行卡正是被另外安装上去的铁夹夹住的。

据介绍,假键盘背面的电路板可以将取款人输入的密码直接发射出去。作案分子选择在光线昏暗的晚上安装,隐蔽性很强,取款人一般很难发现。

2. 案件侦破要点

本案的侦破要点是：调取银行监控录像,锁定犯罪嫌疑人。

3.9 侦查思路与方法

3.9.1 总体思路

对于涉卡案件的侦查,尤其是涉及高技术犯罪的克隆卡类案件,关键在于线索的获取,通常涉卡案件通过以下几个方面获取线索：

(1) 案件体现的直接线索,例如卡的来源;

(2) 根据涉案 IC 卡的使用记录追查用卡人的行踪;

(3) 根据卡失密可能发生的环节追查;

(4) 如果从服务器看用卡的数据流程和密码校验异常,那么就从数据节点上入手;

(5) 用卡设备的中间环节;

(6) 公安网上的同类案件信息(还要考虑串并案信息)。

3.9.2　线索的发现

在总体思路的指导下,可以通过银行或商家的服务器提供的日志信息、银行卡的交易信息和视频监控信息,"天眼工程"提供的监控视频,网络银行、电话银行和手机银行等提供的语音、交易信息等发现线索,具体工作如下:

(1) 查看服务器日志。

通过查看服务器日志,可以获取包括交易时间、交易地点、交易金额、转账交易和交易代码等信息;

(2) 查看监控录像。

通过查看监控录像,可以获取时间发生的时间、地点、ATM/POS地址、交易代码、嫌疑人的体貌特征和动作行为特点等信息。

(3) 卡的使用记录。

通过查看卡的使用记录,掌握用卡人的活动轨迹、生活规律、消费特点、个人资料以及关联信息。

思　考　题

1. IC卡与磁卡相比有哪些优势?

2. IC卡的安全性如何体现?

3. 同时具有磁条和芯片的卡安全吗?为什么?

4. 普通逻辑卡、逻辑加密卡和CPU卡哪个更安全?为什么?

5. IC卡如何复位?

6. 非接触式IC卡内线圈的作用是什么?

7. 如何理解卡片与读卡器间的相互认证?

8. 为何要查看杀毒软件的日志?

9. 银行卡的卡号与账号之间是什么关系?

10. 什么是手机的"一卡多号"?

11. IC卡内有哪些文件?文件的结构如何?

12. 说明密钥与密码的区别。

13. 什么是冷复位?

14. 说明非接触式IC卡内芯片如何得到电源的支持?

第 4 章

ATM 与 POS 系统

ATM 表示自动柜员机,它是银行为用户提供个人银行业务服务的设备,用户通过 ATM 可以实现取款、存款、转账、更改密码和余额查询等银行业务。POS 表示商业销售终端,通过 POS 消费者可以使用银行卡进行消费,POS 由银行系统认证使用。

4.1 ATM 的功能与结构

在世界范围内 ATM 属于专有设备,国家严格控制其生产、销售和使用。随着 ATM 的使用,部分人工银行业务被机器取代,方便了用户,也减轻了银行职员的工作量。ATM 是一台高度精密的机电一体化机器,其中包括精密机械、精密电机控制、精密光电控制、光电转换、摄像监控和安全数据传输等技术。

ATM 是通过读卡器读取银行卡上的持卡人磁条信息,由持卡人选择交易方式,持卡人输入个人识别信息(即密码),ATM 把这些信息发送到发卡银行系统,完成联机交易,给出成功与否的信息,并可打印票据。

4.1.1 ATM 的功能与结构

ATM 是 Automatic Teller Machine 的缩写,意为自动柜员机,因其主要用于取款,又称自动取款机。它是一种高度精密的机电一体化装置,利用磁性代码卡或智能卡实现金融交易的自助服务,代替银行柜面人员的工作。可提取现金、查询存款余额、进行账户之间资金划拨和余额查询等工作;还可以进行现金存款(实时入账)、支票存款(国内无)、存折补登和中间业务等工作。持卡人可以使用信用卡或储蓄卡,根据密码办理自动取款、查询余额、转账、现金存款、存折补登、购买基金和更改密码等业务,见图 4-1。

(a) 大堂式ATM   (b) 穿墙式ATM

图 4-1　ATM 的种类

1. ATM 的硬件

1）ATM 的硬件组成

ATM 的硬件组成如图 4-2 所示。

（1）操作面板：人机界面。

（2）磁卡读写：对客户的磁卡进行读写。

（3）计算机主机：控制和处理 ATM 中的有关信息。

（4）日志/凭条打印机：可打印交易日志和储户数据。

（5）存款箱：存放客户存入的现金。

（6）现钞箱：有 2～4 个，供取现时用。

（7）废钞箱：存放不合格的现钞。

（8）维修操作检查面板：供维修和操作用。

（9）电源：对 ATM 供电。

ATM硬件部分
- 电源模块 { 交流 / 直流
- 控制系统 { PC或专用单板机 / 接口模块
- 点钞系统 { 取款模块 { 钱箱 / 点钞模块 / 传输器 } / 存款模块
- 记录系统 { 日志打印机 / 凭条打印机
- 用户界面 { 显示器 / 卡读写设备 / 用户键盘及功能键 / 出钞口
- 其他(风扇、日光灯、传感器等)

图 4-2　ATM 硬件组成

（10）通信部件：联机方式与主机或通信网相联时，完成各种接口工作。

2）ATM 的主要功能

（1）存款：用于吸收小额现金和备付转账款项。

（2）取款：提供自动取款功能。

（3）查询：提供各种信息查询。

（4）修改密码：修改银行卡的原始密码。

（5）转账：提供多种费用和账户的转账。

（6）小额贷款的偿还：提供抵押贷款和小额贷款的偿还。

3）ATM 的工作方式

ATM 通常采取联机方式，其特点如下：

（1）通过专线或电话线连至银行主机。

（2）操作时，计算机文件立即更新。止付卡信息存在银行当前数据库中。

（3）操作自动化，省去大量手工检验和过账操作。

（4）成本高，但安全，通信线路要完备。

（5）有查询账户余额功能。

联机方式有集中式、分布式和集中分布式。目前 ATM 基本都用集中分布式联机方式（终端分布在各地，处理集中在中心机）。

4）ATM 读卡器结构

ATM 读卡器结构如图 4-3 所示。其功能如下：

（1）根据磁卡或 IC 卡上记录的信息（账号）判别该卡是否可进行交易操作。

（2）根据磁卡及 IC 卡上记录的信息（账号和密码）校验操作者的身份是否合法。

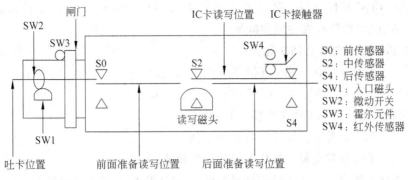

图 4-3　ATM 读卡器结构图

（3）根据磁卡或 IC 卡上记录的信息（主要是账号）开放交易项目。

（4）记录磁卡及 IC 卡在当天取款的次数和金额，限制该卡当天的取款金额及交易次数。

（5）改写磁卡密码及 IC 卡上的有关信息。

2．ATM 的软件

1）ATM 的软件

ATM 的软件层次结构如图 4-4 所示。

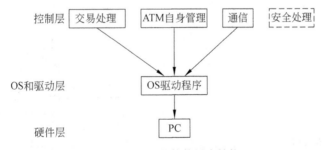

图 4-4　ATM 的软件层次结构

2）ATM 软件功能

一般的 ATM 网络管理软件都有监控、管理和查询交易三大功能。

（1）对联网运行的 ATM 进行实时监控。

① 实时监视网上 ATM 所有的交易操作情况（例如监控磁卡账号、交易项目、交易金额和交易操作时间等）。

② 实时显示网上 ATM 所发生的异常情况（例如机器受到恶意破坏、突然断电等）。

③ 实时显示 ATM 运行状态（对外服务状态、主管操作状态、尚未通电启动状态）。

④ 实时显示 ATM 的钞票、打印纸、存款信封的存储情况。

⑤ 通过定义来增加或减少监控对象。

⑥ 控制网上所有 ATM 对外开放服务。

⑦ 控制网上所有 ATM 停止对外服务。

⑧ 监视 ATM 硬件运行情况,实时显示网上 ATM 内部各个模块的各种状态(工作正常、维护警告、故障报警和发生致命故障)。

(2) 提供 ATM 交易查询功能。

① 可以查询网上任何一台 ATM 的某笔交易记录。

② 可以查询网上任何一台 ATM 的异常交易记录。

(3) 对联网运行的 ATM 进行实时管理。

① 提供 ATM 交易数据库数据备份的功能。

② 提供 ATM 异常交易数据库数据备份的功能。

③ 提供网上所有 ATM 各种交易量的统计,并可以生成有关统计报表。

④ 提供网上所有 ATM 各种异常交易的统计,并可以生成有关统计报表。

⑤ 提供网上所有 ATM 各种故障的统计,并可以生成有关统计报表。

⑥ 可以打印 ATM 各种交易量的年统计报表、月统计报表和日统计报表。

⑦ 可以打印 ATM 各种故障的年统计报表和月统计报表。

上述所有统计结果可以用多种图表显示和打印,提供给有关人员进行决策分析。

3. ATM 的应用业务流程

ATM 进行业务处理时,需要按照图 4-5 所示的应用业务流程进行处理,其中的每一个环节都可以成为案件调查的节点。ATM 取款流程如图 4-6 所示,交易流程如图 4-7 所示。

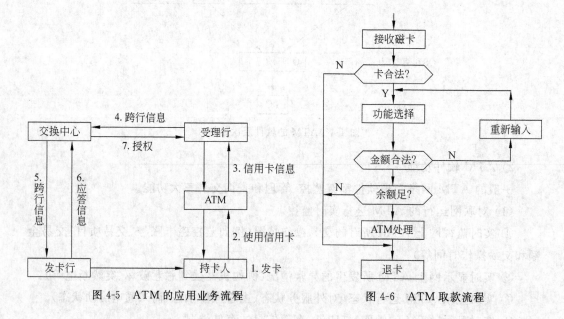

图 4-5　ATM 的应用业务流程　　　　　图 4-6　ATM 取款流程

4.1.2　ATM 银行卡监控系统

各商业银行都增强了针对 ATM 的视频监控措施,安装了专业的监控系统,监控系统

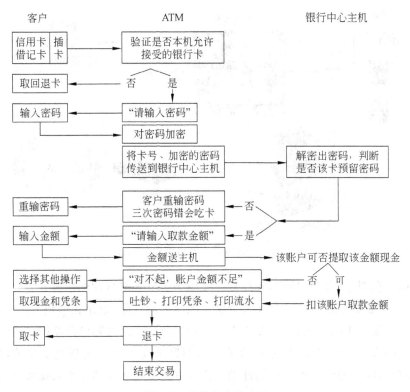

图 4-7　完整的交易流程

的主要功能如下(见图 4-8 和图 4-9)。

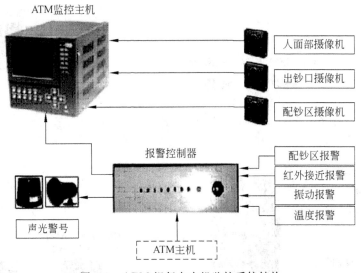

图 4-8　ATM-银行卡本机监控系统结构

(1) 一般主要监控人正面、出钞口和配钞区,人正面摄像头主要获取取款者或破坏者的正面图像,出钞口摄像头主要摄取出钞口的出钞或异常情况,配钞区摄像头主要监视配

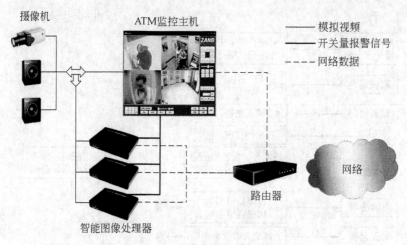

图 4-9　ATM-银行卡网络监控系统结构

钞过程中的活动图像,其中出钞口和配钞区摄像头一般采取自动切换模式,所以真实的录像为两路,需安装 3 个摄像头。但随着金融保卫形势的变化,近来很多地方的公安部门提出了安装 5 个摄像头的要求,这个要求主要是针对 ATM 周边环境的监控,也就是需要补充两路环境摄像机(每个环境摄像机覆盖 90°,两路覆盖 180°),实现全景覆盖,防止监控死角,为事后的取证提供更加全面的证据。这种方式就需要安装 5 个摄像头,实际录像为 4 路。由于 ATM 的特殊构造,大部分出钞口的摄像头会监视到 ATM 的键盘图像,这样会导致输入密码的图像被记录,为防止银行内部雇员作案,所以 ATM 键盘区域的部分图像通常被遮挡。大堂式 ATM 监控系统如图 4-10 所示。

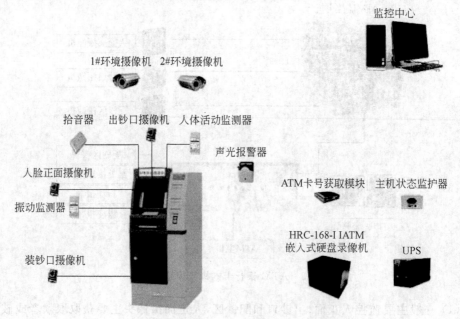

图 4-10　大堂式 ATM-银行卡监控系统

（2）监控录像图像上叠加时间、日期和取款人的银行卡卡号。这种监控录像可以为法庭取证提供最直接有效的证据支撑，同时也为日后录像检索提供方便，如图 4-11 所示。

图 4-11　ATM-银行卡监控采样

（3）安装短信报警模块。现在多数金融机构的自助开放服务均加设了信息报警模块，根据不同的异常情况，通过预设号码将短信息即时发送到指定接收者。对于特殊的异常，还可以直接向公安机关传递报警信息。

4.1.3　银行卡卡号与监控录像叠加的意义

有了叠加卡号的 ATM 监控录像，就能充分证明"就是这个人，拿了这张卡，取了这笔钱"，因为其所记录的图像上不仅有人像和出钞的钱，还有卡号，它已经将人和卡紧密地结合起来。首先，在哪个账号取了钱是由 ATM 记录的，而记录谁取了钱是由 ATM 监控系统（DVR）记录的，因此取钱的账号与取钱的人没有必然的联系，唯一有关联的就是时间，但是 ATM 的记录时间与监控录像的记录时间往往相差两分钟以上，有了这个时间差，就无法作为法庭上的证据。因为我国现行的法律明文规定，控方必须提供确切的证据，才能判定被告有罪，而无须被告证明自己无罪，因此没有叠加卡号的 ATM 监控将大大削弱其作为监控应有的功能。另外，ATM 监控的另一个作用是为了很好地解决客户与银行之间的纠纷。例如，出现 ATM 机记账不吐钱时，一般处理过程是：银行首先清点钱箱，然后查看 ATM 取钱记录，如果多出钱，可查看监控录像，再确定是谁应该得到补偿。如果录像中没有 ATM 卡号，整个确认过程就会很复杂，且可能出错。如果 ATM 监控录像中叠加有卡号，一切问题的解决就容易多了，只需要查看监控录像，然后以录像中的卡号查看 ATM 记账情况，立即就可以确认银行应向此客户提供多少补偿，使客户不至于等上几天才能解决问题，从而融洽储户与银行之间的关系。因此，卡号叠加在 ATM 监控系统中有着非比寻常的意义。

4.1.4　ATM 的日志、凭条及代码

1. ATM 的日志

ATM 的日志详细记录了交易的细节，可以通过专门的日志分析工具对日志进行分析，从而得出有用的结论。下面以查询和取款交易为例，对日志信息进行说明：

```
>2002.10.30 09:10:25===Start TXN===                                (1)
 * 09:10:26 PAN: 6858001030020000100                               (2)
   09:10:31 Func. INQ selected                                     (3)
   09:10:31 6858001030020000100                                    (4)
           No.5103 INQ
   09:10:40 Host Return : <0000>                                   (5)
   09:10:49 Func. CWD selected                                     (6)
   09:10:54 Amount CNY 3000.00                                     (7)
   09:10:54 Denominate Cash: 16 22 0 0                             (8)
   09:10:55 6858001030020000100                                    (9)
           No.5104 CWD 3000.00
   09:11:05 Host Return : <0000>                                   (10)
   09:11:22 CardPosition: returned                                 (11)
   09:11:24 Card returned                                          (12)
 * 09:11:31 Money present                                          (13)
 - 09:11:32 6858001030020000100                                    (14)
           No.5104 CWD CFM 3000.00
 <09:11:34--------End TXN----------                                (15)
```

(1) 2002 年 10 月 30 日 9 点 10 分 25 秒客户插卡，交易开始。

(2) 客户主账号为 6858001030020000100。

(3) 客户选择查询交易。

(4) 发送查询交易到主机，交易流水号 5103。

(5) 主机响应码 0000，交易成功。

(6) 客户选择取款交易。

(7) 客户选择取款 3000 元。

(8) 钞箱配钞情况，第一个钞箱出钞 16 张，第二个钞箱出钞 22 张。

(9) 发送取款交易到主机，交易流水号 5104。

(10) 主机响应码 0000，交易成功。

(11) 退卡。

(12) 卡被客户取走。

(13) 客户取走钞票。

(14) 发送取款确认交易包到主机。

(15) 交易结束。

2. ATM 的凭条

银行将用户的当次交易情况通过凭条以凭条打印机打印的形式交给用户，当用户与银行发生交易纠纷时，用户以此为凭证与银行进行交涉。

3. ATM 的代码

ATM 的代码分为响应码和异常码，ATM 的代码可以准确反映该 ATM 在交易前、交易中和交易后的完整情况，ATM 的代码记载于日志中。

4.1.5　部分国内外商业银行执行密码校验的具体措施

为了确保银行卡密码安全,在使用通行的银行卡密码技术的同时,部分商业银行还采用了其他密码处理办法以确保银行卡的使用安全。

1. 英国巴克莱银行的多因素密码校验方法

该方法要求使用网上银行服务的用户在交易前必须输入姓氏、12 位会员号码、5 位数密码及两个字节的其他密码。

2. 苏格兰皇家银行的多因素密码校验方法

该方法与英国巴克莱银行多因素密码校验方法略有不同,要求客户在输入生日和个人识别码(PIN)后,必须回答几个随机问题(已在银行卡资料库中预留的答案)。只有所有的号码均正确,问题答案与预留答案均一致,才能使用网上银行服务。

3. 荷兰 Rabobank Group 和比利时富通集团的动态密码

荷兰 Rabobank Group 和比利时富迪集团两家企业均为客户配备了可产生随机代码的微型装置,客户登录网上银行时必须输入装置产生的随机代码,同时要求客户输入姓氏、12 位会员号码、5 位数密码和其他预留密码(两个字节)。

4. 德国部分银行的批处理密码

德国部分商业银行可为持卡人的借记卡提供密码单,密码单一般记录 50 或 100 个银行卡密码,所有密码的有效期为 1～2 个月,每个密码使用一次后随即作废。持卡人每次使用前可记下几个密码,使用借记卡交易时,即使银行卡和密码被盗,也不用担心银行卡被他人冒用。

5. 美国花旗银行的动态账号

花旗银行于 2006 年推出一种新的安全技术,使其信用卡号不再通过互联网传送。客户下载专用软件至计算机后,即会自动启动安全功能。在线购物时,每次提供用户名和密码,都会自动产生随机号码代替信用卡号码,形成"虚拟账号"(花旗银行信用卡用户免费使用)。零售商可像处理任何信用卡号码一样处理这种替代号码,不会延迟购物时间,虚拟账号在每次购物之后便失效,不能重复使用。

6. 我国的双重密码保护机制和动态密码验证

由于网上银行系非接触式金融交易,所以,国内商业银行在网上银行操作中设置了多重安全保障,如采用查询密码和交易密码双重密码保护机制,采用动态密码验证、浏览器证书和移动证书等多种安全认证方式,提供数字软键盘密码输入方式等。除上述安全措施外,部分商业银行还及时借助短信发出用卡情况通知,使客户在第一时间了解账户变动信息。工商银行、招商银行等还于几年前推出可保存在硬盘或 USB 存储器上的移动证书,客户可以随身携带这种电子证书。在进行部分网上银行交易前,客户必须使用密码、CVV 码和电子证书进行三重校验,确认身份后才能开始交易,以防资金被盗用。

7. 我国香港地区的银行卡密码和电子证书双重认证

香港地区部分银行已就网上银行交易推出双重认证,客户在发出交易需求后,银行用手机短信向客户发出一次性密码,只有在输入银行卡密码和一次性密码后,整个交易才能被确认并完成。

香港恒生银行和汇丰银行通过向客户发放保安编码器的方式保障银行卡交易安全。保安编码器仅有拇指大小,有一个液晶屏、一个按钮和一个钥匙环。每个编码器都有独特编号,可与银行卡号挂接。编码器有内置时钟,每次按下按钮,会根据编码器编号和交易时间生成 6 位数密码。客户必须同时输入银行卡密码和编码器密码,才能获得身份认证。由于编码器密码与交易时间挂钩,所以每次生成的密码都不一样,而且每个密码在很短时间内就会失效,即使被他人偷看或记下银行卡号、银行卡密码和编码器密码,几分钟后编码器密码就无法使用了。

恒生银行与汇丰银行在如何使用保安编码器上采用了不同的选择。恒生银行将保安编码器作为高风险银行服务的保障手段,仅在客户需要向未登记账户转账或支付时才用到编码器密码,因此客户必须去银行主动申请并被确认曾使用过高风险银行服务,才能免费得到保安编码器。汇丰银行相对更谨慎一些,不但为每个用户都免费发放保安编码器,而且要求例如登录网上银行查看账户等最基本的操作都必须使用保安编码器,因此操作安全性比恒生银行更高,但程序相对更为复杂。

4.2 ATM 的安全使用常识

近年来,随着银行卡业务的迅速发展,自助设备(主要是自动柜员机,也称 ATM)在我国得到了广泛的应用,这些自助设备在给广大金融消费者带来便利的同时,也给一些犯罪嫌疑人利用 ATM 进行诈骗活动提供了可乘之机。如果在使用自助设备时遇到了下面的情况,请提高警惕,因为这些情况经常是犯罪嫌疑人利用 ATM 进行诈骗的主要形式。

(1)犯罪嫌疑人会安装特殊装置盗取银行卡信息。除通过在自助银行门禁系统和自助设备上安装摄像头、假键盘、录音机等特殊装置盗录持卡人银行卡卡号、密码等安全信息,或利用高倍望远镜在距 ATM 不远处窥视窃取密码外,还利用测录机等设备盗取客户磁卡上的磁道信息,再利用盗取的信息制作伪卡后大肆消费、取现,给持卡人和发卡银行造成重大经济损失。

(2)犯罪嫌疑人制造吞卡、不出钞等假象来进行欺骗。犯罪嫌疑人先将自制装置放入 ATM 读卡器内制造"吞卡"假象,或是在 ATM 出钞口设障,使 ATM 吐钞不成功,同时在 ATM 旁粘贴假冒的"客户服务投诉热线",引诱持卡人向所谓的"银行员工"或"公安人员"透露卡号、密码等安全信息,或直接把资金转移到其指定的账户上。目前犯罪嫌疑人的诈骗手段又有升级,出现了将真实银行客户服务电话号码嵌入小灵通号码,伪装银行客户服务热线的新手法,较之早前的手法更具隐蔽性和欺骗性。

(3)张贴虚假告示是犯罪嫌疑人的另一个惯用手法:犯罪嫌疑人会冒充 ATM 管理单位,在 ATM 上张贴紧急通知或公告(如"银行系统升级"、"银行程序调试"等),要求持卡人将自己银行卡的资金通过 ATM 转账到指定账户上，从而盗取持卡人的存款。

（4）分散持卡人注意力、对卡片进行掉包也是目前常见的犯罪手段。在此类案件中，犯罪嫌疑人通常结伙作案，在持卡人进行 ATM 操作的过程中，采取假装提醒持卡人遗落钱物、询问 ATM 使用方法、故意推撞持卡人等方式干扰持卡人的正常操作，转移其视线后在卡口插上假冒的同类银行卡，使持卡人误以为自己的银行卡被 ATM 机退出。持卡人为防盗抢，慌乱中没有认真鉴别卡片真伪即离开，犯罪分子利用留在机具内的真卡，继续进行取款、修改密码甚至取卡后到商场消费等操作，使持卡人蒙受损失。有些犯罪嫌疑人也会冒充"好心人"提醒或帮助持卡人，设诈套取卡号和密码后盗取卡内资金。

（5）犯罪嫌疑人故意设置出钞故障。他们往往利用自制装置在 ATM 出钞口设障，如用铁片或胶水粘住出钞口，使 ATM 吐出的钱卡在出钞口内，让持卡人误以为机器或操作故障而离开。而通过取款键盘设障，犯罪嫌疑人用仿造的 ATM 键盘（内有电路装置，具有记录和存储功能）附在 ATM 键盘上，窃取持卡人的银行卡信息和密码，然后制作伪卡消费、取现。

（6）假自助银行或自助设备。近两年来，国内陆续出现嫌疑人设立假的自助银行或自助银行设备的案件。嫌疑人在住宅小区、工业区和商业区的路口，或租用档口或使用独立商亭的形式，伪装成自助银行，或者直接在某处摆设一台假的 ATM。这样的案件中，通常嫌疑人为避免过早被银行的工作人员识破，在其"服务空间"或者"服务设备"上，不会出现明显的某银行的标志或者名称，而含糊地使用"银联"标志或只标明"自助银行"。在此类案件中，嫌疑人通过虚假自助设备，在用户插入银行卡后，读取卡号信息；在用户使用键盘输入密码的过程中，记录用户密码；而后或采用"吞卡故障"、"克隆磁卡"等方法，完成其侵财的目的。

安全使用自助银行必须注意以下 4 点：

（1）使用自助设备时，注意旁边的人是站在一米线外的安全位置，还是站在背后偷窥用户账号和密码。

（2）使用自助银行或自助设备时，务必确认该设备的真实有效性。

（3）有陌生人搭讪、问询或以其他方式干扰用户注意力时，尤其要注意先取回卡、现金和交易凭条。

（4）绝对不要向任何来历不明的账户转款。确实需要办理转账业务的，必须仔细核实收款人的账户名称、账户号码和开户行等信息。

4.3 POS 和 POS 系统

4.3.1 POS 的功能与结构

POS(Point of Sale)，即销售点终端，是置于商店、宾馆和酒楼等场所，供消费者持卡进行结算的装置，也是建立自动电子支付体系必不可少的关键设备，见图 4-12。

在许多国家，POS 已成为最主要的支付手段。国内，自各专业银行发行信用卡以

图 4-12　商用 POS

来,经过十多年的努力,信用卡和储蓄卡应用系统已较为成熟,并逐步形成规模,发卡量、POS 终端数量、POS 交易数量及 POS 交易的安全可靠性等方面都有了极大的提高。特别是智能卡产业的飞速发展,无论是在金融领域还是非金融领域,更促进了 POS 系统的应用和发展,针对各行各业的应用所出现的解决方案对社会产生了深刻的影响,正逐步改变着人们的金融习惯和社会支付体系,并对商品的生产、流通产生意义深远的巨大影响。

POS 的硬件结构一般包括微处理器、人机接口部分(即输入键盘和显示模块)、与系统相连的通信模块、IC 卡/磁卡读写模块、数据存储器、票据打印机、用户密码键盘/显示屏和条码阅读器等。POS 是一个功能非常齐全的智能终端,其结构如图 4-13 所示。

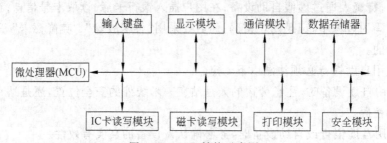

图 4-13　POS 结构示意图

从 POS 的结构示意图可以看出,其基本功能如下:

(1) 对卡片(IC 卡、磁卡甚至条码)的读写功能。

(2) 具有与单机或系统网络(有线或无线)进行双向通信的功能。

(3) 对应用过程中的相关信息(例如黑名单、交易记录等)的存储和处理功能。

(4) 具有交易过程中的安全认证机制,对持卡人和卡片的合法性进行检验,同时具有对敏感信息的加解密功能,确保交易过程中数据信息的保密性和完整性,甚至包括交易双方之间的不可抵赖性。

(5) 具有人机交互功能(输入键盘和显示模块)。

(6) 具有对交易结果凭证的打印功能。

直联 POS 的出现为 POS 的多行共享提供了最佳解决方案。在直联 POS 系统中,由网络中心选择交易路由模式。网络中心对交易的各行卡进行识别和路由选择,并把交易信息传送至各发卡行,由各发卡行将处理结果按原路返回。其模式如图 4-14 所示。

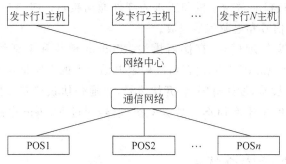

图 4-14　多行共享 POS 交易模式

4.3.2　POS 的工作原理

商品的条码通过收银设备上的光学读取设备直接读入后(或由键盘直接输入代号),马上可以显示商品信息(单价、部门、折扣等),以提高收银速度与正确性。每笔商品销售明细资料(售价、部门、时段等)自动记下来,再传回计算机,经计算机计算处理,即能生成各种销售统计分析信息作为经营管理的依据,见图 4-15。

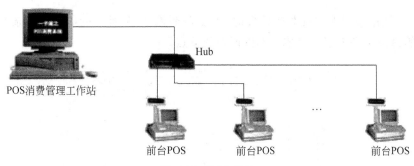

图 4-15　POS 系统

POS 通过读卡器读取银行卡上的持卡人磁条信息,由 POS 操作人员输入交易金额,持卡人输入个人识别信息(即密码),POS 把这些信息通过银联中心上送发卡银行系统,完成联机交易,给出成功与否的信息,并打印相应的票据。POS 的应用实现了信用卡、借记卡等银行卡的联机消费,保证了交易的安全、快捷和准确,避免了手工查询黑名单和压单等繁杂劳动,提高了工作效率。店内商品的验收如图 4-16 所示。

磁条卡模块的设计要求满足三磁道磁卡的需要,即此模块要能阅读 1/2、2/3、1/2/3 磁道的磁卡。

通信接口电路通常由 RS-232 接口、PINPAD 接口、IRDA 接口和 RS-485 接口等

图 4-16　店内商品条码与 POS 终端验收

接口电路组成。RS-232 接口通常为 POS 程序下载口,PINPAD 接口通常为主机和密码键盘的接口,IRDA 接口通常为手机和座机的红外通信接口。接口信号通常都是由一个发送信号、一个接收信号和电源信号组成。

Modem 板由中央处理模块、存储器模块、Modem 模块和电话线接口组成。首先,POS 会先检测/RING 和/PHONE 信号,以确定电话线上的电压是否可以使用,交换机返回可以拨号音,POS 拨号,发送灯闪动,开始拨号,由通信协议确定交换机和 POS 之间的信号握手确认等,之后才开始 POS 的数据交换,信号通过 Modem 电路收发信号;完成后挂断,结束该过程。

4.3.3 POS 的安全措施

POS 系统为了确保应用过程中的高度安全,除了支持公钥算法,建立完善的安全交易机制外,对持卡人的身份认证措施也日渐加强。从 PIN 码认证格式过渡到指纹识别认证方式,已为许多 POS 开发商所采纳。当然,这项技术的普及应用尚未成熟。目前,大多数 POS 的 PIN 码认证格式需要用户增强防 PIN 码被偷看的意识。如果将来采用指纹识别方式,持卡人在 POS 前要显得轻松许多。

4.3.4 POS 上使用信用卡的流程

POS 上使用信用卡进行业务处理时,需要按照图 4-17 所示的应用业务流程进行处理,其中的每一个环节都可以成为案件调查的节点。

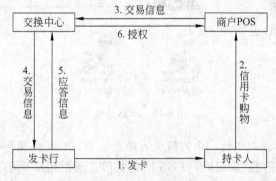

图 4-17 POS 的应用业务流程

4.3.5 POS 的应用

1. 金融电子化

POS 系统被金融行业采用,能使消费者与商品之间的现金及支票交易、商业服务行业之间的业务结算及各家银行之间的业务由繁重的劳动、复杂的过程转变为轻松、简便、安全有序的运作,加快货币电子化的进程。POS 技术是保证银行的资金安全、防止恶意透支、防止诈骗、缩短客户等待时间、提高银行服务质量和信誉的有效手段,也是实现电子货币、杜绝伪钞的有效途径。

2. 商业自动化

商业自动化是根据商业规范化管理的特征与要求,充分利用计算机技术、网络技术、数据库技术和条码技术等现代高科技手段来实现商业管理功能的自动化,它不仅包括 POS 系统,还包括正在发展的商业电子数据交换 EDI 和电子订货系统。

3. 票务售理

票务 POS 系统是一种票额集中管理、分区域或分点售检票、延伸范围较广的计算机广域网系统。

票务 POS 系统一般均具备与各家金融机构的网络互联的能力。从长远看,一个公司的票务 POS 系统应具备与其他公司或行业的票务 POS 系统互联的能力,这对提高整个行业或国家的服务水平大有裨益。

4. 酒店、宾馆等服务行业的 POS 系统

宾馆中的 POS 系统实际上就是一个复杂的 MIS 系统,其主要功能包括网络管理、EFT 管理、系统管理、住宿管理、饮食管理、交通管理、会议管理、账目结算、经营调度、日程安排、服务查询、设施维护和系统监控等。

当前许多学校和企事业单位食堂普遍采用的食堂业务系统实质上是一个局域的 POS 系统,吃饭时只带一张卡,既卫生又方便,工作效率很高。

5. 收费 POS 系统

在交通管理、水电气纳费、高速公路收费、过桥收费和保险收费等领域使用网络 POS 系统利国利民,并且在较大程度上降低了人为因素的影响,使收费更加公开合理。

4.3.6　安全使用 POS 刷卡消费常识

在使用 POS 刷卡消费时,应注意以下几点:

(1) 在刷卡消费时,不要让银行卡离开视线,留意收银员的刷卡次数。

(2) 在刷卡消费时,应尽可能用身体遮挡操作手势,以防犯罪嫌疑人偷窥。

(3) 拿到收银员交回的签购单及卡片时,应认真核对签购单上的金额是否正确,卡片是否确为本人。

(4) 在刷卡消费时若发生异常情况,要妥善保管交易单据,如发生卡重复扣款等现象,可凭交易单据及对账单及时与发卡行联系。

(5) 在收到银行卡对账单后应及时核对用卡情况,如有疑问,应及时通过发卡银行客户服务中心查询。

4.4　银行卡犯罪案件分析

下面是一段网上的广告:“银行卡复制克隆中心——假如你的银行卡丢了,又不想去银行补办,那自己怎样复制银行卡呢,只要你有了我们的软件就可以轻松地复制银行卡,银行卡复制需要破解银行卡轨道的信息,再写入新卡,就可以复制克隆出一样的银行卡。2007 年版银行卡复制软件可以复制工行、农行、建行、中国银行的银行卡,对其他银行还

不可以，该银行卡复制器由软件配磁卡读写器就可以使用，只需要知道卡号就可以复制银行卡，在软件里输入卡号，把解出来的轨道信息写入新卡里，就可以克隆出一样的卡，自己原来从银行里办出来的旧卡还可以用。软件售价：一万元。银行目前采取的是动态防伪技术，每刷一次卡，银行卡数据就会发生改变，生成新的数据信息，但是软件对每次生成的数据都可以解出。注意：对于有动态防伪技术的，解码时必须保证你的计算机连接网络，这就是 2007 版软件针对动态防伪技术而改进的。欢迎购买银行卡复制器，复制银行卡，银行卡复制克隆。"

类似这样的网络广告还有很多，犯罪嫌疑人针对银行卡犯罪的案件近年来层出不穷。

4.4.1 针对用卡设备的犯罪

针对用卡设备犯罪的常用手法有以下几种。

（1）将 ATM 出钞口用隐蔽异物堵塞（见图 4-18）。

（2）在键盘上做手脚，或记录密码，或用薄膜套取取款人指痕（见图 4-19）。

图 4-18　异物封堵出钞口

图 4-19　被做了手脚的假键盘

（3）使用特殊方法限制出卡，造成吞卡假象，但 ATM 系统本身正常，故无吞卡告知单。

（4）伪装成路人或顾客，对被害人遇到的异常情况假意提供意见和建议。

（5）伪造银行公告（见图 4-20）。

（6）改动 ATM 设备，加装摄像头（见图 4-21）。

图 4-20　虚假公告

图 4-21　犯罪嫌疑人加装摄像头

4.4.2　交易中间节点出现的问题

1. 交易数据被窃听

持卡人使用信用卡的过程中,读卡设备与数据处理设备间交换的数据包被犯罪嫌疑人利用技术手段嗅探或者旁路窃听,一旦数据为明文或者数据包被解密,那么持卡人的私密信息和卡内的数据信息便会泄露。

2. 交易数据被篡改

一旦交易数据被窃听,那么交易数据就可能被篡改,而当被篡改的数据内容为交易对象、金额和性质等,则正常持卡人、商户和银行将面临实际的经济损失。

3. 中间节点控制、操作人员伪造交易信息

例如,在国外 POS 侧录磁卡信息案件时有发生,犯罪分子与商家雇员合谋在 POS 隐蔽处安装侧录设备,直接盗取被害人的磁卡信息和密码信息后,制作伪卡疯狂诈骗。

4.4.3　银行卡的使用问题

1. 银行发卡时登记不严

我国各银行在开展银行卡使用推广时期,由于一味追求客户量,一定程度上忽视了发卡时对持卡人登记的问题,导致时至今日尚有很多在用而非实名的银行卡。

2. 银行卡被他人冒用

部分客户在卡内无资金的情况下,往往疏于对卡的保管,即便丢失也并不在意;另一方面,由于尚未形成良好的用卡习惯,家人、亲友间混用银行卡的情况也十分普遍。当然,也有在当事人不知情的情况下银行卡被冒用,从而造成损失。

3. 银行卡密码失密

持卡人的密码保护意识不强,要么延续使用初始密码,要么使用电话、证件号码或相同数字串等极易被破解的密码,导致银行卡密码失密;或者在用卡的过程中,被嫌疑人使用特殊技术手段或设备窃取密码,造成被动失密。

4. 伪造和克隆银行卡

国内涉银行卡犯罪常见的情况是使用克隆卡,即非法复制真实有效的银行卡。海外较常见通过窃取持卡人的开户资料,伪造银行卡的情况。

5. 使用伪卡欺骗 ATM 和 POS

嫌疑人为达到侵财等非法牟利的目的而使用伪卡、克隆卡和过期卡等,欺骗 ATM 或 POS,通过取现或消费完成其犯罪目的。

4.4.4　无卡环境下的银行卡犯罪

1. 利用软件银行卡卡号的产生器产生卡号,设法破译对应密码

银行卡的卡号是由一套算法生成的,而不是随机的或随意的数字组合,如果掌握了该

生成算法,那么就可以轻易生成无数有效的银行卡号。如果同时破译了初始密码,则可广泛用于犯罪行为的实施。

2. 使用窃取的卡号和密码,通过电话银行或网上银行服务进行转账、购物

嫌疑人通过各种方式窃取被害人的卡号与密码,然后通过网银转账、网上支付或电话银行等渠道,完成电子资金的所有权转移。

3. 在网络环境下,利用木马技术,窃取被害人的银行卡卡号和密码

由于被害人缺乏网络安全知识,在浏览网页、下载数据、安装软件的过程中,计算机被植入木马。目前有一些木马病毒可以在后台记录被害人登录网银平台时输入的账号和密码,并通过网络发送到嫌疑人设定的接收点。

思 考 题

1. 国家对于专有设备有什么要求? ATM 属于专有设备吗?
2. 如何理解 ATM 的应用业务流程?
3. 通过 ATM 监控视频可以获取哪些信息?
4. ATM 交易日志对案件侦查有何指导意义?
5. 如何调取 POS 的监控视频与 ATM 的监控视频?
6. 商家的 POS 与银行之间是什么关系?
7. 如何理解 POS 的应用业务流程?
8. 如何理解服务器向卡回写随机数据?
9. 交易清单反映哪些主要信息?

第 5 章

加 密 技 术

密码技术是保护信息安全的主要手段之一,密码技术自古有之,到目前为止,已经从军事领域和外交领域走向公开。密码技术不仅能保证信息加密,而且具有数字签名、身份验证、秘密分存和系统安全等功能。

通常,一个加密/解密系统所采用的基本工作方式称为密码体制,即密码编码。密码体制一般由两个基本要素构成:密码算法和密钥。前者是公式、法则或程序,可以是公开的;后者则是实现加密、解密时参与运算的参数,改变密钥也就改变了明文与密文的关系。要保证信息的秘密,必须严防密钥泄露,为此,密钥管理已成为现代密码学的重要分支。密码分析也称为密码破译,是指非授权者由所获密文推导获取加密算法和密钥,从而读懂密文的过程。

5.1 古典加解密技术

密码学作为保护信息的手段最早应用在军事和外交领域,随着科技的发展而逐渐进入人们的生活中。所谓古典加解密技术是相对于现代加解密技术而言的。

首先介绍几个名词。

明文:原始数据。

密文:加密后的数据。

算法:数学变换或公式。

1. 字母表顺序-数字加解密

加密的时候,经常要把 A～Z 这 26 个字母转换成数字,最常见的一种方法就是取字母表中的数字序号,A 代表 1,B 代表 2,C 代表 3……

字母　A, B, C, D, E,F,G,H,I,J, K, L, M, N, O, P, Q, R, S, T, U, V, W,X, Y, Z

数字　1, 2, 3, 4, 5,6,7,8, 9,10,11, 12,13, 14, 15, 16,17, 18, 19,20, 21, 22, 23,24,25,26

简单的进制转换密码,就是把数字的进制关系进行变换,隐藏真实的数字对应的字母信息。例如,

二进制:1110,10101,1101,10,101,10010,1111,1110,101

转为十进制:14,21,13,2,5,18,15,14,5

对应字母信息:number one

2. Mod 算法加解密

可以对字母序号进行数学运算,然后把所得的结果作为密文。当运算结果大于 26 或小于 1 的时候,要把这个数值转为 1～26 的范围,那么取这个数除以 26 的余数即可。

Mod 就是求余数的运算符,有时也用"％"表示。例如 29 Mod 26＝3,或写成 29％26＝3,意思是 29 除以 26 的余数是 3。

3. 倒序加解密

加密时经常要对字符进行倒序处理。如果让一个人按 abcdef… 的顺序背出字母表的每个字母会很容易,但是如果是 zyxwvu… 的顺序那就很难背出来了。一个很熟悉的单词,如果按相反的顺序拼写,可能就会使人感到很陌生。例如"love"字母倒过来拼就是"evol"。

具体加密时倒序有很多种方案,需要灵活运用。例如:

每个单词的倒序:siht si a tset—this is a test

整句的倒序:tset a si siht—this is a test

数字的倒序:02 50 91 02—20 05 19 20

4. 间隔加解密

单词之间的间隔一般使用空格。在加密时常常要去掉空格,但有时以某些字母或数字来替代空格也不失为一种好的加密方案。错误的空格位置也会起到很强的误导作用。

例如:t hi sis at est—this is a test

5. 恺撒密码(Caesar Shifts,Simple Shift)

也称恺撒移位,是最简单的加密方法之一,相传是古罗马恺撒大帝用来保护重要军情的加密系统,它是一种替代密码。

加密公式:密文＝(明文＋位移数)Mod 26

解密公式:明文＝(密文－位移数)Mod 26

以一组密码"HL FKZC VD LDS"为例,只需把每个字母都按字母表中的顺序依次后移一个字母即可——A 变成 B,B 变成 C,以此类推。因此明文为

IM GLAD WE MET

英文字母最多移 25 位,移 26 位等于没有移位,所以可以用穷举法列出所有可能的组合。

6. 栅栏密码

把将要传递的信息中的字母交替排成上下两行,再将下面一行字母排在上面一行的后边,从而形成一段密码。栅栏密码是一种置换密码。例如密文:

TEOGSDYUTAENNHLNETAMSHVAED

解密时,先将密文分为两行:

T E O G S D Y U T A E N N

H L N E T A M S H V A E D

再按上、下、上、下的顺序组合成一句话:

THE LONGEST DAY MUST HAVE AN END.

又如密文：

这文栏是的密中栅码

将密文排成 3×3 矩阵后,明文为

这是中文的栅栏密码

7. 查表法

查表法是利用约定的表来进行加密。例如,密钥的字母为 d,明文对应的字母为 b,在图 5-1 的表格第一行找到字母 d,再在左边第一列找到字母 b,两个字母的交叉点(b 行 d 列)就是字母 E,所以对应的密文字母为 e。

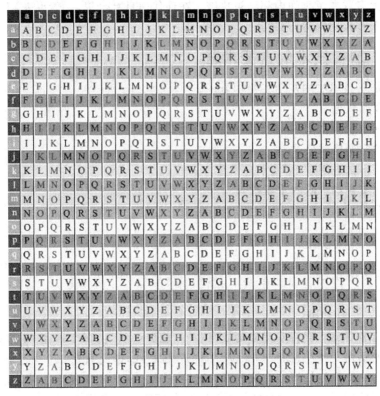

图 5-1　用查表法进行加密

假如对如下明文加密：

to be or not to be that is the question

当选定"have"作为密钥时,加密过程是：密钥第一个字母为 h,明文第一个字母为 t,因此可以找到在 h 行 t 列中的字母 a,以此类推,得出对应关系如下：

密钥：ha ve ha veh av eh aveh av eha vehaveha

明文：to be or not to be that is the question

密文：ao wi vr isa tj fl tcea in xoe lylsomvn

5.2 现代加解密技术

现代加解密技术是在古典加解密技术的基础上,以数学理论为依托,利用现代计算机技术,对明文按照给定算法进行加密和解密的技术。作为一个规律,现代加密算法都是基于 Kerckhoff 原理,Auguste Kerckhoff 提出,一个算法的全部秘密仅立足于密钥的秘密性之上,而不是加密算法的秘密性,这项原理后来被命名为 Kerckhoff 原理。和Kerckhoff 原理相对的是秘密的隐蔽性原理。按照这条原理,系统的秘密性是建立在一个自诩的"攻击者根本不了解系统如何工作"的观念基础上。到目前为止,单独基于此原理的系统绝大多数在短时间内都已被攻破。在现代信息社会里,一般说来,不可能把一个系统的技术细节长期保持为秘密。

5.2.1 加密技术的主要术语

下面是加密技术中的几个主要术语。

明文:原始数据。

密文:加密后的数据。

算法:数学变换或公式。

密钥:一串二进制数,可使消息保密。

乱序:明文在加密前的重新排列。

消息认证校验:固定算法用对称密钥在消息上产生签名。

5.2.2 加密算法

1. 对称密钥系统

DES 算法为对称密钥系统的典型代表,它用同一个密钥来加密和解密。在信息卡中,DES 算法被广泛利用。

DES 的工作原理为:将明文分割成许多 64 位大小的块,每个块用 64 位密钥进行加密,实际上,密钥由 56 位数据位和 8 位奇偶校验位组成,因此只有 256 个可能的密码而不是 264 个。每块先用初始置换方法进行加密,再连续进行 16 次复杂的替换,最后再对其施用初始置换的逆。第 i 步的替换并不是直接利用原始的密钥 K,而是由 K 与 i 计算出的密钥 K_i。DES 具有这样的特性,其解密算法与加密算法相同,除了密钥 K_i 的施加顺序相反外。DES 的加密工作程序如下(见图 5-2):

(1) 给定一个明文 x,通过一个固定的初始转换 IP 置换 x 的比特获得 x_0,记作

$$x_0 = IP(x) = L_0 R_0$$

这里,L_0 是 x_0 的前 32 位,R_0 是 x_0 的后 32 位。

(2) 进行 16 轮完全相同的运算(数据与密钥结合)。计算 $L_i R_i (1 \leqslant i \leqslant 16)$ 的规则如下:

$$L_i = R_i - 1$$
$$R_i = L_i - 1 \quad f(R_{i-1}, K_i)$$

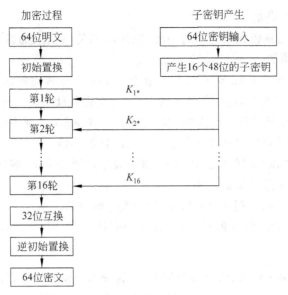

图 5-2　DES 算法加密过程

每一轮运算的结构如图 5-3 所示。这里，$\oplus$ 表示两个比特串的异或；f 是一个函数；$K_1,K_2,\cdots,K_{16}$ 都是密钥的函数，长度均为 48 位（实际上，K_i 是来自密钥按比特置换的一个置换选择），$K_1,K_2,\cdots,K_{16}$ 构成了密钥方案。

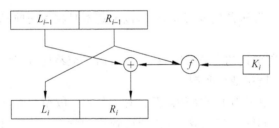

图 5-3　DES 每轮运算的结构

（3）对比特串 $R_{16}L_{16}$ 应用初始置换 IP 的逆置换 IP^{-1}，获得密文 Y，即
$$Y = \mathrm{IP}^{-1}(R_{16}L_{16})$$

下面是 DES 加密的一个例子：

（1）取十六进制明文 X 为 0123456789ABCDEF。

（2）取密钥 K 为 133457799BBCDFF1。

（3）去掉奇偶校验位的以二进制形式表示的密钥为

0001001001101001010101101111001001101101111011011111111000

（4）应用初始置换 IP，得到

$L_0 = 11001100000000001100110011111111$

$L_1 = R_0 = 11110000101010101111000010101010$

（5）然后进行 16 轮加密，最后对 L_{16} 和 R_{16} 使用 IP^{-1} 得到密文：

85E813540F0AB405

2. 非对称密钥系统

RSA 算法是非对称密钥系统中的一种，它用不同的密钥来加密和解密，即用来加密和解密的密钥是不同的。

Rivest、Shamir 和 Adleman 于 1977 年提出了第一个比较完善的公钥密码体制，它既可用于加密，又可用于签名，这就是著名的 RSA 公钥密码体制。

RSA 算法的安全性基于分解大整数的困难性。在 RSA 体制中使用了这样一条基本事实：一般来说，分解两个大素数之积是一件很困难的事情。

下面以 Alice 与 Bob 间的信息用 RSA 算法发送的过程为例，解释密钥的应用：

(1) Alice 首先获得 Bob 的公钥 e。

(2) Alice 用 Bob 的公钥 e 加密信息，然后发送给 Bob。

(3) Bob 用自己的私钥 d 解密 Alice 发送的信息。

3. 几个概念

秘密密钥：如 DES 加密，密钥随数据发送，智能卡经常被用来存放秘密密钥。

公钥和私钥：非对称系统中，一个密钥可以由发送方保存，称为私钥，而另一个可以公开，称为公钥。私钥更需严格保密。

主密钥和导出密钥：为减少发送和存储密钥的数目，使用导出密钥方案。通过单个主密钥和个别参数来计算这个导出密钥。银行卡的卡号是主密钥加密后产生的导出密钥。

密钥加密：密钥的发送是安全薄弱点，所以密钥本身在发送前都要进行加密，以密文形式存储。

会话密钥：为限制密钥的有效时间，在每次会话或交易后，产生新的密钥。卡的认证完成后，终端产生一个随机数做密钥。

在 DES 算法设计中采用了基本的隐蔽信息的技术：散布和混乱，构成算法的基本单元是简单的置换、移位和模 2 加运算，可在任何普通的计算机上实现。DES 最引人注目的地方是它的算法和数据完全公开，根据 DES 算法的特点，理论上用穷举法肯定可以找到所用的密钥，但是，就信息卡应用而言，以目前的硬件速度和短的交易时间还是无法做到破解的。

数字签名：数字签名是指使用密码算法对待发的数据（报文、票证等）进行加密处理，生成一段信息，附着在原文上一起发送，这段信息类似现实中的签名或印章，接收方对其进行验证，以判断原文真伪。数字签名的目的就是提供数据完整性保护和抗否认功能。

5.2.3 常见的电子邮件加密方法

1. 利用对称加密算法加密邮件

对称加密算法是应用较早的加密算法，技术成熟。在对称加密算法中，数据发送方将明文（原始数据）和加密密钥一起经过特殊加密算法处理后，使其变成复杂的加密密文发送出去。接收方收到密文后，若想解读原文，则需要使用加密用过的密钥及相同算法的逆算法对密文进行解密，才能使其恢复成可读明文。在对称加密算法中，使用的密钥只有一个,发收双方都使用这个密钥对数据进行加密和解密,这就要求解密方事先必须知道加密密钥。对称加密算法的特点是算法公开、计算量小、加密速度快以及加密效率高。其不足之处是,交易双方都使用同样的密钥,安全性得不到保证。利用对称密码算法对电子邮件进行加密,需要解决密码的传递、保存和交换。这种方式的邮件加密系统目前很少使用。

典型的基于对称加密的邮件加密产品有 Office 口令加密,PDF 口令加密、WinRAR口令加密和 WinZip 口令加密。这种方式用于电子邮件加密时只能用于加密附件。

2. 利用传统非对称密钥体系(PKI/CA)加密电子邮件

电子邮件加密系统目前大部分产品都是基于这种加密方式。PKI(Public Key Infrastructure)指的是公钥基础设施,CA(Certificate Authority)指的是认证中心。PKI从技术上解决了网络通信安全的种种障碍;CA 从运营、管理、规范、法律和人员等多个角度解决了网络信任问题,因此将其统称为 PKI/CA。从总体构架来看,PKI/CA 主要由最终用户、认证中心和注册机构组成。PKI/CA 的工作原理就是通过发放和维护数字证书来建立一套信任网络,在同一信任网络中的用户通过申请到的数字证书来完成身份认证和安全处理。注册中心负责审核证书申请者的真实身份,在审核通过后,负责将用户信息通过网络上传到认证中心,由认证中心负责最后的制证处理。证书的吊销和更新也需要由注册机构提交给认证中心做处理。总的来说,认证中心是面向各注册中心的,而注册中心是面向最终用户的,注册机构是用户与认证中心的中间渠道。公钥证书的管理是一个复杂的系统。一个典型、完整、有效的 CA 系统至少应具有公钥密码证书管理、黑名单的发布和管理、密钥的备份和恢复、自动更新密钥、历史密钥管理和支持交叉认证等部分。PKI/CA 认证体系相对成熟,但应用于电子邮件加密系统时也存在着密钥管理复杂、需要先交换密钥才能进行加解密操作等问题,著名的电子邮件加密系统 PGP 就是采用这套加密流程进行加密的。这种加密方法只适用于企业、单位和一些高端用户,由于 CA 证书的获得较麻烦,交换烦琐,因此这种电子邮件加密模式一直很难普及。

典型的基于 PKI/CA 的邮件加密产品基本是定制产品。

3. 利用链式加密体系进行电子邮件加密

这种机制以一个随机生成的密钥(每次加密不一样),再用对称加密算法(如 3DES 和IDEA 算法)对明文加密,然后用 RSA 非对称算法对该密钥加密。收件人同样用 RSA 解出这个随机密钥,再用对称加密算法解密邮件本身。这样的链式加密就做到了既有 RSA体系的保密性,又有对称加密算法的快捷性。此外,链式加密体系的密钥由用户自己管理,公钥的交换基于信任机制。例如,假设 A 想要获得 B 的公开密钥,可以采取几种方法,包括复制给 A,通过电话验证公开密钥是否正确,从双方都信任的人 C 那里获得,从认证中心获得等。这样,用户的电子邮件就是非常安全的。

典型的基于链式加密体系的邮件加密产品有 PGP、MailCloak(电子邮封)。

4. 利用基于身份的密码技术进行电子邮件加密

为简化传统公钥密码系统的密钥管理问题,1984 年,以色列科学家、著名的 RSA 体制的发明者之一 A. Shamir 提出基于身份密码的思想:将用户公开的身份信息(如 E-mail 地址、IP 地址和名字等)作为用户公钥,用户私钥由一个称为私钥生成者的可信中心生成。在随后的二十几年中,基于身份密码体制的设计成为密码学界的一个热门的研究领域。但是由于在此机制下,用户的密钥都是在服务器端托管,用户的信息安全性还要依赖于服务器安全及服务提供商的承诺。

5.2.4 认证中心

1. 认证中心(CA)简介

为保证网上数字信息的传输安全,除了在通信传输中采用更强的加密算法等措施之外,必须建立一种信任及信任验证机制,即参加电子商务的各方必须有一个可以被验证的标识,这就是数字证书。数字证书是各实体(持卡人/个人、商户/企业、网关/银行等)在网上信息交流及商务交易活动中的身份证明。该数字证书具有唯一性。它将实体的公开密钥同实体本身联系在一起,为实现这一目的,必须使数字证书符合 X.509 国际标准,同时数字证书的来源必须是可靠的。这就意味着应该有一个网上各方都信任的机构,专门负责数字证书的发放和管理,确保网上信息的安全,这个机构就是 CA 认证机构。各级 CA 认证机构的存在组成了整个电子商务的信任链。如果 CA 机构不安全或发放的数字证书不具有权威性、公正性和可信赖性,电子商务就根本无从谈起。

数字证书认证中心(Certficate Authority,CA)是整个网上电子交易安全的关键环节。它主要负责产生、分配并管理所有参与网上交易的实体所需的身份认证数字证书。每一份数字证书都与上一级的数字签名证书相关联,最终通过安全链追溯到一个已知的并被广泛认为是安全、权威、足以信赖的机构——根认证中心(根 CA)。

电子交易的各方都必须拥有合法的身份,即由数字证书认证中心机构(CA)签发的数字证书,在交易的各个环节,交易的各方都需检验对方数字证书的有效性,从而解决了用户信任问题。CA 涉及电子交易中各交易方的身份信息、严格的加密技术和认证程序。基于其牢固的安全机制,CA 应用可扩大到一切有安全要求的网上数据传输服务。

数字证书认证解决了网上交易和结算中的安全问题,其中包括建立电子商务各主体之间的信任关系,即建立安全认证体系(CA),选择安全标准(如 SET、SSL),采用高强度的加密、解密技术。其中安全认证体系的建立是关键,它决定了网上交易和结算能否安全进行,因此,数字证书认证中心机构的建立对电子商务的开展具有非常重要的意义。

在数字证书认证的过程中,证书认证中心(CA)作为权威的、公正的、可信赖的第三方,其作用是至关重要的。认证中心就是一个负责发放和管理数字证书的权威机构。同样 CA 允许管理员撤销发放的数字证书,在证书废止列表(CRL)中添加新项并周期性地发布这一数字签名的 CRL。

2. 认证中心的功能

概括地说,认证中心(CA)的功能有证书发放、证书更新、证书撤销和证书验证。CA 的核心功能就是发放和管理数字证书,具体描述如下:

(1) 接收验证最终用户数字证书的申请。

(2) 确定是否接受最终用户数字证书的申请,即证书的审批。

(3) 向申请者颁发、拒绝颁发数字证书,即证书的发放。

（4）接收、处理最终用户的数字证书更新请求，即证书的更新。

（5）接收最终用户数字证书的查询和撤销。

（6）产生和发布证书废止列表（CRL）。

（7）数字证书的归档。

（8）密钥归档。

（9）历史数据归档。

3. 认证中心的服务器

为了实现认证中心的功能，认证中心的服务器主要由以下 3 部分组成。

（1）注册服务器：通过 Web Server 建立的站点，可为客户提供每日 24 小时的服务。因此客户可在自己方便的时候在网上提出证书申请和填写相应的证书申请表，免去了排队等候等烦恼。

（2）证书申请受理和审核机构：负责证书的申请和审核。它的主要功能是接受客户证书申请并进行审核。

（3）认证中心服务器：是数字证书生成、发放的运行实体，同时提供发放证书的管理、证书废止列表（CRL）的生成和处理等服务。

5.3 卡内数据的加解密

由于磁卡中的磁条容易磨损、易于伪造，所以在生产和制作过程中需要对磁条采取磁加密技术进行处理。

IC 卡与其他卡片的区别主要是：IC 卡能在卡上的存储器中安全可靠地存储大量有用信息，并且可以对数据提供多级安全保密措施。因此，为设计一个好的 IC 卡应用系统，必须了解 IC 卡的数据结构特点，掌握 IC 卡的编程和读写方法。

从使用角度来看，不管是普通存储卡、逻辑加密卡还是智能 CPU 卡，卡上必定有用于与其他应用系统相区别的发行商代码，用于与本系统中其他用户相区别的个人代码，用于控制对卡上数据修改的擦除密码，以及用于存放数据的存储区。由于 IC 卡平时不与电源相接，要保证卡上存储的数据不丢失，只能使用只读存储器，即 ROM 型存储器。因此卡上数据可以长期保存，一般数据可存放 100 年。又由于 IC 卡上数据在使用中要经常修改，故一般应该使用电可擦除可编程只读存储器，即 E^2PROM。一般 IC 卡数据改写次数大于 100 000 次。

目前的各种 IC 卡应用系统中使用的 IC 卡主要是逻辑加密型卡。这种卡带有多级密码保护，比普通存储卡安全性能强得多，同时又比智能 CPU 卡结构简单，不需要复杂的密码计算过程，而且结构简单，编程使用方便。

5.3.1　磁卡磁道信息的加密存储

1. 磁技术

磁卡在物理上采取高密磁条。高密磁条的优势主要有以下几个方面：

（1）降低交易点上的读卡失误率。

（2）延长卡片使用寿命及卡片有效期。

（3）减少换卡及拒收卡的费用。对于准备采用高密磁条的银行或其他机构,其有关设备需相应的调整。

2. ATM 的安全、保密措施

1）密码的安全措施

除了 ATM 对密码的输入不作显示,超过 3 次输错密码作吞卡处理及允许用户修改自身密码以外,ATM 还提供了一套完善的密码生成方法,通常以客户个人授权密码（PIN）及相关数据形成的明文数据和密钥（PINKEY）作为参数,运用传统的 DES（数据加密标准）密码算法,将其转换为加密数据。

2）数据的可靠传输

通常采用通信密钥和传输数据进行变换处理,形成不可识别的非最终结果的乱码,以乱码形式进行传输。

3）ATM 的自身防护措施

遇强力自动关机,在报警和故障时自动关机。

4）数据加密

使系统中的数据不被非法获取的方法主要有两个:

（1）数据加密。将数据变形,使获取者无法辨别内容,无法使用。

（2）数据隐藏。隐藏数据,使外人难以找到。

数据加密是通过某函数进行变换,把正常数据报文（明文）转换成密文（密码）,如图 5-4 所示。

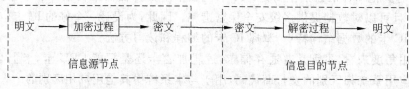

图 5-4　数据加密

5.3.2　卡内部数据的加密存储

IC 卡上记录有大量重要信息,可以用于个人证件,也可以代替现金和支票进行交易购物,因此难免有犯罪嫌疑人实施对 IC 卡及其应用系统的各种各样的攻击。其目的包括获取非法利益或破坏应用系统。因此,IC 卡应用系统开发者必须为 IC 卡系统提供合理有效的安全措施,以保证 IC 卡及其应用系统的数据安全。这些技术有身份鉴别和 IC 卡合法性确认、报文鉴别技术和数据加密通信技术等。这些技术采用可以保证 IC 卡的数据在存储和交易过程中的完整性、有效性和真实性,从而有效地防止对 IC 卡进行非法读写和修改。

影响 IC 卡及应用系统安全的主要方式有以下几种。

（1）使用用户丢失或被窃的 IC 卡,冒充合法用户进入应用系统,获得非法利益。

（2）用伪造的或空白卡非法复制数据,进入应用系统。

（3）使用系统外的 IC 卡读写设备，对合法卡上的数据进行修改。如增加存款数额、改变操作级别等。

（4）在 IC 卡交易过程中，用正常卡完成身份认证后，中途变换 IC 卡，从而使卡上存储的数据与系统中不一致。

（5）在 IC 卡读写操作中，对接口设备与 IC 卡通信时所作交换的信息流进行截听和修改，甚至插入非法信息，以获取非法利益，或破坏系统。

针对 IC 卡存在的不安全因素，通常在几个方面来采取防护措施，以保证数据安全。

（1）IC 卡安全防护的首要任务是防止对 IC 卡本身的攻击，这种防范措施在 IC 卡制造和个人化过程中就已经开始了。在 IC 卡制作和卡片表面印刷过程中都采用了十分复杂的防伪技术，以增加非法伪造者的难度。对厂商代码有严格的保密方法，对 IC 芯片加特殊保护层，可防止对存储内容用电磁技术直接分析。在 IC 卡发行和个人化过程中，发行商密码和擦除密码应由系统产生，而不能为操作人员所握，防止系统内部人员犯罪。在 IC 卡使用过程中，要防止被非法持有人冒用。故在 IC 卡读写前要验证持卡人身份，即进行个人身份鉴别。IC 卡上提供了用户密码（总密码），在个人化时由用户输入，系统中不保存。在使用时，要求用户自己输入，以确认用户身份。

（2）如果连续几次输入有误，IC 卡将自行锁定，不能再使用。这一措施可有效地防止非法持卡人用多次试探方法破译密码。在一些新型 IC 卡上还采用了生物鉴别技术，如使用持卡人指纹识别和视网膜识别等。即使用户密码泄露，其他人也无法使用本人的 IC 卡。对于丢失后挂失的 IC 卡和因特殊原因作废的 IC 卡，应在系统数据库中设立所谓的"黑名单"，记录下这些卡的发行号。在有人重新使用这些卡时，系统将报警，并将卡收回。

（3）IC 卡使用中，也要对读写器的合法性进行鉴别。这可以通过分区密码式擦除来实现，如果系统不能提供正确密码，IC 卡内容不能读出和修改，以防止使用非法读写设备来窃取卡上数据。

（4）对于 IC 卡内部存储的数据可以采用区域保护技术，即将 IC 卡分为若干个存储区，每区设定不同的访问条件，如果访问符合本区条件，才允许访问，否则锁定。例如，自由访问区内允许随意读、写和修改，保护数据区内的读、擦、写受密码保护；而保密区内存放的密码则根本不允许读、写和修改。对此区进行此类操作被视为非法入侵，即锁定系统。这种方法可以有效地防止非法入侵者用读写器逐一探查存储器内容。

（5）对 IC 卡数据安全威胁最大的不是在数据静态存储时，而是在对 IC 卡正常的读写过程中。因为用户密码和系统密码在核实时都必须通过读写器接口送入 IC 卡。

将在读写器与 IC 卡之间传送的信息加上相应加密算法及加密密钥将传送信息——其中包括信息头（传输控制信息）和信息主体部分——进行加密，得到的密文附加在明文信息尾部传输给接收端，称为认证信息。接收端则对收到的信息按规定算法进行认证，认证通过则进行正常读写，否则报警。这种方式可有效防止非法插入或删除传送数据。虽然传送以明文进行，也不会已修改而不被发现。而认证信息则是加密的，要由密码算法产生和处理。如果设计合理，附加的认证信息除了具有认证功能外，还可以具有查错甚至纠功能。

加密传输方式就是要对所有传送信息进行加密后再传送，使信息本身具有保密性，不易破译。因此,即使入侵系统后取得信息,也无法利用。通常把一个加密系统所采用的基本工作方式称作密码体制。

(1) 对于无 CPU 的存储卡,可以在制造和发行卡时对卡上需加密的一组特定数据和密钥进行运算,产生的密码也存入该卡中,用户使用该卡时,装在鉴别系统中的同样的 DES 系统会对卡上的同一组数据和密钥进行计算,结果应与卡中的密码相同。

(2) 对于带 CPU 的智能卡,只需在使用卡时用鉴别系统中的 DES 和特定的密钥计算卡上的一组数据 M,加密结果传给 IC 卡,再由该卡的 CPU 用相应的密钥解密后还原 M,这种在卡上不存储密码信息的方式更具保密性。由于 CPU 和存储器容量的限制,IC 卡采用 DES 作为加密解密系统是最佳的选择。但可以预想,更强有力的 CPU 和更大容量的存储器将使我们可以采用更理想的公钥密码系统,如 RSA(非对称密钥密码算法或公共密钥密码算法),它是利用数学中一个著名的难题产生的,即求两个大素数的乘积容易而分解两个大素数的乘积困难,它属于 NP Ⅰ 类问题,至今还没有有效的算法。RSA 算法本身在概念上很简单,它将明文作为数字处理,并将它作特定的指数运算,加密、解密可按任意次序进行,并且多个加密及解密可相互交换,这些特性使它成为一个非常理想的算法,但用此算法需要对 200 位十进制数和以 200 位十进制数为指数的大值数据进行运算,这在普通计算机上是不容易实现的,因此,RSA 的应用还极少见。然而,它更为可靠、有效的安全性为 IC 卡的加密提供了发展的基础。对持卡人、智能卡和接口设备之间的相互认证以及数据的加密均可采用上述这两种密码算法中的一种。与加密有关的还有解密和密钥管理,密钥管理包括密钥的生成、分配、保管和销毁等。

5.3.3　IC 卡/磁卡的加密解密技术小结

对传输的信息进行加密,以防被窃取、更改,从而避免造成损失。对存储的信息进行加密保护,使得只有掌握密钥的人才能读取信息。为了安全防护,一般采取以下组织管理措施:

(1) 对持卡人、卡和接口设备的合法性的相互检验。

(2) 重要数据加密后传送。

(3) 卡和接口设备中设置安全区,在安全区中包含逻辑电路或外部不可读的存储区,任何有害的不合规范的操作,将自动禁止卡的进一步操作。

(4) 有关人员明确各自的责任,并严格遵守。

(5) 设置止付名单(黑名单)。

思　考　题

1. 在电视连续剧《潜伏》中,地下党与延安之间交换数据使用的是哪种加密方法?
2. 数字证书的作用是什么?
3. DES 加密有硬件和软件两种,IC 卡采用的 DES 加密是哪种?
4. 解释邮件的加密过程。
5. 为什么需要 CA 认证?

第 6 章

常见涉卡案件的分析

涉卡案件中,最为常见的三大类分别是银行卡克隆类案件、代金卡伪造充值类案件和改造用卡设备类案件。本章将就此三类案件分别进行详细分析。

6.1 银行卡克隆案件

针对银行卡的犯罪,目前最常见的就是克隆卡案件。嫌疑人通过各种手段获取持卡人的银行卡内的数据信息及交易密码,然后使用写卡器向伪卡内写入相应的磁道数据,完成克隆银行卡犯罪行为。

目前,国内使用的银行卡绝大多数是磁卡,其数据安全技术存在很多先天不足。数据磁道结构简单,各磁道数据量小,数据格式简单,卡片本身仅为简单数据载体,无法实行复杂数据加密和运算。银行卡本身使用通用标准的磁卡,所以很多市面上流通的磁卡都可以作为制作伪卡的基材。

另外,在各种银行卡的使用环境、设备安全在监管上存在不足。很多个案中都发现嫌疑人在用卡设备上加装、改装读卡与记录设备,用以窃取被害人的银行卡信息或密码。

此类案件中,由于发案范围广,被害人损失大,往往造成极其恶劣的社会影响。同时,由于被害人往往因误解而迁怒于银行,进而降低国家金融机构在民众心中的诚信度,一定程度上导致对国家金融业务的消极影响。

6.1.1 几起典型案件回顾

以下介绍几起影响较大的、具有代表性的克隆卡案件。

1. 加装设备,利用高科技克隆银行卡的案件

2007 年 4 月初,北京被害人王某在取款时发现,原本 5000 多元的存款只剩下零头,而他的银行卡从未丢过。对此,银行经查询其账户明细,给予答复称,王某的银行卡在两天前取款 5000 元。被害人随即报警。

同年 5 月 15 日,有市民发现并举报,白纸坊西街自助银行 ATM 上方多了一个摄像头,警方现场勘察时,又在自助银行门口的门禁卡读卡器上发现了一个自制的测录读卡器。经检测,该测录读卡器能记录刷卡者卡内的全部信息,而利用该数据信息复制一张卡号相同的银行卡并非难事。同时只要有密码,就可以完成克隆卡的取款等操作,而装在 ATM 上方的摄像头恰好用来窥探取款者输入的密码。

根据银行监控视频,警方锁定了几名可疑男子,并结合其他侦查手段调查出他们在丰

台区的住处。警方侦查发现,该团伙在夜间行动,选择到宣武白纸坊西街、丰台区北大地、后泥洼村等地的工商银行和建设银行的自助银行内作案。作案得手后,这伙嫌疑人便到餐馆、棋牌室进行挥霍。

5月23日晚,吴某春等9名犯罪嫌疑人被抓获。在他们的住处,警方起获了侧录读卡器、摄像头、MP4和程序U盘等制卡设备两套。

据了解,该团伙4月以来在宣武、丰台等地的自助银行作案40余起。他们在自助银行门禁卡读卡器上加装测录读卡器,以记录取款人银行卡信息,然后通过在ATM上方加装摄像头来偷窥密码,从而复制银行卡窃取存款,涉案金额十余万元。

2007年南京张某资金被盗案、2010年南宁韦某资金被盗案和绵阳贾某资金被盗案等,犯罪嫌疑人的作案手法均与此案如出一辙。

2. 虚假网站,获取储户信息克隆银行卡的案件

2007年6月,海南省儋州市公安局经过4个多月的缜密侦查,破获了海南首宗"克隆"他人银行卡、窃取持卡人资金的案件,抓获犯罪嫌疑人余某(男,26岁,儋州市人),缴获作案计算机1台、磁卡读写卡器1台、用于"克隆"银行卡的磁条卡208张,涉案金额25 000元。

据了解,犯罪嫌疑人余某毕业于内地某大学电子工程专业,毕业后一直没有找到工作。一个偶然的机会,余某看到网上有"克隆"他人银行卡窃取他人资金的报道,便打起利用自己的专业知识发财的算盘。从2006年年底开始,余某便查找有关银行卡技术方面的资料,学会了制作银行卡的技术,并自己编写程序,在网上开办了多个诈骗网站,利用网站骗取他人个人信息及银行卡信息。

2006年12月,余某从自己开办的诈骗网站上获取了大量银行卡持卡人的个人信息,并成功破解了曹某等十余名持卡人的银行卡密码。12月底,余某通过淘宝网购买了磁卡读写卡器和200多张空白磁卡,并尝试克隆曹某的银行卡。2007年1至2月间,余某持伪造的曹某的银行卡在儋州市的中国银行、工商银行、建设银行等多家银行的ATM上试卡,并取得成功。2007年2月6日至11日,余某持伪造的银行卡先后在儋州、海口等地的银行ATM上取款,窃取曹某卡内资金25 000元。

6.1.2 克隆银行卡的技术条件

1. 磁条卡的格式

磁条卡的格式是统一的,由以下标准规定:
- GB/T 2659—2000《世界各国和地区名称代码》
- GB/T 12406—1996《表示货币和资金的代码》
- GB/T 15694.1—1995《识别卡 发卡者标识》
- GB/T 15120.2—1994《识别卡 记录技术》
- JR/T 0008—2000《银行卡BIN及卡号》

2. 主账号(Primary Account Number,PAN)

标识发卡机构和持卡者信息的号码。它由发卡机构标识号码、个人账户标识和校验

位组成。它是进行金融交易的主要账号。

PAN 等同于 JR/T 0008 中所定义的卡号。发卡机构标识号码（Issuer Identification Number，IIN）标识主要行业和发卡机构的代码。

个人账户标识（individual account identification）是为了识别个人账户，由发卡机构分配的号码。

校验位（check digit）是位于持卡者标识之后的一位数字。它根据发卡机构标识号码和个人账户标识的全部字符算出，用以检验输入数据的正确性。

3. 磁条信息

银行卡磁条的特性、编码技术及编码字符集应符合 GB/T 15120.2 中的有关要求。

（1）磁道 1 的信息格式。

磁道 1 数据编码最大记录长度为 79 个字符，数据字段的顺序和长度应与磁道 1 信息格式一致，见表 6-1。磁道 1 为只读磁道。

表 6-1　磁道 1 信息格式

序号	名　　称	字段属性（D 为动态，S 为静态）	值	字段长度
1	起始标志	S	"%"	1
2	格式代码	S	"99"	2
3	主账号	S		13～19
4	字段分隔符	S	"∧"	1
5	姓名	S		2～26
6	失效日期	S	YYMM	4
7	服务代码	S		3
8	附加数据	S		可变
9	结束标志	S	"?"	1
10	纵向冗余校验位	S		1

（2）磁道 2 的信息格式。

磁道 2 数据编码最大记录长度为 40 个字符，数据字段的顺序和长度应与磁道 2 信息格式一致，见表 6-2。磁道 2 为只读磁道。

表 6-2　磁道 2 信息格式

序号	名　　称	字段属性（D 为动态，S 为静态）	值	字段长度
1	起始标志	S	";"	1
2	主账号	S		13～19
3	字段分隔符	S	"="	1
4	失效日期	S	YYMM	4

序号	名　称	字段属性（D 为动态，S 为静态）	值	字段长度
5	服务代码	S		3
6	附加数据	S		可变
7	结束标志	S	"?"	1
8	纵向冗余校验位	S		1

各字段说明如下。

① 起始标志（STX）。

用途：标明数据的开始。

格式：1 个字符。

内容：磁道 1 为"％"，磁道 2 和磁道 3 为"；"。

② 格式代码（FC）。

用途：标明该磁道的信息格式类型。

格式：2 位数字。

内容："99"。

③ 主账号（PAN）。

用途：标明可以处理交易的发卡机构和持卡者。

格式：13～19 个字符。

④ 字段分隔符（FS）。

用途：标明前一字段的结束。

格式：1 个字符。

内容：磁道 1 为"∧"，磁道 2 和磁道 3 为"＝"。

⑤ 银行卡复制需要的部分服务代码（SC）。

用途：标明银行卡可使用的服务类型。

格式：3 位数字，其中第一位为交换控制符。

内容：交换控制符可在 2～9 之间选用。

2——限制在国内跨系统交换；

3——限制在省内跨系统交换；

4——限制在市内跨系统交换；

5——限制在国内系统内交换；

6——限制在省内系统内交换；

7——限制在市内系统内交换；

8——管理卡，不适用于交换；

9——系统测试卡。

⑥ 服务代码的后两位在下列区域中分配：

00～49——由国际标准化组织分配和发布；

50～59——由国内标准化相关组织分配和发布；

60～99——由发卡行酌情使用。

⑦ 目前后两位已分配的服务代码如下：

01——无限制；

02——无自动柜员机服务；

03——只有自动柜员机服务；

10——无现金预支；

11——既无现金预支又无自动柜员机服务；

20——要求肯定授权：所有交易应由发卡行或代理人认可；

41——集成电路卡：无限制；

43——集成电路卡：只有自动柜员机服务。

⑧ 附加数据。

用途：容纳对银行卡发卡机构有意义的任意数据。

格式：可变，但应保证该磁道字符总数不得超过最大编码长度。

内容：具体内容由发卡行自定。

⑨ 结束标记（ETX）。

用途：标明磁道上有意义数据的结束。

格式：1 位字符。

内容："?"。

⑩ 纵向冗余校验符（LRC）。

用途/内容：见 GB/T 15120.2。

格式：1 个字符。

所有银行卡磁条都使用磁道 2。磁道 3 是否使用由各发卡机构自行规定。磁道 1 暂不使用，保留将来酌情使用。

磁道 2 作为交换磁道，各发卡机构在进行识别和信息交换时以磁道 2 为准，复制银行卡主要就是解出磁道 2。

因为银行卡跨行交易的需要，所以各银行发行的银行卡均有统一编码标识，即磁道 2 信息，但各银行在交易数据识别部分（即磁道 3 信息）的编码和加密算法各有不同（由于安全保密的需要，此部分在本书中不做介绍）。

由此可见，磁卡内部数据的克隆过程并不复杂，并且因为仅仅是对全卡数据的复制过程，所以甚至不需要对卡内数据的信息含义进行破解。

6.1.3　克隆卡案件的一般侦查思路与工作步骤

虽然每起案件的具体案情细节不同，但是此类案件的一般侦查思路和工作步骤相同。

（1）接报案后，首先提取查询被害人的账户交易信息，自被害人陈述自己最后一次正常用卡时间后，所有的转账、提款、消费记录必须逐笔查清交易的方式、地点、设备和人员信息。如果不是通过网上银行的方式转账，而是使用实物卡，则应优先考虑是否为克隆卡案件。

（2）根据涉案交易明细提供的地点和设备情况，及时提取交易发生时嫌疑人的视频图像。由于设备的视频监控有时效性，所以务必及时提取。而且还要注意，因为各单位采用的视频文件压缩格式不同，大部分兼容性不好，所以在提取视频文件的同时，要同时提取该系统的视频播放软件。

（3）除设备如ATM本身的监控视频外，要实地考察设备周边环境。如设备在房间内，那么应检查该房间其他位置、楼梯、大堂是否有外围视频监控系统；如设备在临街穿墙安装，那么应检查设备周边、路口有没有其他单位、部门安装的视频监控系统。

（4）详细了解被害人近期的银行卡使用情况，包括该卡的使用区域范围、使用时间和使用习惯。重点了解曾经在哪些设备上使用过银行卡，具体使用的时间，账目密码设置的习惯，是否曾由他人代为保管或交由他人使用，是否账户密码有失密的情况。根据问题的具体情况，划定相应的侦查范围。

（5）克隆卡案件的嫌疑人完成犯罪行为必须具备的两个条件之一，是要获取银行卡内磁条数据。这些数据连持卡人本身都不知道，而且各银行数据升级以后也少见直接使用卡号解密磁条信息的情况，所以嫌疑人必须采用技术手段（银行内部工作人员作案除外），加装或改装读卡设备，读取并记录目标卡的磁道数据。

（6）克隆卡案件嫌疑人必备的另一个条件就是取得持卡人的密码。这些密码唯一由持卡人独立掌握，连系统内留存的都是加密运算后的密文。通常嫌疑人取得密码的途径有人工偷窥操作密码、ATM键盘上方加装摄像设备以记录键盘密码以及改装操作键盘记录密码。

（7）通常克隆卡案件在一地发生均不止一起。与其他方式涉卡犯罪不同，克隆卡案件中一地、一时、多人、多案情况明显，所以应注意汇总本地同类案件，分析串并。

（8）时常有嫌疑人加装的外围设备被小心谨慎的持卡人发现举报的情况，工作中应注意向银行收集相关信息，与案件线索有机结合，从而缩小侦查范围，提高案件侦查效率。

（9）通常嫌疑人在一地停留一段时间后，会转移作案地点。克隆卡案件常见团伙犯罪，制作犯罪工具、安装和拆卸犯罪工具、克隆银行卡、用伪卡提款、策划踏勘犯罪地点等都有明确分工。既然是团伙流窜作案，就要注意跨地区的同类案件串并。

（10）注意通信手段的应用。既然是团伙犯罪，那么在实施关键的犯罪步骤过程中，各嫌疑人一定会及时联络，沟通进展情况。通过海量通信信息的碰撞，可能会找出重点嫌疑人的方位、身份（机主信息）和关联人员信息。

6.2 代金卡伪造和充值案件

代金卡是目前在社会上较为常见的商业零售企业、餐饮娱乐服务企业的营销方式，通过特定的程序制作发行，成为商家与消费者的关系纽带。同时，由于其消费的局限性，企业在获取固定消费群体的同时，也会向持卡人回馈一部分利润（折扣），于是代金卡被越来越多的消费者接受。

6.2.1　什么是代金卡

代金卡又称储值卡,它是一种由企业发行的用于消费的信息卡,通常以固定面值出售。人们在消费时只需使用该卡结帐。代金卡起着货币的作用,一般多见在现实环境空间使用,某些类型的代金卡也可以在网络的虚拟空间使用,它是带有卡号和密码的实体卡或虚拟卡。代金卡因为属于企业内部营销行为,所以根据财务工作结算的需要,会设定使用时间的限制。

6.2.2　代金卡的分类

1. 购物类代金卡

购物类代金卡由商场发行,可由某商家独立发起,也可联络多家连锁企业联合发行,限定使用范围,一般都设定统一面额,便于管理。持卡人购买该代金卡后,现金与货品并不对等,所以通常商家计入"应付"或"负债"会计科目。此类代金卡通常为一次性使用。

此类代金卡一般多见单位或个人买卡用于发放员工福利,或个人买卡作为礼品赠送等。

2. 消费服务类代金卡

消费服务类代金卡由餐饮娱乐企业独立发行,或者由社会公共服务企业发行(如公交车月票、磁卡电话等可基于同一平台结算的企业)。此类代金卡通常可反复充值使用。其技术特征与上述购物类代金卡相似。

3. 网络游戏类代金卡

网络游戏类代金卡由网络游戏厂商独立发行,使用者用于向游戏账号充值,或在游戏中购买装备、道具和虚拟财产,通常为一次性使用。网络游戏类代金卡有实体卡和虚拟卡两种。实体卡是以实物的形式出售;而虚拟卡本身并不制作出实体卡,以卡号和密码的数字虚拟形式存在,购买者网上交易支付电子资金,游戏厂商直接提供卡号和密码。实体卡与虚拟卡虽然形式上不同,但是使用方法和技术特征完全一致。

6.2.3　代金卡伪造和非法充值案件

1. 储值卡非法充值案件

2009 年,山东某地公安机关成功破获一起商场工作人员王某某、刘某某伙同商场财务软件开发人员胡某某合谋盗窃商场营业资金的案件。

该被害单位发行的储值卡在持卡人消费完毕后,由财务部门将废卡回收。王、刘、胡三犯,利用职务之便,窃取大量废卡,通过技术手段大肆对废卡进行再充值,并将大量伪充值的卡折价出售给卡贩子,同时也赠予亲友使用。犯罪嫌疑人在本案中获利数额巨大。

经查,此案涉及储值卡共计三千余张,涉案金额一百余万元,查明王、刘二人非法牟利十三万余元。

本案二审终结,王某、刘某二人因犯盗窃罪,各处有期徒刑十年,并处三万元罚金;胡某因犯传授犯罪方法罪,处有期徒刑二年零六个月。

2.伪造 IC 月票卡案件

2006 年宁波公安机关查获了一起伪造公交 IC 乘车卡案。让人惊讶的是,伪造 IC 乘车卡的男子只有小学文化,他为了省公交车钱,利用在电子方面的特长自制了公交 IC 乘车卡供自己使用。

2006 年 1 月 10 日中午 12 点左右,812 路公交车开至甬江楼下陈车站时,最后上来了一名男子,他刷卡后,驾驶员董师傅发现刷卡机发出的声音有点异样,比往常低沉了许多。同时董师傅注意到,这男子迅速将一个盒状的东西放进了口袋里。董师傅要求查看他的 IC 卡,但这名男子拒绝了,还迅速掏出硬币扔进了投币箱。对方此举让董师傅确认他的 IC 卡有问题,于是立刻拨打 110 报警。

民警从这名男子身上没有找到公交 IC 乘车卡,而是找到了一个沉甸甸的小盒子。这个小盒子外形如同一个烟盒,拆开后,里面装有 8 节 5 号电池和一些电子元件。该男子承认,这就是上车所刷的"卡",是他自己做出来的。

该男子姓王,今年 32 岁。王某交代说,他半年前从江西来到宁波,在一家电子厂打工,前不久辞职后一直没有找到新的工作,手头比较拮据。为了省下公交车钱,他想起了自己的特长。原来王某虽然只有小学文化,但他在电子厂打工时懂得了不少电子学和物理学知识,业余时间也曾组装过一些电子仪器。他在研制几天后,终于制成了这个"公交 IC 乘车卡"。王某交代说,为了不被发现,他坐车时一般最后上车,并且刷卡时常用报纸等物品遮挡,用了 20 多次一直畅通无阻。

3.伪造网通免费充值 IC 电话卡案件

2007 年 1 月,北京市公安机关将三名假冒网通公司名义贩卖"可免费自动充值 IC 电话卡"的嫌疑人刑拘。

办案单位介绍,2006 年 5 月以来,十八里店派出所陆续接到报案,称有人贩卖仿制的 IC 卡,面值为 30 元。但这种 IC 卡在话费用完后,金额会自动续满。也就是说,这种假冒的网通 IC 卡可在话费用完后自动充值,无限次使用。

同时,网通公司也监测到这一地区常有人用非该公司生产的 IC 卡盗打电话,并向警方报案。通过侦查,警方发现一个伪造 IC 卡、制销一条龙的团伙,并将嫌疑人李某和刘某控制。

刘某交代,初遇李某时,李某以一张 50 元的价格卖给他一张面额 30 元的"神奇电话卡"。刘某使用后发现,卡上的 30 元话费用完后,再次将卡插入 IC 卡公用电话机时,卡上又出现了 30 元话费。于是他与李某取得联系,做起了二级推销的买卖。

李某供认,自己从老乡崔某处以每个 9 元的价格购得芯片,并获取相关技术程序。他同时联系北京一家公司制作卡板的半成品。之后,李某在暂住地进行组装,通过计算机写入卡板程序。

同年 7 月 28 日,侦查员在崔某位于河南安阳的家中起获两台作案用的笔记本电脑及读卡器。崔某供认,由李某出资 10 余万元购买计算机、读卡器等作案工具,自己负责从深圳非法购买卡板芯片和技术程序,然后转给李某,李某则在北京组装卖出牟利。

"伪造假冒 IC 卡是一种高智能犯罪。"办案民警介绍,这种假 IC 卡的制、销有严密的网络。一级批发商以 40 元左右的价格进得面额为 30 元的电话卡,再以 60~70 元的价格卖给二级批发商,二级批发商以更高的价格批发给小摊小贩。

4. 盗取网络游戏充值卡案件

2004 年北京市海淀区人民法院审理了被告人朱仁普犯盗窃罪一案。

北京市海淀区人民法院判决认定:被告人朱仁普于 2003 年 12 月 18 日至 2004 年 1 月 31 日间,在互联网上,利用本市海淀区北京华奥创业科贸有限公司网站的漏洞,非法进入该网络销售系统,并取得该网络销售系统超级管理员权限,盗取"传奇 120 小时秒互换"等多种网络游戏充值卡,后以"祈祷至爱"的网名通过他人进行销售,共计售出网络游戏充值卡 4880 张,后被查获。公安机关另从被告人朱仁普的计算机中起获尚未卖出的网络游戏充值卡 1286 张。上述被盗物品总价值人民币 175 367.55 元。

上述事实,经法院庭审举证、质证并确认,对下列证据予以证实:

(1) 被告人朱仁普的供述证明,其于 2003 年 11 月至 2004 年 1 月 20 日非法进入北京华奥创业科贸有限公司网站的网络销售系统,盗取多种网络游戏充值卡,后将大部分卡经计算机网络卖给"寻觅至爱",另外还删除了一部分卡,具体盗窃了多少卡自己也未计算过的情况。

(2) 证人王铁忠的证言证明,其公司的游戏充值卡在 2003 年 12 月 18 日至 12 月 29 日发现被盗;2004 年 1 月 20 日至 1 月 31 日,发现又被人用同样手段划走总价为 50 000 元的游戏卡,并证实非法登录网站的 IP 地址不一样;2004 年 2 月 8 日,又有人企图侵入其公司售卡电子商务系统未得逞的情况。

(3) 证人徐铁争的证言证明,在 2003 年 12 月 18 日,有一个网名为"祈祷至爱"的男子通过网络向其销售游戏充值卡共 4000 多张,其将卡卖出后,把钱汇到招商银行一个叫"朱仁普"的账号内的情况。

(4) 赃物估价鉴定结论书证明,北京华奥创业科贸有限公司丢失的 7320 张游戏充值卡种类、张数、单价及总价值的情况。

(5) 抓获经过及起赃经过证明,公安机关接举报后,经工作,抓获被告人朱仁普的事实,以及经搜查,从徐铁争处查获已出售的游戏充值卡 4880 张,从被告人朱仁普的计算机中起获游戏充值卡 1386 张。

(6) 公安机关出具的工作说明证明,公安机关对被盗公司网站服务器的日志进行分析发现,自 2003 年 12 月 18 日至 2004 年 2 月 8 日,有 45 个 IP 地址非法侵入被盗公司网络销售系统,其中有 2 个 IP 地址有未使用过代理服务器的直接 IP 地址的重大可能。该 IP 地址为被告人朱仁普的 IP 地址的情况。

北京市海淀区人民法院认为,被告人朱仁普以非法占有为目的,利用计算机网络大肆盗窃北京华奥创业科贸有限公司网站的游戏充值卡共 6166 张,数额特别巨大,其行为已构成盗窃罪,应予惩处。北京市海淀区人民检察院指控被告人朱仁普犯盗窃罪的指控罪名成立。但指控其盗窃数额为 21 万余元的证据不足,朱仁普的盗窃数额应根据公安机关的起赃经过、证人徐铁争证言等证据予以客观认定,依据公诉机关提供的赃物估价鉴定结论书中所列游戏充值卡种类单价计算,共价值人民币 175 367.55 元。鉴于被告人认罪态度较好,可以酌情从轻处罚。

依照《中华人民共和国刑法》第二百六十四条、第五十五条第一款、第五十六条第一款、第五十三条、第六十四条之规定,判决:一、被告人朱仁普犯盗窃罪,判处有期徒刑十二年,剥夺政治权利两年,罚金人民币二万元。二、责令被告人朱仁普退赔人民币 175 367.55 元,发还北京华奥创业科贸有限公司。

6.2.4 伪造、非法充值和盗取代金卡案件的一般侦查思路与工作步骤

由于代金卡由一般商业企业独立发行或少数几家企业联合发行,所以其安全技术手段、数据灾损防控以及用卡系统识别与监管都存在较多安全漏洞,导致大量案件的发生。一般代金卡可以按照工作状态分为联机型和离线型两大类。联机型代金卡就是指卡面信息仅仅代表一个身份账户代号,所有的资金数据保存在财务系统中,交易需在系统支持下完成,如大多数商场发行的储值卡。离线型代金卡就是指预存资金保存在卡片内,交易支付的设备也不与服务器数据库通信,直接通过支付社会的反馈数据在卡内扣减相应金额,如公交 IC 月票卡等。

伪造、非法充值和盗取代金卡案件的犯罪性质、犯罪行为过程和技术手段各有不同,所以一般侦查思路与工作步骤也有所不同。

(1) 因为代金卡是个别商家独立发行的,具有现金支付功能的预付费的信息卡,所以通常都是单位内部财务系统生成数据,存储于外购的卡片基底材料或者空白卡中。由于财务系统软件本身的漏洞或者工作流程监管上的漏洞,常见内部人员或内外勾结作案,非法充值。针对代金卡非法充值的案件,一般从财务账目入手,通过梳理非法充值的卡号、时间、金额和操作员等线索,锁定嫌疑人范围。如果是从财务系统的后台(即账面无异常金额)进行非法充值,则考虑熟悉软件后台数据库并具有相应操作权限的人员具有较大嫌疑。

(2) 离线型代金卡案件,由于卡内数据在交易时需要做运算处理,所以多为 IC 卡。常见嫌疑人使用特殊设备或特殊技术手段,通过破解改写卡内数据,直接写入金额非法获利的情况。因为离线型代金卡在发行和使用中无法即时受控于系统,所以通常卡内额度较低。而嫌疑人为实现非法牟利的目的,通常批量制造数十张甚至数万张伪充值卡以出售获利,那么此犯罪行为的直接体现就是一地突然出现多起伪充值代金卡的案件。由此,大量伪充值卡在出售的过程中必然导致嫌疑人多次与分销商接触,针对这一特点,分别追踪被发现的伪卡来源,逐级上溯,直至找到制卡者。

（3）虚拟卡的盗窃与伪造案件通常涉及更为复杂的技术过程。虚拟卡因为不涉及购买和制作实体卡的基底卡片和芯片，所以犯罪成本更低，同时由于虚拟卡的出售通常在网络上实现，也就增强了犯罪嫌疑人的隐蔽性。低成本、高收益同时又相对安全的犯罪手段往往容易受到更多嫌疑人的青睐。针对虚拟卡实施的犯罪常见两种形式，其一是通过权限（正常获取或采用黑客手段获取）进入商家服务器数据库，盗取批量的账号和密码；其二是通过破解充值账号和密码生成算法，或通过他渠道获取充值账号生成软件，直接生成账号和密码。

（4）无论是哪种形式的针对代金卡实施的犯罪，嫌疑人的犯罪目的均在于非法牟利，而其制卡的行为只是犯罪行为过程的前半部分，后续必然有销售变现的行为过程。往往其后续行为是侦查前期的重点内容。代金卡由于是个别商家独立发行，所以其有效使用区域或有效使用人群相对固定，案发时也多呈短时多发状态。如果及时从嫌疑人的销售环节入手，较易甄别嫌疑人。

（5）伪造的实体型代金卡的使用环境为特定商家，所以除卡内数据要符合商家的系统要求以外，卡片外观也要与真卡一致。而通常，嫌疑人因为犯罪成本方面的考虑，多不会直接开模具印制伪卡，所以卡片基材的来源一般有 3 种：外购空白卡找印刷厂家二次加工；盗取商家无值空卡；回收普通用户的废卡。追踪卡片来源，也可以追溯到嫌疑人。

6.3　其他涉卡犯罪案件

涉卡案件中，嫌疑人除对卡片本身做手脚外，还常针对用卡设备和用卡环境下手，通过各种手段，获取被害人银行卡信息和密码，为实施牟利行为做准备。或在被害人用卡环节上下手，直接盗取被害人财产。

6.3.1　针对用卡设备的犯罪案件

早在 20 世纪末，我国就发生过针对用卡设备的犯罪案件。某涉外酒店收银员，利用工作之机，使用改装过的二连一读卡器（即在正常读卡器槽后串接另一个读卡器），窃取多名外商所使用的信用卡信息，并通过境外人员配合，在香港等地进行大额消费，造成极坏的影响。

进入 21 世纪初，大量针对银行卡用卡设备的案件更是随着用卡环境的快速普及而快速增长。其中最为常见的就是在 ATM 或 POS 上加装、改装设备，用于窃取被害人银行卡用卡信息。

1. 针对 POS 系统设备的案件

随着越来越多的商家安装 POS 结算系统，越来越多的持卡人习惯刷卡购物或刷卡消费。个别商家对 POS 系统的监管不严和对 POS 结算流程管理的不规范，给嫌疑人留下可乘之机。国内曾出现这样的案件：嫌疑人用假身份在高档餐馆做服务员，当客人结账时，嫌疑人用假的移动 POS 让客人刷卡，刷卡获取卡内数据的同时，偷窥被害人是否留有密码和密码内容。而后，伪称 POS 故障，要求客人再次去收银台结账，因只发生一次实际消费，被害人并为察觉异常。但数日后，嫌疑人通过伪造的银行卡消费和提现，给被害人造成巨额损失。

此类案件侦破的大前提就是能否准确串并案。单纯就一个被害人展开侦查工作，只能从最终被盗资金转现、消费环节入手。这一环节的常规线索体现通常仅为监控视频，而单纯依靠这一线索实现破案的成功率极低。但是，如果能够实现准确串并案，那么多名被害人多次用卡环境和设备的交集，便是嫌疑人当初实施犯罪活动的地点，由此可以快速锁定嫌疑人范围。

2. 针对 ATM 设备和自助银行门禁的案件

ATM 设备上加装读卡设备和图像记录设备，也是嫌疑人常用的犯罪手法之一。此类案件中，通常嫌疑人在完成犯罪预备之后，具体实施的行为分为几个步骤：第一步，踩点选择合适的作案场地，一般情况下，嫌疑人偏好人流密度不是很大，周边没有值守人员的银行自助设备；第二步，趁周围没人快速安装读卡设备，该设备可能位于 ATM 插卡口，也可能位于入口门禁处，安装过程中常见一人安装一人望风的团伙行动；第三步是获取密码，常见的有伺机偷窥、ATM 屏幕上方加装针孔摄像头、用自制伪键盘覆盖原机键盘（带记录功能）以及在门禁刷卡处安装密码键盘等；第四步是取走加装的设备，提取持卡人的银行卡信息及密码；第五步是伪造银行卡并提现。此外，设备安置期间，嫌疑人还很可能在附近守候。

通过上述分析过程可见，嫌疑人为完成其犯罪行为，必须先后多次出现在 ATM 设备及其周边环境中，所以 ATM 和周边环境的视频监控录像可提供犯罪嫌疑人的人数、体貌特征和交通工具等。此环节可由追查被害人银行卡的最后一两次使用的设备着手，按交易时间段适当扩大，通过视频搜索可疑目标。

3. 嫌疑人在 ATM 上使用的其他常用的伎俩

1）键盘上贴胶膜，录取持卡人的指纹

犯罪分子通过在 ATM 取款机上贴膜的办法获取被害人的指纹，进而得到被害人的银行卡密码，为克隆卡做准备。

2）人为设置"吞卡"假象

犯罪嫌疑人在 ATM 的入卡口处利用钢丝把被害人的银行卡卡住，造成人为吞卡，当被害人急于取卡并去找银行部门时，由于被害人已经输入密码，所以此时嫌疑人迅速提取卡内资金，如果时间来得及，还会更改密码后取卡，到另外的 ATM 处提取现金。

3）设置 ATM 出钞口"不吐钱"

犯罪嫌疑人在 ATM 的出钞口利用钢丝把被害人的人民币卡住，造成"不吐钱"，当被害人急于找银行部门取钱时，嫌疑人迅速取走现金。

4）设置虚假银行公告

假银行公告如图 6-1 所示。

图 6-1　假银行公告

6.3.2　用卡安全防范

1. 用卡环境方面的安全防范

从用卡环境上做到安全防范，尤其是对一些远程系统应加强安全管理。

（1）加强发卡机构的安全管理，限制卡配套设备的销售。

目前，我国的银行卡大多数为磁条卡，磁条卡信息通过一般设备即可读写，并且相对来讲，磁条卡所包含的信息比较简单。对此，发卡机构应从管理、操作和技术三个方面入手，建立一整套成熟而又完备的监控和审核体系。

银行卡犯罪必须取得的正是相应的关联信息，因此，加强银行卡及账户信息安全管理工作显得非常必要和迫切。　是信息不能泄密。发卡机构的渠道及牵涉人员较多，必须从制度上加以控制和从道德上加以教育；二是保证信息不能被破坏，信息备份隔离保管；三是制卡要按照严格的流程管理，并签订安全保密合约；四是空白银行卡要严格按照重要空白凭证管理，搞清楚每一张卡的来龙去脉；五是在发卡时有义务告知持卡人银行卡的所有关联信息，提醒其注意对银行卡及账户信息的保密管理，并经常查询账户和保留适度余额。以上五个方面是管理银行卡信息最基础和直接的工作，事实上发卡机构也都建立了相关制度和管理程序。现在最关键的问题是要落实，按制度和程序去做。

（2）发卡机构在发卡和用卡的操作层面应采取安全措施。

① 加强宣传力度，突出安全提示。作为发卡机构，银行和银联应承担向持卡人以及整个社会做好宣传的义务。一是建议发卡机构广泛告知持卡人统一的客服电话，提醒持卡人不要轻易上当；二是建议适当借助媒体力量，通过电视、报纸或其他媒体进行风险提示，进行预防性安全用卡教育。

② 充分落实实名制。建议严格审查开户申请及身份证件，尽量杜绝使用虚假身份证件和冒用他人身份开立银行卡账户的行为。

③ 针对短信欺诈事件，银行和银联等各方要及时总结整理虚假短信范例及防范措施，并向社会公布，帮助持卡人及早预防。

④ 加强交易机具管理。一是机具放在醒目位置；二是废弃的机具要及时回收；三是对机具的操作权限要严格控制；四是要核实确认机具维护人员的身份；五是要落实商户回访制度，实地检查 POS 机具是否被改装和非法拆卸。

建立我国银行卡业务的监控和审核体系最关键的是技术实现手段的问题。银行卡犯罪主要体现为技术犯罪，如何堵塞漏洞是考虑问题的直接出发点。国外的经验是推广使用芯片卡，但目前国内大多是使用磁条卡，替代还有一个漫长的过程，如何从技术上加强管理和提升交易安全级别设计是现阶段解决防控问题的核心。最根本的是安全意识问题，现在无论是管理者还是一般业务人员，在充分享受计算机应用带来的便捷的同时，安全意识还是不够重视。目前科技队伍的数量和质量以及相对稳定性都不够，导致信息系统应用质量下降。一是要加强相关信息系统的管理,从系统建设开始就要控制可能的风险。由于目前银行业信息系统建设一般采取外包形式,其中牵涉到源代码及账户信息的泄露,因此,必须与外包服务商签订安全保证协议。二是防止信息系统设计上的漏洞。后台监控信息必须合理控制,交易日志查询及管理必须严格限制范围,对持卡人敏感信息的访问进行物理隔离和限制。三是硬件设备要合理配置,保证信息不被破坏。四是交易过程中要实现多重身份验证和多级审核。目前的银行卡交易仅需要一级密码确认,突破这一层防线就无法再防范了。在交易过程中,建议再增加一级特色身份确认,提示持卡人在交易时输入自己的身份证号码或其他特色号码。五是与持卡人签订协议,让交易系统自动实现正常交易提醒和异常交易警示。在持卡人发生一笔交易后就及时告之,并对大额交易和在限额内的频繁交易跟踪警示。

2. 加强信息卡本身的安全性能

信息卡上记录了大量重要信息,可以用于个人证件,也可以代替现金和支票进行交易购物,因此难免有犯罪嫌疑人对信息卡及其应用系统实施各种各样的攻击手段。其目的包括获取非法利益或破坏应用系统。因此,作为信息卡应用系统要提供合理有效的安全措施,以保证信息卡及其应用系统的数据安全,这些技术有:

(1) 对磁卡采取磁加密技术,使磁信息数据难于复制。

(2) 信息卡要含有对持卡人进行身份鉴别、IC 卡合法性确认、报文鉴别技术和数据加密通信技术等。

这些技术的采用可以保证信息卡的数据在存储和交易过程中的完整性、有效性和真实性。

3. 提高持卡人的安全用卡意识

要遏制银行卡犯罪,除公检法、金融等有关部门加大防范打击力度外,应该提高持卡人的安全用卡意识,加强防范。

(1) 要留意不明信息。如果持卡人没有刷卡消费,手机却收到所谓银行方面发来的消费信息,这很可能是骗子使用的骗术。收到这类信息后,如需要向有关部门咨询,应拨打这些部门向社会公开的咨询服务热线,一般为五位数,如向工商银行咨询可拨打95588;银行方面在电话中如要求输入账号或密码,一般是要求按电话数字键以#键结束。另外,许多银行都有客户消费短信告知业务,通过办理此业务则很容易识别出犯罪嫌疑人的虚假短信息。广大市民应妥善保管好自己的银行卡及卡号、密码等资料,不给犯罪分子可乘之机,一旦发现可疑者,应及时向警方报案。

(2) 消费者在 ATM 取款时要加强自我防护意识,注意周围有无可疑人员,留心旁边是否有人偷窥,不要随意丢弃取款回执单,以防泄露密码,要特别提防那些"好心人"提供的"帮助"和"天上掉馅饼"现象。一旦出现情况,应马上报警或报告相关银行,最好不要离开 ATM。

(3) 使用 POS 刷卡消费必须谨慎。在现实生活中,酒店、商场、超市的一些不法服务人员利用消费者持卡消费的时机,用解码器能在几秒钟内盗取客户的信用卡账号和密码,然后用空磁条卡伪造出可以马上提款、消费的信用卡。持卡人在消费时应要求收银员在自己的视线范围内刷卡,并留意账单的交易资料,如卡号和消费金额等及随后的银行对账单。

(4) 当心网上银行交易陷阱。目前网上银行并非绝对安全:一是网络登记的姓名、生日等个人信息,尤其是身份证号码要填写谨慎;二是切勿向虚假网站和冒充网站发送账户资料和密码信息;三是如果不能确定交易的安全性,建议不进行网上转账,如果一定要进行网上转账,建议交易的账户内资金不要超过交易额太多。

(5) 严格保管好自己的银行卡,在设置卡密码时不要简单地用生日或电话号码等容易被"破译"的数字。在使用银行卡时,牢记卡号码的尾数,以便在被掉包后能立即发现并采取补救措施。

4. 限制信息卡技术特别是核心技术的泛滥传播

加强互联网信息的监管,加强信息卡核心技术的过滤和保密,从源头上减少涉卡技术犯罪的发生。

6.3.3　加强个人信息的保密

下面介绍一个具体案例。犯罪嫌疑人魏某,在网络上窃取大量大学毕业生或准大学毕业生的求职个人信息,利用身份证制作软件制作了假的二代身份证,如图 6-2 和图 6-3 所示。

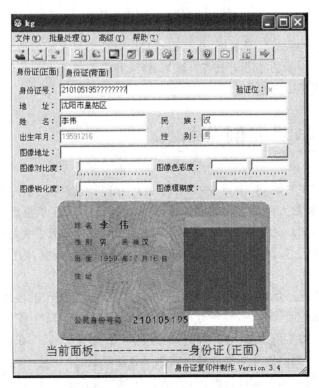

图 6-2　假的二代身份证正面

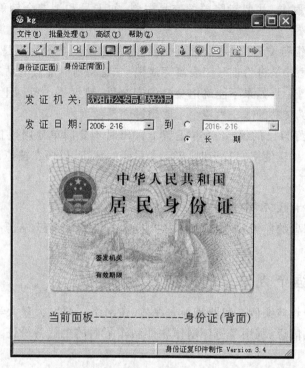

图 6-3　假的二代身份证背面

魏某使用制作的假二代身份证,在某银行利用银行工作人员的马虎(没有使用身份证读卡器识别身份证),顺利办理了被害人徐某、张某和刘某的个人信用卡并进行了透支,给被害人和银行造成了巨大损失。

6.4　典型案例分析

2010 年 9 月 24 日晚间 21 点左右,在某银行分理处,被害人王先生的银行卡(借记卡)被犯罪嫌疑人盗取人民币 12 000 元。公安人员接到被害人举报后及时赶到现场,经询问被害人王某得知:该人的银行卡从未借与他人,也没有密码丢失的可能,且银行卡本人长期携带,他是通过短信得知卡内资金被盗的,他及时进行了报案,因此,办案人员推断该卡可能被恶意克隆了。

后经办案民警进一步调查被害人最后一次正常使用银行卡、被盗取现金的交易设备附近的银行及街路的监控视频,发现有两名嫌疑人事前在 ATM 上安装了盗卡及密码设备并提取了被害人的卡内资金。附近商场监控视频还显示,嫌疑人在得手后打了一个电话,同时二人驾驶一辆白色两厢疑似夏历的轿车离开现场。

经分析,初步判定以下案件特征:①案件性质属于克隆银行卡,涉嫌伪造金融票证和信用卡诈骗。②犯罪嫌疑人应该在 2 人或 2 人以上。③犯罪嫌疑人有交通工具,流窜作案可能性较大。④涉及银行卡克隆技术,应为高技术手段犯罪。⑤嫌疑人准备充分,应该是多次作案,属于惯犯。

侦查步骤一：发现和定位嫌疑人。

(1) 查资金流向。

通过工作,调查被害人的资金被嫌疑人取走后的资金走向(现金或转账),如若转账,调查对应账户的信息(注册和使用信息等)。

(2) 查体貌特征。

仔细观看 ATM 和附近监控视频,从中提取嫌疑人的体貌特征。特别注意嫌疑人的前期的踩点准备工作。

(3) 查通信信息。

通过嫌疑人得手后打了一个电话的情况,通过有关渠道,及时提取嫌疑人的通话信息,及时掌握通话人和被通话人的手机注册信息、身份信息、关系信息以及亲朋好友信息等。

(4) 查车辆信息。

首先通过技术手段使视频中的车辆牌号信息清晰化,然后通过公安网络查该车的注册信息和被盗车辆信息,进行比对。

(5) 查找比对串并案信息。

根据公安网提供的此类案件信息,进行查找比对确定是否可以进行串并案处理,从而扩大线索,利于破案。

(6) 启动银行的客户卡联动机制。

做好犯罪嫌疑人再次使用该卡消费的准备,启动银行的客户卡联动机制,当该卡账内金额发生变化时及时报警。

(7) 查嫌疑人的住宿信息。

根据嫌疑人至少 2 人以上,查本市宾馆、旅店近日(一般 3 天以内)的人员登记信息,汇集所掌握的嫌疑人体貌特征,锁定嫌疑人。

(8) 查机场、车站和高速公路信息。

根据嫌疑人的综合信息,查近期的航班旅客登记信息,查车站的购票信息,如果信息准确,还要进一步在车厢内进行检查,查高速公路的车辆通过信息。

(9) 查手机的绑定信息。

在有必备的法律手续的前提下,查看手机与银行卡的绑定信息、手机与房产的绑定信息、手机与聊天工具(如 QQ、MSN 等)的绑定信息以及手机与车主的绑定信息等。

(10) 查手机的综合信息。

随着公安机关打击犯罪力度和技术手段的加强,犯罪嫌疑人的反侦查能力也在不断提高,所以在办案过程中,公安机关不仅应关注手机通信过程的通话时间、通话时长、通话对象和通话地区等基本信息,有时还需要收集手机的开机与关机时间、地区信息,收集相关手机的短信内容信息,查手机的注册个人信息等。

侦查步骤二：现场勘察与取证。

(1) 人像比对。

调取银行卡资金被盗交易的监控视频,与嫌疑人身份信息照片比对,确定提款人身份。

（2）现场勘察。

一旦确定嫌疑人身份和地址，要及时对其住地或临时住地的犯罪现场进行勘察。勘察过程中，重点寻找盗取卡信息和密码的自制设备、加工该自制设备的原部件及工具、为克隆准备的空卡、存储与处理被盗卡信息的计算机设备以及磁卡读写卡器等。

着重处理计算机中存储的银行卡磁条信息，查找是否有被害人的磁卡信息，同时，分析机内存储的其他磁卡信息，与其他未破案件关联串并。

（3）侦查讯问。

将初查阶段发现的线索和证据、现场勘察中获取的线索和证据相关联，突破嫌疑人口供，形成笔录，争取将三者内容有机结合，互相印证，形成完整、有效的证据链。注意同案之间交代犯罪过程的一致性。

思 考 题

1. 总结涉卡案件侦查的一般思路。
2. 总结磁卡克隆案件的技术要点。
3. 思考不同类型的代金卡充值流程。

第7章

涉卡案件的数据分析

数据分析是指用适当的统计方法对收集来的大量第一手资料和第二手资料进行分析,以求最大化地开发数据资料的功能,发挥数据的作用,是为了提取有用信息和形成结论而对数据加以详细研究和概括总结的过程。常用的数据分析软件工具如 Excel、手机话单分析、LINGO 和网页数据分析等。分析处理所搜集到的涉卡案件相关数据是办案人员的主要工作之一,本章介绍涉卡案件数据处理的基本方法。

7.1 案件数据的相关性

目前,在涉卡案件中涉及的案件数据主要包括涉案人的电话、信息卡(包括银行卡、股票卡、门禁卡、公交卡、购物卡和医保卡等)、身份信息、视频监控信息、车辆信息、居住信息、购物信息、娱乐信息、出行信息和缴费信息等综合信息,以上信息之间或多或少存在某种联系,即数据的相关性。在办理涉卡案件时需要充分利用数据之间的相关性找出蛛丝马迹,为破案做好充分准备。

1. 身份证信息

利用图 7-1 所描述的关系图,如果已经获取案件相关人员的身份证信息,则可以进行相应的线索查询(如利用公安网和社会信息网)。

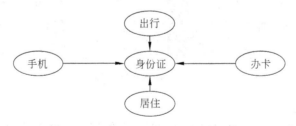

图 7-1　身份证信息关系

2. 手机信息

手机信息关系如图 7-2 所示。

利用图 7-2 所描述的关系图,如果已经获取案件相关人员的身份证信息,则可以进行相应的线索查询。

3. 数据相关举例

例 1　手机通信信息。

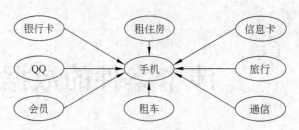

图 7-2　手机信息关系

通过手机通话清单(见图 7-3)可以查询有关的通信信息,如通话双方的手机号码、通话时间、通话时间长度、通话地点和通话频度等。

序号	呼叫类型	通话时间	通话时长	对方号码	小区号	基站号	对方小区号	对方基站号	当前长途区号	归属长途区号	省会长途区号	对方当前长
详单查询[号码] 13898171888												
138981█888	被叫	20030430211635	34	13804█7690	4106	A7B3	4106	A7B3	24	24	24	24
138981█888	被叫	20030430211817	38	13940█3888	4106	A7B3	4106	A7B3	24	24	24	24
138981█888	被叫	20030430212447	38	13940█3888	4106	5F5C	4106	A7B3	24	24	24	24
138981█888	主叫	20030430212539	17	13804█7690	4106	A7B3	4106	A7B3	24	24	24	24
138981█888	主叫	20030430213702	75	13504█1400	4106	A7B3	4106	A7B3	24	24	24	24
138981█888	主叫	20030430214320	8	24880█3538	4106	A7B3	4106	A7B3	24	24	24	24
138981█888	主叫	20030430214346	74	02488█0538	4106	A7B3	4106	A7B3	24	24	24	24
138981█888	主叫	20030430214752	96	13940█3888	4106	A7B3	4106	A7B3	24	24	24	24
138981█888	主叫	20030430221043	52	13504█1400	4106	A7B3	4106	A7B3	24	24	24	24
138981█888	主叫	20030430222231	295	13940█3888	4106	A7B3	4106	A7B3	24	24	24	24
138981█888	主叫	20030430223703	214	13940█4411	4106	5F5C	4106	5F5C	24	24	24	24
138981█888	被叫	20030430225335	32	13940█3888	4105	A281	4105	A281	24	24	24	24
138981█888	被叫	20030430225734	124	13940█4411	4105	A281	4105	2F0B	24	24	24	24
138981█888	被叫	20030430230917	42	13804█7690	4105	A281	4105	A281	24	24	24	24
138981█888	主叫	20030430231707	21	13504█1400	4105	A281	4105	A281	24	24	24	24

图 7-3　手机通话清单

例 2　旅馆信息。

通过旅馆入住信息,可以查询有关住宿人的身份信息、入住时间、房号、退房时间以及相应的宾馆前台或楼道监控录像视频等信息,如图 7-4 所示。

序号	姓名	性别	证件号码	详细地址	房号	入住时间	退房时间	入住旅馆	派出所	分县局
31	魏建成	男	51030419█	四川省自贡█金龟山37号█	310	2009-04-13 09:25	2009-04-16 00:16	金诺宾馆	站前派出所	公交分局
32	王金平	男	5103021█	四川省自贡█区汇柴口路█	311	2009-04-13 09:25	2009-04-16 00:21	金诺宾馆	站前派出所	公交分局
30	邓英琴	女	5103111█	四川省自贡█区仲权镇黄█	312	2009-04-13 09:27	2009-04-16 00:21	金诺宾馆	站前派出所	公交分局

图 7-4　旅馆入住信息

例 3　航空信息。

通过查询旅客航空信息,可以得到该旅客所乘航班的身份证、航班号、座位号、起飞时间和落地时间等信息,如图 7-5 所示。

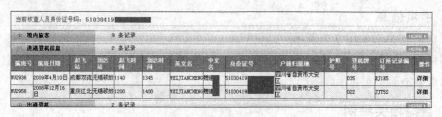

图 7-5　旅客航空信息

7.2　监控视频讯息的运用

近年来,我国城市视频监控发展迅速,通过遍布大街小巷的视频监控设备,能够直接或间接地记录犯罪过程,使办案人员对案件的认识从以前的依靠分析判断发展到了今天的直观可见。视频侦查技术已成为新的破案增长点,它已成为继刑事技术、行动技术和网侦技术之后的侦查破案的第四大技术支撑。公安人员可以通过监控的视频得到如下几个方面的与案件相关的线索。

7.2.1　图像辨认

利用视频监控图像中犯罪嫌疑人的人像和相关物品(如车、船、携带物品的特征等),在判定的侦查区域内开展辨认工作,从而寻找犯罪嫌疑人或嫌疑交通工具、物品。

截取犯罪嫌疑人或物的图像进行寻找辨认,是侦案中应用最普及、效果最直接的一种侦查模式。进行图像辨认时需要注意以下几个问题:

(1) 尽量使用低角度、近距离、变形小的监控图像。

(2) 要对明显变形的图像进行校正。

(3) 选用摄取角度近似的图像串并案件。

7.2.2　确定时空

指根据视频监控录像记录的时间,逐一与北京时间校正确定作案的准确时间,并依据该准确时间,连贯各监控点间的时空关系,锁定犯罪嫌疑人所有动作的确切时间与空间,以此刻画犯罪嫌疑人数、作案的全过程和犯罪嫌疑人所应具备的条件等。

通过对现场图像的分析处理,可以锁定犯罪嫌疑人在作案时及其前后的时空,确定涉案人数,固定犯罪嫌疑人的作案过程,印证犯罪嫌疑人的口供,提供定案证据。

7.2.3　目标测量

通过截取的视频监控画面,用专门的方法测判犯罪嫌疑人的身高和携带物品大小,确定相关排查条件。

(1) 选择视频监控图像中犯罪嫌疑人及周边参照物最清晰的单帧图片,以建立坐标。被测量的犯罪嫌疑人及周边参照物的轮廓要清晰完整;测量身高时,必须能看到被测量的犯罪嫌疑人的头部和脚。

(2) 设立三维立体坐标。在被测量处必须要有包围被测量人或物的 7 个以上坐标点,这 7 个点要有地面点和高于被测对象的高点,且各坐标点必须从案发后到测量时均未经变动;因测量前后地面间的高度差比较困难,因此在目标测量时,要求地面水平,如图 7-6 所示。

7.2.4　提取特征

特征提取需要借助现代图像处理技术,对视频图像中目力难以分辨的、模糊微弱的、

图 7-6　图像参照测量

细小的特征进行专门的技术处理,使其达到清晰化、可供辨认的程度。如:

（1）目标车辆的模糊车牌号的显现处理（见图 7-7）。

图 7-7　图像清晰化处理

（2）车辆的类别、特定区域的显现处理。

（3）犯罪嫌疑人的体貌特征、衣着打扮。

（4）随身携带物品辨识等。

7.2.5　目标追踪

从视频监控录像中发现犯罪嫌疑人后,根据犯罪嫌疑人的面貌、衣着、车辆等可供辨认的特征,在监控录像中寻找、追踪犯罪嫌疑人的轨迹,进而确定犯罪嫌疑人的行走路线和落脚点,以缩小侦查范围。

目标追踪有连线追踪和圈踪拓展两种方式。

在连线追踪目标时,既要以现场为中心,按已知的犯罪嫌疑人来去方向沿线逐点进行查看,也要根据同一方向的交通情况前置式跨越查看录像,以及时发现犯罪嫌疑人有无通过此处或有无转向。

在圈踪拓展追踪目标时,当犯罪嫌疑人的来去方向不明时,根据其面貌、衣着、车辆等可供辨认的特征,以现场为中心,利用周边视频监控点的布局,结合侦察访问,向四周扩散搜索,以发现犯罪嫌疑人的踪迹和来去方向。

在明确犯罪嫌疑人的来去方向后,即可进行连线追踪,进而分析案犯落脚点,缩小侦查范围。

7.2.6　信息关联

信息关联是指从视频监控图像中确定犯罪嫌疑人后,根据其在活动过程中反映出的打手机、进网吧、住旅馆等可资深查的情况,及时进行信息关联,拓展查证渠道的一种方法。

1. 根据犯罪嫌疑人使用手机的情况

分析其通话时间、地点、主叫和被叫等细节,提交技侦部门查证;获得其手机话单和机主资料后,即可结合常住人口人像信息与视频监控中犯罪嫌疑人的面貌进行比对。

2. 根据犯罪嫌疑人车辆车牌号

结合车辆外观等关联信息提交交管部门查证车主资料,进而将常住人口人像信息与视频监控中犯罪嫌疑人的面貌进行比对。

3. 根据犯罪嫌疑人失踪点在网吧附近的情况

根据网吧名称、位置、犯罪嫌疑人上下网时间等关联信息,提交网侦部门查证。

4. 根据犯罪嫌疑人住宿的情况

应根据犯罪嫌疑人进出宾馆饭店的登记记录、住宿来往的人员和时间等关联信息查证相关线索。

5. 其他

如果发现犯罪嫌疑人活动轨迹失踪,还可根据其失踪的时间、地点和人数等关联信息,与装有 GPS 的车辆进行信息关联,进而寻找关联现场或案犯的落脚点。

7.2.7　情景分析

情景分析是指侦查人员依据对案情的研究,分析犯罪嫌疑人进出现场时可能经过的路线、衣着和携带物品的变化情况、可能的交通工具、作案后为销赃等可能会去的场所等要素,结合现场和相关区域周边的交通情况,查看相应处的监控录像,进而发现犯罪嫌疑人。

7.2.8　实验论证

实验论证是指通过现场勘察、调查访问后,侦查人员在相同地点和环境条件下,模拟犯罪嫌疑人的动作和随身物品,根据监控图像间的比对,论证犯罪嫌疑人的作案过程、穿着特征、携带物品和交通工具等。

如在台州黄岩 2007 年 2 月 4 日的放火案中,不同身高、体态、性别的侦查人员在二环东路监控点穿戴各种颜色的服装和帽子,骑不同款式、色彩的自行车,模仿案犯经过该监控点的动作,调用该点的监控录像与案犯经过该监控点的录像资料分析比较,确定案犯系男性、中等体态、戴浅灰色的帽子,衣服上浅下深,骑 26 英寸双斜梁女式银色铝合金挡泥板自行车。

7.2.9 实时抓捕

通过人机互动的方式,由监控人员在实时观察监控录像时发现犯罪,或者根据已发案件情况,根据犯罪嫌疑人的行动规迹,直接利用各监控点锁定、跟踪、搜寻犯罪嫌疑人,并即时通知有关部门实时抓获犯罪嫌疑人。

7.3 利用公安网提取信息

随着公安部开展的"金盾工程"建设的不断完善,各地公安机关开展了特色鲜明的公安信息网建设。充分利用公安网提供的丰富信息资源,对案件的研判、侦破能够起到非常积极的作用。

7.3.1 公安网上常见的应用系统

目前,各地公安部门按照公安部的统一部署,积极稳步地推进公安信息化建设,投入了大量的人力、物力积极建设公安信息化网络。表 7-1 为各地已经建设或积极建设的公安信息系统。

表 7-1 公安网上常见的应用系统

编号	系 统 名 称	编号	系 统 名 称
1	机动车及驾驶员信息系统	12	枪支信息管理系统
2	禁毒信息系统	13	民爆信息管理系统
3	刑事案件(综合)信息系统	14	未知名尸体信息系统
4	公安信访信息管理系统	15	失踪人员信息系统
5	经济案件信息管理系统	16	办公自动化系统
6	消防安全重点单位信息系统	17	看守所在押人员信息管理系统
7	在逃人员信息系统	18	违法犯罪人员信息管理系统
8	法庭科学 DNA 数据库	19	人口信息管理系统
9	被盗抢汽车信息系统	20	移动警务信息系统
10	公安综合信息查询系统	21	指纹识别系统
11	被装信息管理系统	22	出入境信息管理系统

公安人员可以利用上述系统进行相应的案件处查询理工作。

7.3.2 常用信息的利用

根据表 7-1 所示各应用系统的查询子系统,在实际办案过程中只需要有针对性地进行处理即可。下面从几个典型方面介绍系统在办理涉卡案件时的应用情况。

1. 利用机动车及驾驶员信息系统

机动车及驾驶员信息系统录入了机动车辆的详细信息,包括机动车的型号、颜色、生产厂家、车架号、发动机号、排气量、生产日期、保险、年检等信息(见图 7-8)。机动车及驾驶员信息系统还录入了机动车驾驶员的详细信息,如驾驶员的姓名、性别、出生日期、身份证信息、初次领取驾照的时间等。通过视频监控或群众举报表明嫌疑人持有汽车作为交通工具,利用车辆及驾驶员信息查询系统可以查出嫌疑车辆或驾驶人的有关信息。

图 7-8　机动车/驾驶人信息

2. 利用全国被盗抢汽车信息库

全国被盗抢汽车信息库录入了全国范围内的被盗抢车辆的信息,如图 7-9 所示。通过调取全国被盗抢汽车信息库,可以获取与案件有关的信息。

图 7-9　被盗抢车辆信息

3. 利用人口信息管理系统

人口信息管理系统记录了公民的自然信息，如姓名、出生日期、性别、居住地址、居住地派出所、直系亲属、政治面貌、户口迁移和政治表现等，如图 7-10 所示。

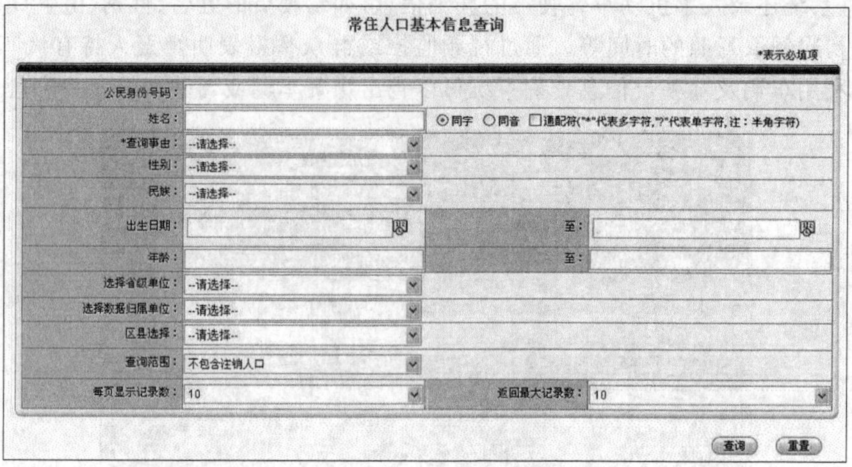

图 7-10　人口信息

利用人口信息管理系统可以查取与涉案有关的基本信息，通过进一步的工作，可以获取与案件有关的重要信息。

4. 在逃人员信息系统

在逃人员信息系统录入了各地各种在逃的违法犯罪人员信息，如图 7-11 所示。如果涉案人或有关联的人员曾经有过犯罪前科，则通过在逃人员信息系统能够获取与办案有关的信息。

图 7-11　在逃人员信息

7.4 利用社会信息资源提取信息

所谓社会信息资源指的是新闻媒体信息、购房信息、租房信息、宾馆入住信息、航空旅行信息、缴费信息（电话、手机、电、水、供暖等）、通话信息、炒股信息、聊天信息和 VIP 会员信息等。

通过掌握、了解嫌疑人的社会信息并与公安信息结合，可以给案件的侦破提供有力的支持。

例1 通过电信部门的支持，办案人员得到如图 7-12 所示的通话信息。

号码	呼叫类型	通话时间	通话时长	对方号码	小区号	基站号	对方小区号	对方基站号	归属长途区号
138981	88被叫	20030430211635	34	138049 690	4106	A7B3	4106	A7B3	24
138981	88被叫	20030430211817	38	139402 888	4106	A7B3	4106	A7B3	24
138981	88被叫	20030430212447	38	139402 888	4106	5F5C	4106	A7B3	24
138981	88主叫	20030430212539	17	138049 690	4106	A7B3	4106	A7B3	24
138981	88被叫	20030430213702	75	135040 400	4106	A7B3	4106	A7B3	24
138981	88被叫	20030430214320	8	248802 538	4106	A7B3	4106	A7B3	24
138981	88主叫	20030430214346	74	024880 538	4106	A7B3	4106	A7B3	24
138981	88主叫	20030430214752	96	139402 888	4106	A7B3	4106	A7B3	24
138981	88主叫	20030430221043	52	135040 400	4106	A7B3	4106	A7B3	24
138981	88被叫	20030430222231	205	139402 888	4106	A7B3	4106		24
138981	88主叫	20030430223703	214	139403 411	4106	5F5C	4106	5F5C	24
138981	88主叫	20030430225335	32	139402 888	4105	A281	4105	A281	24
138981	88被叫	20030430225734	124	139403 411	4105	A281	4100	2F0B	24
138981	88被叫	20030430230917	42	138049 690	4105	A281	4105	A281	24
138981	88被叫	20030430231707	21	135040 400	4105	A281	4105	A281	24
138981	88主叫	20030430232930	40	139402 888	4105	A281	4105	C757	24
138981	88主叫	20030430233125	36	130666 999	4106	C759	4106	C759	24
138981	88主叫	20030430233553	14	139402 888	4106	A7B3	4106	A7B3	24
138981	88主叫	20030430234147	57	138411 800	4106	A7B3	4106	A7B3	24
138981	88主叫	20030430234547	86	138049 690	4106	5F5C	4106	5F5C	24
138981	88被叫	20030430235703	48	130685 743	4106	A7B3	4106	A7B3	24
138981	88被叫	20030430235537	36	139403 411	4106	A7B3	4106	A7B3	24
138981	88主叫	20030501000022	33	130024 416	4106	A7B3	4106	A7B3	24
138981	88被叫	20030501000252	106	139402 888	4106	5F5C	4106	A7B3	24
138981	88被叫	20030501001415	105	138049 690	4106	A7B3	4106	A7B3	24

图 7-12 手机通话信息

利用数据分析技术，可以找出嫌疑人的电话通信情况，为案件提供支持。

例2 图 7-13 是通过腾讯 QQ 得到的部分聊天记录。

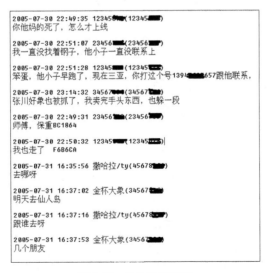

```
2005-07-30 22:49:35 12345■■（12345■）
你他妈的死了，怎么才上线

2005-07-30 22:51:07 23456■■（23456■）
我一直没找着钢子，他小子一直没联系上

2005-07-30 22:51:28 12345■■（12345■■）
笨蛋，他小子早跑了，现在三亚，你打这个号1394■■■657跟他联系，

2005-07-30 23:14:32 34567■■（34567■）
张川好象也被抓了，我卖完手头东西，也躲一段

2005-07-30 22:49:31 23456■■（23456■）
师博，保重BC1864

2005-07-30 22:50:32 12345■■（12345■■）
我也走了 F6B6CA

2005-07-31 16:35:56 撒哈拉/ty（45678■）
去哪呀

2005-07-31 16:37:02 金杯大象（34567■）
明天去仙人岛

2005-07-31 16:37:16 撒哈拉/ty（45678■）
跟谁去呀

2005-07-31 16:37:53 金杯大象（34567■）
几个朋友
```

图 7-13 QQ 聊天记录

利用数据分析技术，可以找出嫌疑人的聊天情况，为案件提供支持。

思 考 题

1. 总结涉卡案件数据线索分析的常用技术。
2. 通过监控视频可以获取哪些线索？
3. 通过公安信息网可以获取哪些与案件相关的线索？
4. 如何获取社会信息资源的信息？

第8章
涉卡案件取证

　　本章介绍涉卡犯罪案件中一些常见的取证问题。特别需要注意的是,在现场提取数据时,要按照相应的法律法规进行操作,如嫌疑人签字、公证人签字和现场录像等。涉卡案件的取证主要包括本地计算机系统信息提取、上网痕迹检提取、内存信息提取、日志提取、各种聊天信息提取、E-mail 信息提取、银行服务器数据提取、ATM 视频数据提取和网站服务器数据提取等。

8.1　本机取证

8.1.1　涉案本地计算机的取证

1.嫌疑人涉案计算机内存数据的提取

　　嫌疑人涉案计算机内存数据的提取是指,在提取本机易失数据的前提下,还要利用计算机技术提取嫌疑人正在克隆银行卡的计算机内存数据(涉卡数据)。这里介绍使用内存数据分析软件提取内存的数据。

　　例如,查找内存中的数据,使用"勇芳内存数据分析编辑器"进行查找的步骤如下:

　　在"常规查找"文本框中输入要查找的数据,单击"查找"按钮开始查找,如图 8-1 所示,查找结果如图 8-2 所示。

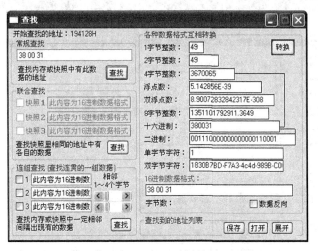

图 8-1　在"常规查找"文本框中输入要查找的数据

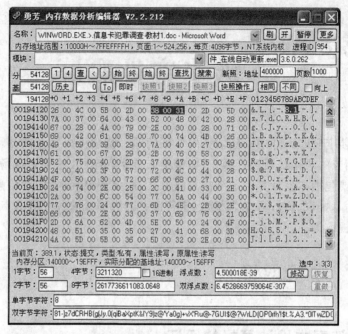

图 8-2　数据查找结果

2. 涉案计算机日志信息的提取

1）操作系统日志

Windows 系统日志是指应用程序日志、安全日志和系统日志,如图 8-3 所示。检查这些日志可以获得以下信息:确定访问特定文件的用户,确定最后成功登录系统的用户,确定试图登录系统但没有成功的用户,跟踪特定应用程序的使用,跟踪用户权限(如提高的访问权限)的变化,之所以要跟踪用户权限的变化,是因为任何用户都可以浏览应用程序

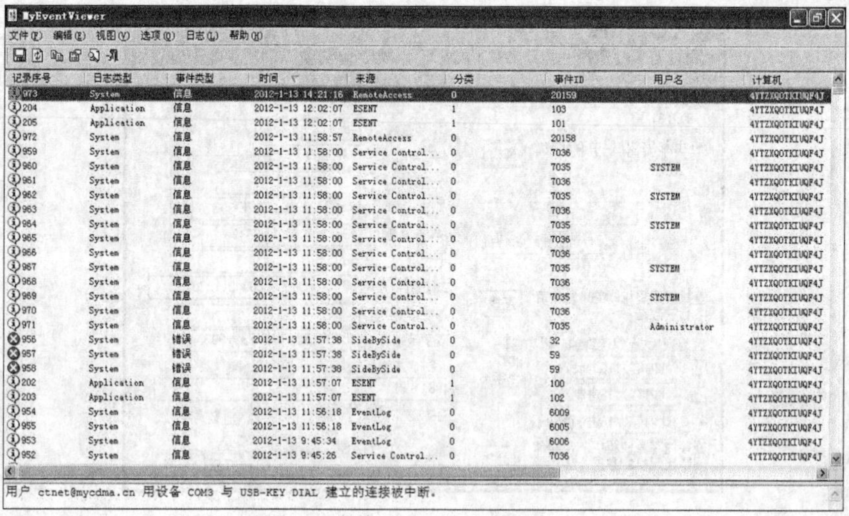

图 8-3　Windows 系统日志

日志和系统日志,但是只有管理员才可以查看安全日志,它是调查中最有用的日志。在侦查过程中,侦查人员应该仔细浏览安全日志,从而找出相应的证据。Windows 提供了一个名为事件查看器的工具,用于访问本地主机上的审核日志。当系统创建一个程序时,就会给这个程序一个程序 ID,对每个程序来说,这个 ID 是唯一的,因此可以通过检查事件的 ID 来确定用户在系统上执行的每个程序。在网络赌博、网上卖淫等案件中,许多案件的主犯既是犯罪活动的主要组织者,也是相关非法网站的管理者。一般来讲,一个网站的管理者会有规律地登录该网站进行维护工作,因此可以将本地主机用户登录某非法网站的时间规律作为判断该主机用户在案件中扮演何种角色的一个依据。

2）杀毒软件日志

图 8-4 为 360 杀毒软件的杀毒日志。

图 8-4　360 杀毒软件的杀毒日志

通常计算机杀毒软件系统会把克隆卡软件视为病毒程序。

3）其他

另外,计算机开关机记录、涉案条码信息、USB 使用记录、图片编辑（伪造图片）记录和受害人的文档信息等均为重要的线索。图 8-5 为 USB 设备使用记录,图 8-6 为开关机记录。

3. 涉案卡片内数据的提取

借助于读卡器对涉案卡的片内数据进行提取,掌握卡片的数量、金额、受侵害银行和受侵害个人等信息。

通常嫌疑人在克隆银行卡或者盗用他人银行卡信息进行无卡交易犯罪时,必须先获取目标卡的磁道信息或者卡面信息。嫌疑人批量获取磁道信息后,必须先读取相应设备后保存到计算机中存留,而后将该信息再次读取写入空白磁卡。这样,通过 Encase、X-way 等软件的磁盘数据搜索功能,以目标卡数据为关键字查询,可以发现机内存留的历史

图 8-5　USB 设备使用记录

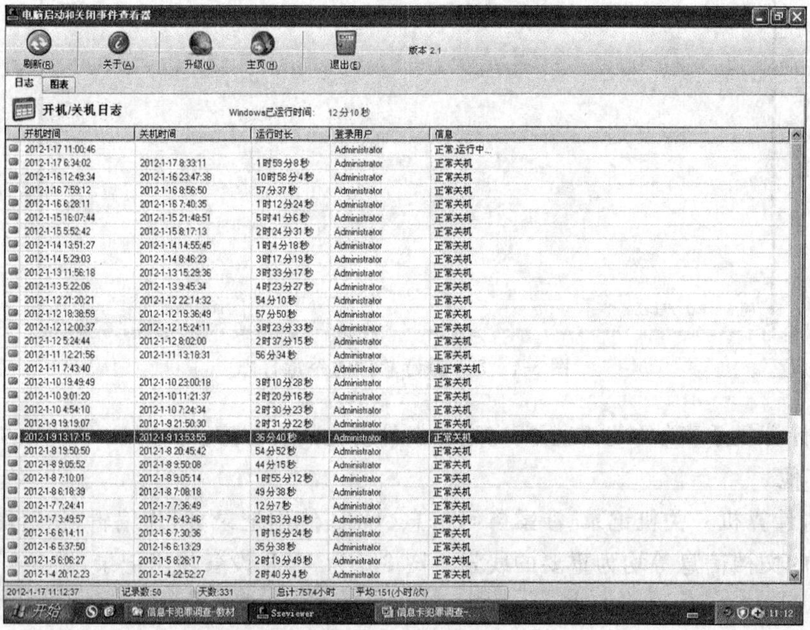

图 8-6　开关机记录

信息,进而证明嫌疑人获取、复制银行卡的行为过程。

4. 本机 QQ、MSN 等聊天记录

本机的聊天记录信息可能与银行卡诈骗有关,所以本机 QQ、MSN 等聊天记录信息也是重要的线索。许多涉网案件都离不开主机自带的浏览器和聊天软件。在侵财类案件中,犯罪嫌疑人通常会使用 QQ、邮箱等通信工具对被害人发送虚假信息,并通过虚假

信息将受害人引导进入非法网站或者网页。通过受害人的本地主机聊天记录,可以查找到犯罪嫌疑人留下的联系方式,例如邮箱信息、网站的网址或银行账号,同时,一些有价值的聊天记录在后续的侦查活动中甚至可以充当证据使用。

8.1.2　涉案通信信息

手机是当今社会最普遍使用的通信工具,涉案犯罪嫌疑人在作案的准备、实施作案以及作案之后都可能会使用手机进行沟通联系,他们有时会在网上留下电话号码,有时会在聊天工具中出现电话号码,有时会在敲诈勒索时留下电话号码,有时会在银行开户中留有电话号码,有时会在摄像中出现电话,一旦出现必须抓住这一细节,通过技侦手段对电话进行监控、定位,锁定犯罪嫌疑人。以手机作为取证信息时主要考虑以下几点:

1.手机内存

对手机内存中的手机识别号、电话簿、短信(收发)、多媒体、通话记录、日程安排、应用程序和上网缓存记录等信息进行提取。

2.手机 SIM 存储卡

对手机 SIM 存储卡的用户识别号、其他身份识别、号码簿、呼叫(主被动、未接)等信息进行提取。

3.手机闪存卡

对手机闪存卡的多媒体资料及文本信息等信息进行提取。

4.手机的通信运营商

对手机的通信运营商信息进行提取。

8.1.3　涉卡银行证据

涉卡犯罪非常主要的数据之一就是银行的证据。通过合法手续,办案人员可以和银行进行沟通,获取涉案的视频及数据库日志信息。

1.视频证据

涉卡案件事发地的 ATM 监控视频信息包括时间、地点、事件、人物和图像等数据。

2.数据库日志信息

涉卡案件银行的数据库日志信息主要包括交易地点、交易类型、交易完成、交易金额和资金走向等数据。

8.2　涉网络数据取证

所谓涉网络数据指的是嫌疑人通过具体网络获取被害人信息的网络数据,及被害人的网络数据。

8.2.1　网络痕迹检查

所谓网络痕迹通常包括嫌疑人上网记录、上网轨迹和下载信息等，如图 8-7 所示。

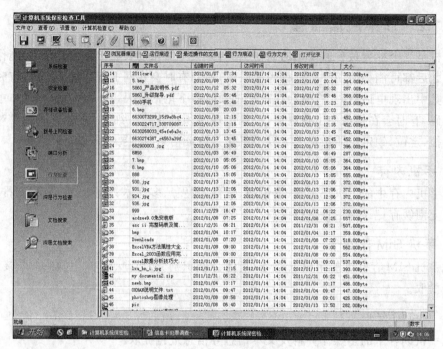

图 8-7　网络行为检查

8.2.2　木马程序检查

涉卡案件所涉及的木马的类型主要为窃取卡号和密码的木马程序、监控程序等。

木马制作者通过发送邮件或在网站中隐藏木马等方式大肆传播木马程序，当感染木马的用户进行网上交易时，木马程序即以键盘记录的方式获取用户账号和密码，并发送给指定邮箱，用户资金将受到严重威胁。

如 2009 年网上出现的盗取某银行个人网上银行账号和密码的木马 Troj_HidWebmon 及其变种甚至可以盗取用户数字证书。又如木马"证券大盗"可以通过屏幕快照将用户的网页登录界面保存为图片，并发送给指定邮箱。黑客通过对照图片中鼠标的点击位置，就很有可能破译出用户的账号和密码，从而突破软键盘密码保护技术，严重威胁股民网上证券交易安全。

又如 2004 年 3 月陈某盗窃银行储户资金一案，陈某通过其个人网页向访问者的计算机种植木马，进而窃取访问者的银行账户和密码，再通过电子银行转账实施盗窃行为。

再以某市新华书店网站（http://www.＊＊xhsd.com）被植入"QQ 大盗"木马病毒（Trojan/PSW.QQ Robber.14.b）为例，当进入该网站后，页面显示并无可疑之处。主页代码却在后台以隐藏方式打开另一个恶意网页 http://www.dfxhsd.com/ icyfox.htm（Exploit.MhtRedir），后者利用 IE 浏览器的 MHT 文件下载执行漏洞，在用户不知情中下载恶意 CHM 文件 http://www.dfxhsd.com/icyfox.js 并运行内嵌其中的木马程序 (Trojan/PSW.QQRo bber.14.b)。木马程序运行后,将把自身复制到系统文件夹,同时添加注册表项,在 Windows 启动时,木马得以自动运行,并将盗取用户 QQ 账号、密码甚至身份信息。

8.2.3　钓鱼网站检查

目前,一些不法分子利用"网络钓鱼"手法,建立假冒网站,或发送含有欺诈信息的电子邮件,盗取网上银行、网上证券或其他电子商务用户的账户和密码,从而窃取用户资金。公安机关和银行、证券等有关部门提醒网上银行、网上证券和电子商务用户对此提高警惕,防止上当受骗。

"网络钓鱼"的主要手法如下。

1. 发送含有欺诈信息的电子邮件

诈骗分子以垃圾邮件的形式大量发送欺诈性邮件,这些邮件多以中奖、顾问、对账等内容引诱用户在邮件中填入金融账号和密码,或是以各种紧迫的理由要求收件人登录某网页提交用户名、密码、身份证号和信用卡号等信息,继而盗窃用户资金。

2. 建立假冒网站

犯罪分子建立域名和网页内容都与真正网上银行系统、网上证券交易平台极为相似的网站,引诱用户输入账号和密码等信息,进而通过真正的网上银行、网上证券系统或者伪造银行储蓄卡、证券交易卡盗窃资金;还有的利用跨站脚本,即利用合法网站服务器程序上的漏洞,在站点的某些网页中插入恶意 HTML 代码,屏蔽一些可以用来辨别网站真假的重要信息,利用 Cookies 窃取用户信息。

例如曾出现过的某假冒工商银行网站,网址为 http://www.1cbc.com.cn,而真正银行网站是 http://www.icbc.com.cn,犯罪分子利用数字 1 和字母 i 非常相近的特点企图蒙蔽粗心的用户。

3. 利用虚假的电子商务进行诈骗

此类犯罪活动往往是建立电子商务网站,或是在比较知名、大型的电子商务网站上发布虚假的商品销售信息,犯罪分子在收到受害人的购物汇款后就销声匿迹。例如,2003年,罪犯佘某建立"奇特器材网"网站,发布出售间谍器材、黑客工具等虚假信息,诱骗顾主将购货款汇入其用虚假身份在多个银行开立的账户,然后转移钱款。

除少数犯罪嫌疑人自己建立电子商务网站外,大部分人采用在知名电子商务网站,如易趣、淘宝、阿里巴巴等,发布虚假信息,以所谓"超低价"、"免税"、"走私货"、"慈善义卖"的名义出售各种产品,或以次充好,以走私货充行货,使很多人在低价的诱惑下上当受骗。网上交易多是异地交易,通常需要汇款。犯罪嫌疑人一般要求消费者先付部分款,再以各种理由诱骗消费者付余款或者其他各种名目的款项,得到钱款或被识破时,就立即切断与消费者的联系。

4. 破解、猜测用户账号和密码

犯罪嫌疑人利用部分用户贪图方便设置弱口令的漏洞,对银行卡密码进行破解。

例如,2004 年 10 月,三名犯罪分子从网上搜寻某银行储蓄卡卡号,然后登录该银行网上银行网站,尝试破解弱口令,并屡屡得手。

犯罪嫌疑人在实施网络诈骗的犯罪活动过程中,经常采取以上几种手法交织、配合进行,还有的通过手机短信、QQ、MSN 进行各种各样的"网络钓鱼"不法活动。

5. 利用求职信息进行信用卡诈骗

犯罪嫌疑人在窃取了受害人网络求职所提供的求职信息后,利用制作身份证软件制作假身份证,在银行办理受害人的信用卡进行恶意透支,实施诈骗。

8.3 网络交易平台取证

网络交易平台指的是在网络环境下的交易平台,它是发生在信息网络中企业之间(Business to Business,B2B)、企业和消费者之间(Business to Consumer,B2C)以及个人与个人之间(Consumer to Consumer,C2C)通过网络通信手段缔结交易。网络交易是电子商务(electronic commerce),是利用计算机技术、网络技术和远程通信技术,实现整个商务(买卖)过程中的电子化、数字化和网络化。人们不再是面对面地看着实实在在的货物,靠纸介质单据(包括现金)进行买卖交易,而是通过网络,通过网上琳琅满目的商品信息、完善的物流配送系统和方便安全的资金结算系统进行交易(买卖)。网络交易通过网络交易平台实现,常见的网络交易平台有淘宝网、拍拍网和当当网等。

8.3.1 网络交易平台的类型

网络交易平台可以分为 5 种类型。

1. 信息服务型
信息服务型网站的设计目的在于提供各种产品信息或信息获得方式。

2. 广告型
广告型网站的所有技术和信息内容全部针对广告收入。此时,消费者的注意力就成为衡量网站优劣的关键标准,广告商可以对一个网站进行评估,并为其广告定价。

3. 交易型
交易型网站的基本功能在于提供网上交易,如网上商城、交易平台网站等。

4. 管理型
管理型网站是企业、公司和行政教育等机构将传统业务迁移到网络的应用界面,如公司、机构的办公系统。

5. 综合型
综合型网站是把上述类型网站的功能综合集成。

8.3.2   网络交易平台的使用

网络上的各种交易平台用法大同小异,下面以淘宝网为例介绍网络交易平台的使用。

1. 申请网银服务

网上消费的前提是用户拥有网上银行服务,用户需要到银行或相应银行的网站申请并开通网银服务。

2. 注册淘宝账户

访问淘宝网并进行个人账户的开户注册,如图 8-8 所示。

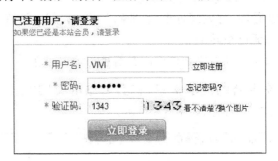

图 8-8   淘宝网注册

3. 注册支付宝账户

目前正规网络交易平台,支付结账必须接受第三方资金监管,以保障消费者的资金安全和交易的合法性。

4. 登录淘宝网

输入已注册的用户名、密码及验证码登录淘宝网。

5. 购物

选择中意的商品并将其加入购物车。

6. 结账

1) 说明购物人信息

购物人信息包括接收人地址、接收人姓名、接收人联系电话、商品名称、商品数量和商品型号等。

2) 支付

选择相应的支付方式进行结算支付。

8.3.3   网络交易平台的数据取证

网络交易平台的取证工作分为两种情况,一种是在正规的交易平台上利用网站监管的漏洞建立非法的网店,搭载外部链接,对消费者网上支付信息进行盗取和诈骗;另一种是直接建立非法的交易网站实施诈骗,或者利用网上支付的过程直接盗取消费者银行卡内的大笔资金。

例如,2012 年 1 月 4 日,家住重庆的黄先生称,在网上玩游戏时不慎泄露个人信息和账户信息,导致两张银行卡中的 6300 多元现金被盗刷。

黄先生是一个网游迷,一名网友主动联系他,称想买他的游戏装备,双方讨价还价以 300 元价格成交。黄先生按照对方的指示,在一个网络交易平台上输入姓名、账户和电话号码等收款信息。

十多分钟后,对方又 QQ 留言说,担心黄先生账户信息填写错误,待会儿交易平台会自动发送一条验证码,若收到后请将号码及时转给他。不久,黄先生手机上果然收到一个 7 位数的验证码,他没多想,便将号码转发给买主。

待黄先生重新看短信时,才发现这串"验证码",其实是网上转账的动态密码。连忙一查,银行卡上的 6300 多元已被转走。

网络交易平台的数据取证主要是调取注册信息和日志信息。

1. 调取网络交易平台的注册信息,核实网站的真实性

例如,淘宝网的域名注册信息如图 8-9 所示。

• **taobao.com** 域名注册信息资料 ←【加入收藏夹】

Whois Server Version 2.0

Domain names in the .com and .net domains can now be registered with many different competing registrars. Go to http://www.internic.net for detailed information.

TAOBAO.COM.MORE.INFO.AT.WWW.BEYONDWHOIS.COM
TAOBAO.COM

To single out one record, look it up with "xxx", where xxx is one of the of the records displayed above. If the records are the same, look them up with "=xxx" to receive a full display for each record.

>>> Last update of whois database: Tue, 31 Jan 2012 14:40:19 UTC <<<

NOTICE: The expiration date displayed in this record is the date the registrar's sponsorship of the domain name registration in the registry is currently set to expire. This date does not necessarily reflect the expiration date of the domain name registrant's agreement with the sponsoring registrar. Users may consult the sponsoring registrar's Whois database to view the registrar's reported date of expiration for this registration.

TERMS OF USE: You are not authorized to access or query our Whois database through the use of electronic processes that are high-volume and automated except as reasonably necessary to register domain names or modify existing registrations; the Data in VeriSign Global Registry Services' ("VeriSign") Whois database is provided by VeriSign for information purposes only, and to assist persons in obtaining information about or related to a domain name registration record. VeriSign does not

图 8-9　淘宝网的域名注册信息

在某些案件中,嫌疑人盗用合法网络交易平台的代码,修改后台数据后搭载于自己建立的网站中,且网站域名与官方网站域名极其相似。而后利用在官方网站中开设的网店吸引消费者,并在产品介绍或交易洽谈的过程中,提供该虚假网站的链接,诱使被害人上当受骗。通常利用虚假交易平台实施犯罪的案件,还需同时搭载一个虚假的支付平台网站(如仿冒支付宝),在被害人支付货款的同时,该虚假支付平台会在后台记录被害人输入

的支付宝账户、密码或者网银账户、密码,继而嫌疑人利用这些信息完成大额侵财犯罪。

2. 调取网络交易平台的日志信息

利用上述方法实施的针对银行卡无卡使用方式的案件,如果是在官方网站上开始的交易,那么会在该交易平台上留下交易信息记录;而在虚假网站上的交易信息,多为嫌疑人为迷惑被害人而虚构的大量成功交易。

无论哪种情况,该交易日志的线索价值并不在于反映嫌疑人的交易次数,因为通常所有的交易均为虚假的。但是,这些交易记录下来的内容,恰恰反映了各位被害人在该交易平台上与嫌疑人接触的情况,对于串并案件查处、倒溯被害人、核实涉案金额等都有重要价值。

通常官方交易平台的网店中都提供"历史交易"查询,可看到该网店的成功交易内容。仿冒网店通常前端网页信息均来自官网的源码,所以该功能基本类似。

目前,随着信息卡应用领域的扩大和信息卡本身含带财富的增加,越来越多的犯罪嫌疑人将目光集中到这里。近年来,涉卡犯罪的发案形式和技术手段也在不断地更新升级,所以公安机关打击涉卡犯罪的工作也任重而道远。

思　考　题

1. 通过本机可以获取哪些与案件有关的证据?
2. 网络取证的常用方法是什么?
3. 如何获取与案件相关的服务器的信息?

附录 A

最高人民法院、最高人民检察院关于办理妨害信用卡管理刑事案件具体应用法律若干问题的解释

（2009 年 10 月 12 日最高人民法院审判委员会第 1475 次会议、2009 年 11 月 12 日最高人民检察院第十一届检察委员会第 22 次会议通过）

为依法惩治妨害信用卡管理犯罪活动，维护信用卡管理秩序和持卡人合法权益，根据《中华人民共和国刑法》规定，现就办理这类刑事案件具体应用法律的若干问题解释如下：

第一条 复制他人信用卡、将他人信用卡信息资料写入磁条介质、芯片或者以其他方法伪造信用卡 1 张以上的，应当认定为刑法第一百七十七条第一款第（四）项规定的"伪造信用卡"，以伪造金融票证罪定罪处罚。伪造空白信用卡 10 张以上的，应当认定为刑法第一百七十七条第一款第（四）项规定的"伪造信用卡"，以伪造金融票证罪定罪处罚。

伪造信用卡，有下列情形之一的，应当认定为刑法第一百七十七条规定的"情节严重"：

（一）伪造信用卡 5 张以上不满 25 张的；

（二）伪造的信用卡内存款余额、透支额度单独或者合计数额在 20 万元以上不满 100 万元的；

（三）伪造空白信用卡 50 张以上不满 250 张的；

（四）其他情节严重的情形。

伪造信用卡，有下列情形之一的，应当认定为刑法第一百七十七条规定的"情节特别严重"：

（一）伪造信用卡 25 张以上的；

（二）伪造的信用卡内存款余额、透支额度单独或者合计数额在 100 万元以上的；

（三）伪造空白信用卡 250 张以上的；

（四）其他情节特别严重的情形。

本条所称"信用卡内存款余额、透支额度"，以信用卡被伪造后发卡行记录的最高存款余额、可透支额度计算。

第二条 明知是伪造的空白信用卡而持有、运输 10 张以上不满 100 张的，应当认定为刑法第一百七十七条之一第一款第（一）项规定的"数量较大"；非法持有他人信用卡 5 张以上不满 50 张的，应当认定为刑法第一百七十七条之一第一款第（二）项规定的"数

量较大"。

有下列情形之一的,应当认定为刑法第一百七十七条之一第一款规定的"数量巨大":

(一)明知是伪造的信用卡而持有、运输 10 张以上的;

(二)明知是伪造的空白信用卡而持有、运输 100 张以上的;

(三)非法持有他人信用卡 50 张以上的;

(四)使用虚假的身份证明骗领信用卡 10 张以上的;

(五)出售、购买、为他人提供伪造的信用卡或者以虚假的身份证明骗领的信用卡 10 张以上的。

违背他人意愿,使用其居民身份证、军官证、士兵证、港澳居民往来内地通行证、台湾居民来往大陆通行证、护照等身份证明申领信用卡的,或者使用伪造、变造的身份证明申领信用卡的,应当认定为刑法第一百七十七条之一第一款第(三)项规定的"使用虚假的身份证明骗领信用卡"。

第三条 窃取、收买、非法提供他人信用卡信息资料,足以伪造可进行交易的信用卡,或者足以使他人以信用卡持卡人名义进行交易,涉及信用卡 1 张以上不满 5 张的,依照刑法第一百七十七条之一第二款的规定,以窃取、收买、非法提供信用卡信息罪定罪处罚;涉及信用卡 5 张以上的,应当认定为刑法第一百七十七条之一第一款规定的"数量巨大"。

第四条 为信用卡申请人制作、提供虚假的财产状况、收入、职务等资信证明材料,涉及伪造、变造、买卖国家机关公文、证件、印章,或者涉及伪造公司、企业、事业单位、人民团体印章,应当追究刑事责任的,依照刑法第二百八十条的规定,分别以伪造、变造、买卖国家机关公文、证件、印章罪和伪造公司、企业、事业单位、人民团体印章罪定罪处罚。

承担资产评估、验资、验证、会计、审计、法律服务等职责的中介组织或其人员,为信用卡申请人提供虚假的财产状况、收入、职务等资信证明材料,应当追究刑事责任的,依照刑法第二百二十九条的规定,分别以提供虚假证明文件罪和出具证明文件重大失实罪定罪处罚。

第五条 使用伪造的信用卡、以虚假的身份证明骗领的信用卡、作废的信用卡或者冒用他人信用卡,进行信用卡诈骗活动,数额在 5000 元以上不满 5 万元的,应当认定为刑法第一百九十六条规定的"数额较大";数额在 5 万元以上不满 50 万元的,应当认定为刑法第一百九十六条规定的"数额巨大";数额在 50 万元以上的,应当认定为刑法第一百九十六条规定的"数额特别巨大"。

刑法第一百九十六条第一款第(三)项所称"冒用他人信用卡",包括以下情形:

(一)拾得他人信用卡并使用的;

(二)骗取他人信用卡并使用的;

(三)窃取、收买、骗取或者以其他非法方式获取他人信用卡信息资料,并通过互联网、通讯终端等使用的;

(四)其他冒用他人信用卡的情形。

第六条 持卡人以非法占有为目的,超过规定限额或者规定期限透支,并且经发卡银行两次催收后超过 3 个月仍不归还的,应当认定为刑法第一百九十六条规定的"恶意透支"。

有以下情形之一的,应当认定为刑法第一百九十六条第二款规定的"以非法占有为目的":

(一)明知没有还款能力而大量透支,无法归还的;

(二)肆意挥霍透支的资金,无法归还的;

(三)透支后逃匿、改变联系方式,逃避银行催收的;

(四)抽逃、转移资金,隐匿财产,逃避还款的;

(五)使用透支的资金进行违法犯罪活动的;

(六)其他非法占有资金,拒不归还的行为。

恶意透支,数额在1万元以上不满10万元的,应当认定为刑法第一百九十六条规定的"数额较大";数额在10万元以上不满100万元的,应当认定为刑法第一百九十六条规定的"数额巨大";数额在100万元以上的,应当认定为刑法第一百九十六条规定的"数额特别巨大"。

恶意透支的数额,是指在第一款规定的条件下持卡人拒不归还的数额或者尚未归还的数额。不包括复利、滞纳金、手续费等发卡银行收取的费用。

恶意透支应当追究刑事责任,但在公安机关立案后人民法院判决宣告前已偿还全部透支款息的,可以从轻处罚,情节轻微的,可以免除处罚。恶意透支数额较大,在公安机关立案前已偿还全部透支款息,情节显著轻微的,可以依法不追究刑事责任。

第七条 违反国家规定,使用销售点终端机具(POS机)等方法,以虚构交易、虚开价格、现金退货等方式向信用卡持卡人直接支付现金,情节严重的,应当依据刑法第二百二十五条的规定,以非法经营罪定罪处罚。

实施前款行为,数额在100万元以上的,或者造成金融机构资金20万元以上逾期未还的,或者造成金融机构经济损失10万元以上的,应当认定为刑法第二百二十五条规定的"情节严重";数额在500万元以上的,或者造成金融机构资金100万元以上逾期未还的,或者造成金融机构经济损失50万元以上的,应当认定为刑法第二百二十五条规定的"情节特别严重"。

持卡人以非法占有为目的,采用上述方式恶意透支,应当追究刑事责任的,依照刑法第一百九十六条的规定,以信用卡诈骗罪定罪处罚。

第八条 单位犯本解释第一条、第七条规定的犯罪的,定罪量刑标准依照各该条的规定执行。

附录 B

公安机关办理信用卡犯罪案件取证指引（试行）

1 总 则

1.1 为进一步规范公安机关侦办信用卡犯罪案件的执法行为,明确证据标准,提高办案质量和效率,保证刑事诉讼活动的顺利进行,根据《刑法》、《刑事诉讼法》以及相关金融法律法规的规定,结合办案经验和实际情况,制定本指引。

1.2 本指引作为侦办信用卡犯罪案件中证据收集指导之用,各地公安机关可以根据具体情况参照选择适用。

1.3 根据全国人大常委会 2004 年 12 月 29 日《关于〈中华人民共和国刑法〉有关信用卡规定的解释》,本指引所称信用卡是指由商业银行或者其他金融机构发行的具有消费支付、信用贷款、转账结算、存取现金等全部或者部分功能的电子支付卡,即信用卡包括贷记卡、准贷记卡和借记卡。

1.4 有下列情形之一的,属于本指引所称信用卡犯罪行为:

（一）伪造信用卡的;

（二）信用卡诈骗的;

（三）妨害信用卡管理的;

（四）窃取、收买或者非法提供他人信用卡信息资料的。

1.5 证明信用卡犯罪嫌疑人身份的证据主要包括:

（一）犯罪嫌疑人为自然人的,证据主要包括:户口簿、微机户口底卡、居民身份证、士兵证、军官证、护照或者其他有效证件;

犯罪嫌疑人已经死亡或其身份证明系伪造的,由公安机关等有关部门出具证明;

（二）犯罪嫌疑人为单位的,证明单位情况的证据包括:企业营业执照、法人工商注册登记资料、税务登记部门的纳税情况等;

证明直接负责的主管人员和其他直接责任人员基本情况的证据包括:企业法人营业执照或者其他法律文书上面关于法定代表人及其他直接负责的主管人员的记载、职务任命书、户口簿、居民身份证、微机户口底卡、工作证、护照、居住地证明等。

1.6 证明信用卡犯罪的证据种类主要包括:

（一）证明犯罪嫌疑人实施信用卡犯罪有关物证、书证;

（二）相关证人的证言；

（三）被害人陈述；

（四）犯罪嫌疑人的供述和辩解；

（五）鉴定结论；

（六）对与犯罪有关的场所、物品、人身等进行勘察检查笔录、现场照片、现场图；

（七）证明犯罪嫌疑人实施信用卡犯罪行为的录音带、录像带、微机数据库、计算机磁盘、光盘记录等视听资料、电子数据。

1.7　除上述证明其犯罪事实的证据外，还要注意调取并收集案件来源、犯罪嫌疑人抓获经过、案件管辖等程序方面的书证、法律文件等证据材料。

1.8　案件在侦查终结和移送审查起诉时，所取证据应当符合以下要求：

（一）据以定案的所有证据均查证属实；

（二）每个证据都与案件事实有关联，案件事实的每一个情节都有必要的证据予以证实；

（三）全案证据能够构成完整的证据链，形成一个证明体系，证据之间、证据与案件事实之间不存在矛盾，能够排除合理怀疑。

2　分　　则

2.1　伪造信用卡

2.1.1　主观方面证据

（一）相关的物证、书证。包括：制卡工具、设备、卡基、记载信用卡磁条信息字串的书面材料或电子记录，生产伪卡数量及记录、定购伪卡数量及定购单、资金往来凭证、作案地点的证明。

（二）相关的证人证言。

（三）犯罪嫌疑人的供述和辩解。包括：制卡性质、制卡过程、制作工具、设备及材料来源、伪卡功能及使用情况、卡资料信息来源及窃取方式、伪卡去向等。

2.1.2　客观方面证据

"伪造信用卡"具体表现：

（一）仿照发卡银行发行的信用卡非法生产制造；

（二）非法对空白信用卡、作废信用卡或其他带有磁条的卡片进行凸印、写磁；

（三）对他人信用卡的签名进行非法涂改、擦消，重新签名。

1. 调取相关国家法律法规和监管机构关于制作和发行信用卡的规定，主要包括制作和发行信用卡的机构、卡片标准等；

2. 调取犯罪嫌疑人制作伪卡实物证据，包括：模仿真卡伪造的信用卡、用未投入使用的空白卡制作的伪卡、用过期或作废卡再造的涂改卡、其他带有磁条的卡片改写的伪卡；

3. 调取并核实空白卡基、制卡设备、获取磁条信息的工具、软件、其他材料的来源及渠道、购货凭证和相关资料；

4. 调取发卡银行等金融机构和境内外信用卡组织出具的卡片真伪的鉴定结论；

5. 调取并核实犯罪嫌疑人实施的具体犯罪行为（手段、过程等）并制作笔录。

2.2　信用卡诈骗

2.2.1　主观方面证据

（一）相关的物证、书证。包括：从犯罪现场或嫌疑人身上、住处查获的伪卡、作废卡、骗领卡以及非法获取的他人信用卡等实物；嫌疑人还款能力的证明，包括从工作单位和银行调取的存款、工资、福利、房产、投资等证明以及曾经还款的证明材料。

（二）相关的证人证言。包括：发卡或收单机构、特约商户、举报人、通谋人、经营人员、知情人、目击者等人的证言。

（三）犯罪嫌疑人的供述和辩解。主要包括：是否明知伪卡骗领卡来源、使用伪卡骗领卡的动机、目的；是否知晓信用卡有效期及使用作废卡的动机、目的；非法获取他人信用卡的方式、时间地点及冒名使用的过程；超过约定透支额度和时间界限进行透支的动机及目的；是否收到催款函及不还款的原因、是否与他人合谋作案。

2.2.2　客观方面证据

（一）使用伪造的信用卡或者使用以虚假的身份证明骗领信用卡

1. 调取并收集伪造卡或骗领卡的实物证据（包括模仿真卡伪造的信用卡、用未投入使用的空白卡伪造的虚假卡、用过期或其他作废卡再造的涂改卡）及发卡银行、银行卡组织等权威部门出具的鉴定结论；

2. 调取并收集伪（变）造卡或骗领卡的交易明细及在特约商户的消费明细、签购单据及监控录像、使用伪卡或骗领卡所用 ATM 收单银行的监控录像及银行卡组织（跨行交易转接系统）、发卡银行查询和监控到的交易明细，包括伪卡或骗领卡的卡号、交易时间、交易金额和交易地点等；

3. 提取和固定银行工作人员、商店、特约商户服务人员关于嫌疑人使用伪造卡或骗领卡的证言、有关录像及辨认笔录；

4. 提取和固定与伪卡或骗领卡配套使用的假身份证、假护照及其他身份证件或假身份证号、假护照号及鉴定、查证材料；

5. 调取和收集使用伪卡或骗领卡获取的赃款、赃物等物证及销赃渠道、方式。

（二）使用作废的信用卡

"作废的信用卡"主要表现：

（1）发卡银行委托信用卡生产厂家，在生产过程中产生的废品；

（2）发卡银行对空白信用卡凸印、写磁时产生的废品；

（3）超过有效期限的信用卡；

（4）被发卡行列入止付名单的信用卡；

（5）持卡人销户、更换新卡时退回发卡银行的失效信用卡；

（6）各种样本卡、测试卡。

1. 调取和收集作废信用卡的实物；

2. 调取和收集信用卡管理部门就作废卡的作废原因出具的证明，如超期、中途销户、挂失、卡片损坏等；

3. 调取和固定作废卡使用的交易明细（包括交易卡号、交易时间、交易金额和交易地点等）及监控录像；

4. 调取和固定银行工作人员、商店、特约商户服务人员关于嫌疑人使用作废卡的证言、有关录像及辨认笔录；

5. 调取和固定使用作废卡获取的赃款、赃物等物证及销赃渠道或方式；

6. 调取作废卡的原持有人否认交易和消费的证明。

（三）冒用他人信用卡

"冒用他人信用卡"主要表现：

（1）盗窃发卡机构尚未发出的新卡、密码并使用的；

（2）拾取他人信用卡并冒充他人名义使用的；

（3）拾取发卡机构遗失的信用卡并进行非法使用的；

（4）非法获取他人信用卡及密码，在 ATM、POS、网上银行、网上商户或其他可受理信用卡处冒充他人使用的；

（5）非法获得《领卡通知》和身份证明，冒领使用的；

（6）利用工作之便和其他非法手段，以伪造或修改记账凭证、更改电脑账户资料等手段直接获取持卡人信用卡账户资金；

（7）商户收银员、银行工作人员或不法商户利用各种持卡人的有效信用卡非法复制签购单或非法在 POS 机上操作冒用。

1. 调取和收集发卡行、收单行、支付网关、商户等提供的被冒用卡在 ATM、POS、网上银行、网上商户或其他可受理信用卡处使用的交易记录（包括冒用金额、冒用地点）和交易监控录像；

2. 调取和固定嫌疑人冒充持卡人在商户消费的交易记录、签购单（签字）等；

3. 提取嫌疑人通过网上银行和商户发起交易的网络 IP 地址及对应物理地址、通过网络转移、窃取和盗用原持卡人资金的过程、资金流向、开立虚假账户、所购物品的送货情况（送货地、送货单和购货凭证等）的证明材料。

（四）恶意透支

恶意透支具体表现：

（1）恶意办卡，以伪造的身份证明、营业执照和其他信用资料，或私刻、偷盖公章，伪造本人或担保人等资信证明文件，骗取发卡银行给其发卡，并使用骗得的信用卡进行透支；

（2）持卡人串通商户，对同一笔交易采取分单压印、差额付现等手段，逃避银行授权监管而形成信用卡透支；

（3）蓄意逃避银行授权，在同月或同周（日）内多次利用免授权限额进行取现和消费而造成的信用卡透支；

（4）超过发卡银行规定的透支最高限额和最长期限仍继续透支；

（5）经发卡银行催告，未及时偿还全部透支款项和利息的行为；

（6）明知自己已透支，却未将已迁移（变动）的通讯地址、电话号码等通知发卡银行，企图逃避银行追讨的行为。

1. 调取并收集受害银行提供的嫌疑人及担保人基本资料,主要有身份证号码、家庭住址及电话、工作单位及地址、家庭成员信息、联系人信息、关联银行账户及其他贷款和消费信息等;

2. 调取并收集发卡机构关于发卡和开卡时间、信用额度、免息期、账单日和最后还款日、卡循环使用状态等情况的证明材料;

3. 调取并收集受害银行提供的开卡后至报案前嫌疑人用卡的所有交易明细,利息计算方式、实际透支的具体数额和逾期时间、还款方式及记录;

4. 调取和固定银行提供的嫌疑人透支消费或提款的对账单和终端交易记录、银行卡组织出具的跨行消费和提款记录或从收单机构、商户调取的签购单据(商户联);

5. 发卡银行的催收证明,包括向嫌疑人催收的电话录音及语音系统记录、盖公章的催收信函(发卡机构底根)及邮局回执、持卡人签字确认的催收信函。

2.3 妨害信用卡管理

2.3.1 主观方面证据

(一)相关的物证、书证。包括:持有、运输伪卡或伪造空白卡的数量、委托人、运输人、持有或运输方式及工具、运输时间及目的地、接收人的运输单据或证明;酬劳或资金往来凭证;信用卡使用人的委托授权证明;嫌疑人持有的他人信用卡的实物及数量;嫌疑人使用的虚假身份证明(包括虚假的户口簿、居民身份证、士兵证、军官证、护照等);嫌疑人出售、购买、为他人提供伪卡或骗领卡的书面材料或电子记录。

(二)相关的证人证言。

(三)犯罪嫌疑人的供述和辩解。包括:是否知晓持有、运输的卡是伪造卡或伪造的空白卡、持有和运输的伪卡的来源、去向和接收人;持有他人信用卡目的、动机;是否获取信用卡使用人的授权;是否明知是虚假的身份证明而使用的、使用虚假身份骗领信用卡的目的和动机;嫌疑人出售、购买、为他人提供伪卡或骗领卡的来源、渠道、出售购买获取和支付的对价、与嫌疑人相关的交易对象关于交易过程的供述等。

2.3.2 客观方面证据

(一)持有、运输伪造卡或伪造的空白卡。

调取并收集犯罪嫌疑人获取伪造卡的来源、持有、运输的时间、地点和方式、具体数量的查证材料。

(二)非法持有他人信用卡。

1. 调取并收集嫌疑人关于持有他人信用卡的数量、来源及持有他人信用卡的理由的材料;

2. 调取并收集涉案发卡机构提供的涉案持卡人的卡交易情况和资信证明材料;

3. 调取并收集持卡人将信用卡转移给嫌疑人的原因和理由以及不能说明合法理由的证明材料,如持卡人是境外的则需通过公安机关的外事部门调取相关证据;

4. 调取并收集嫌疑人与持卡人之间是否串谋的证明材料;

5. 通过邮寄、托运、托带等手段持有的,还应调取相关的邮寄和托运凭证;

（三）使用虚假的身份证明骗领信用卡。

1. 调取并收集骗领人身份资料（包括身份证、户籍证明等），个人的虚假申请材料（包括身份资料、资信证明材料、联系人资料等）；如果骗领人是营销或代理机构的，收集其注册登记资料、负责人的身份情况、机构地址、在媒体上登载的招聘广告等；虚假的身份资料（包括纸质和电子形式）制作过程或来源的证明；

2. 调取并收集涉案银行的资信审核的内容、方式和流程规定；涉案银行已向骗领人或骗领单位发放信用卡的证明；

3. 调取并收集骗领人的真实身份证明、被骗领人利用的受害人的真实身份、受害人关于未申请信用卡、是否转借身份证明、丢失和被盗抢身份证明、个人信息是否向外泄漏的证明材料；

（四）出售、购买、为他人提供伪卡或骗领卡。

1. 调取境内外卡组织或境内外发卡机构证明是伪造卡和骗领卡的鉴定材料；

2. 调取并收集嫌疑人获取伪卡或骗领卡的渠道、途径、数量及存储卡片地点的证明材料；

3. 调取并收集嫌疑人出售、购买、向他人提供伪卡或骗领卡的渠道、方式和数量、交易对象基本情况的证明材料；

4. 提取和固定嫌疑人出售、购买、向他人提供伪卡或骗领卡获取和支付对价的证明材料；

5. 出售、购买、向他人提供伪卡或骗领卡涉及相关存储设备、录音或录像设备的，需提取现场的相关书证物证并进行拍照固定；

6. 通过邮寄、托运、托带等手段进行买卖和提供的，还应调取相关的邮寄和托运凭证。

2.4　窃取、收买或者非法提供他人信用卡信息资料

2.4.1　主观方面证据

（一）相关的物证、书证。包括：嫌疑人记录和隐藏窃取、收买或提供他人信用卡信息的书面证明材料或电子记录等。

（二）相关的证人证言。

（三）犯罪嫌疑人的供述和辩解。主要包括：窃取、收买或者非法提供他人信用卡信息资料的动机、目的、贩卖他人信用卡信息资料的方法和获取的赃款赃物。

2.4.2　客观方面证据

（一）信用卡信息资料包括持卡人的身份信息（包括姓名、身份证号、家庭和工作地址、联系方式等）、资信证明材料（包括单位收入证明、房产证、机动车行驶证及其他动产不动产证明等）、信用卡磁条信息（包括信用卡卡号、密码、有效期、防伪校验码等）以及个人密码；

（二）调取并收集嫌疑人窃取他人信用卡信息的方式、时间、地点、数量、来源的证明资料；

（三）调取并收集嫌疑人收买或提供卡信息的途径、方法、时间和地点、获取或支付对价的证明材料；

（四）通过邮寄、托运、托带等手段进行买卖和提供的,还应调取相关的邮寄和托运凭证;

（五）窃取、收买和非法提供卡信息资料涉及相关存储设备、录音或录像设备的,需提取现场的相关书证物证并进行拍照固定。

3 附 则

3.1 公安机关收集、审查证据应当依法、充分、及时,严禁通过刑讯逼供等违反刑事诉讼法规定的途径获取证据。同时应当注意:

（一）本指引列举的犯罪手法和证据项未能包括所有,实际发生的案件各有不同,应当根据案件的具体情况收集和审查证据。本指引没有列举的证据,如果能够证明犯罪嫌疑人行为的罪与非罪,或能证明犯罪情节,核实其他证据的,也应当收集。

（二）实际办理案件时,只要收集的证据能够证明犯罪构成及量刑情节,并达到证明标准的要求即可,不要求将本指引列举的证据收集完全。

3.2 本指引自发布之日起试行。